Python

零基础项目开发快速入门

（完全自学微视频版）

张帆◎著

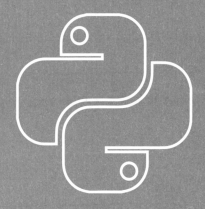

中国水利水电出版社
www.waterpub.com.cn
·北京·

内 容 简 介

《Python 零基础项目开发快速入门（完全自学微视频版）》是一本面向首次接触 Python 编程语言的人员编写的入门基础教程。本书内容广泛，从 Python 的基础语法入手，介绍了包括数据库、文件 I/O、Web、Python 游戏和爬虫等开发技术。本书结合最新的 Python 版本和实际开发用到的 IDE 和 Python 环境，为读者展现了 Python 这门编程语言的特色和功能。

本书涉及的所有程序代码都已经通过了测试，并且可以独立运行。通过本书的相关程序实例，可以让读者由浅入深、循序渐进地学习 Python 开发技术相关入门知识。与此同时，本书还通过 80 多个相关视频对书中内容进行了拓展和补充，尽可能为读者提供真正开发时使用的相关技术和知识，这些视频可以通过扫描二维码的方式在手机端或者电脑端进行观看。视频内容涉及基本的 Python 安装环境、多版本和虚拟机、版本控制、Docker 等基础开发工具和技术。

《Python 零基础项目开发快速入门（完全自学微视频版）》适用于 Python 编程语言零基础的读者、在校学生、对 Python 感兴趣的相关 IT 从业者及其他技术人员或高等院校计算机相关专业的教师。本书同样适合希望通过 Python 提高工作效率的非专业人员，通过学习 Python 这门开发语言，建立对于技术开发本身的大致了解。本书也可以作为相应的培训机构教材使用。

图书在版编目（CIP）数据

Python零基础项目开发快速入门：完全自学微视频版/张帆著．—北京：中国水利水电出版社，2021.2

ISBN 978-7-5170-8801-1

Ⅰ.①P… Ⅱ.①张… Ⅲ.①软件工具—程序设计
Ⅳ.①TP311.561

中国版本图书馆CIP数据核字(2020)第157144号

书　　名	Python 零基础项目开发快速入门（完全自学微视频版） Python LING JICHU XIANGMU KAIFA KUAISU RUMEN
作　　者	张　帆 著
出版发行	中国水利水电出版社 （北京市海淀区玉渊潭南路 1 号 D 座　100038） 网址：www.waterpub.com.cn E-mail：zhiboshangshu@163.com 电话：（010）68367658（营销中心）
经　　售	北京科水图书销售中心（零售） 电话：（010）88383994、63202643、68545874 全国各地新华书店和相关出版物销售网点
排　　版	北京智博尚书文化传媒有限公司
印　　刷	河北华商印刷有限公司
规　　格	185mm×260mm　16 开本　23 印张　571 千字
版　　次	2021 年 2 月第 1 版　2021 年 2 月第 1 次印刷
印　　数	0001—5000 册
定　　价	79.80 元

Preface

作为 Python 语言入门书籍，本书主要涉及该语言在各个开发领域的应用。书中包括相关入门案例，由浅入深地通过实战项目进行介绍和讲解。最终让读者可以使用 Python 语言进行基本的脚本开发以及明确了解该语言在各个领域的具体使用目的。

本书主要内容包括：

- Python 语言开发基础、基本语法和逻辑语句等。
- Python 函数、模块以及面向对象等相关知识。
- Python 文件 I/O 和基本的 JSON、XML 等格式的解析。
- 如何使用 Python 开发数据库应用（SQL）。
- 如何使用 Python 开发图形界面。
- Python Web 的基础入门。
- 使用 Python 编写简单的小游戏。
- 使用 Python 编写爬虫和 Socket。
- Python 的常用开发环境和协程、线程的概念。
- 相关程序开发基本知识。
- 现代工程开发常用技术和相关的网站。

《Python 零基础项目开发快速入门（完全自学微视频版）》主要分为四个部分：第一部分包括 Python 语言开发基础、基本语法和逻辑语句等内容；第二部分包括 Python 的基本操作、文件 I/O、内容解析等；第三部分是 Python 的可视化开发，包括 GUI、Web 游戏开发等；第四部分是 Python 中的高级知识，涉及基本的 Socket、协程、多线程开发，以及在项目中经常会使用到的环境搭建、依赖导出等内容。

※ 编写特点

1. 时效性

（1）作为一门新兴但起步并不算晚的编程语言，Python 经历了 Python 2 和 Python 3 两个时期，迄今为止还有很多经典的书籍和网络中的博客使用的是 Python 2。官方宣布 2020 年 1 月后不再对 Python 2 进行更新和维护，因此《Python 零基础项目开发快速入门（完全自学微视频版）》采用了 Python 3 系统，而不再兼顾 Python 2。

（2）本书从 Python 基础入手，涉及的知识点非常广泛，但是没有介绍与数据处理及机器学习相关的知识内容。这些内容虽然是近几年的热点，但是涉及的知识结构和内容比较复杂，有兴趣的读者可参阅相关书籍。

2. 实用性

（1）本书中的所有示例程序均可运行。示例是为了帮助读者学习相关知识点，同时本书大多数示例在进行扩展和优化后，可直接使用在较为简单的应用环境中。

（2）《Python 零基础项目开发快速入门（完全自学微视频版）》也可以作为一本多面的入门书籍，读者可以有选择地阅读自己所需的开发技术和相关知识，进行有目的的入门学习。

3. 广泛性

（1）《Python 零基础项目开发快速入门（完全自学微视频版）》内容广泛，从基础内容到 Docker，从 Web 开发到游戏开发，读者学习完 Python 基础内容后，可以按需学习知识，不一定按目录顺序进行学习。

（2）《Python 零基础项目开发快速入门（完全自学微视频版）》不仅针对 Python 进行了介绍，而且通过工程的方式介绍更多的相关知识点，为读者展现的是一个完整的开发环境，而并不局限于某一个知识点本身。

※ 面向读者对象及学习方法

（1）相关专业在校学生。本书可作为大中专院校相关专业开设 Python 入门基础课程的教材，对在校学生开展 Python 开发技术教学，也可作为学生的自学用书。

（2）入门的程序员及希望学习 Python 的其他语言的开发者。该类读者通过阅读本书，并结合自身的开发经验，基本可以在短时间内了解 Python 的一些开发技术，再通过学习 Python 官方网站资料即可快捷投入使用 Python 开发相关的项目工程。

（3）IT 行业非开发人员。本书并不是一本专门为开发者准备的技术书籍。作为一门入门级的编程语言，Python 不仅可以被作为开发工具使用，在日常的数据处理，例如 Excel 工作表处理或文本处理等环节中也可以起到优化工作效率、提高思维和理解能力的作用，所以推荐所有希望了解 Python 并且使用 Python 的人员阅读本书。

（4）相关培训机构的教师和学员。本书涉及的内容多、范围广，适合作为培训机构开展 Python 基础内容培训的教材。

※ 资源获取方式及服务

（1）为了方便读者学习，《Python 零基础项目开发快速入门（完全自学微视频版）》提供了近 100 个代码实例及 80 多个视频作为补充，读者在阅读本书的同时，可以通过观看视频讲解获取和拓展相关知识点。

（2）为了方便读者学习，《Python 零基础项目开发快速入门（完全自学微视频版）》提供的所有代码均可在下载后，结合计算机中的 Python 运行环境进行测试。

（3）为了增加读者学习的乐趣，《Python 零基础项目开发快速入门（完全自学微视频版）》提供的视频并不是一味地照本宣科，而是尽可能地收录了书本中没有编写进去的知识，从而使读者加深理解，拓宽开发思路。

（4）通过扫描下方二维码并关注公众号——科技集散地(tech-jsd)与作者进行交流和沟通。回复关键字"Python"获取本书的附赠资源。

（5）欢迎读者加入本书学习 QQ 群 1073057509，可进行咨询、互动、答疑，我们将在线为您服务。

※　代码内容约定

本书中的代码均在 Windows 平台下编写，同时在 Linux 平台进行了测试运行。如果在某章节明确了 Linux 或者 Windows 相关知识的介绍，则以该章节或者该知识点为主。书中所有的代码需要在 Python 3.6 以上的环境运行，或者参考官方网站中的相关文档知识，书中除了部分章节介绍 Python 2 以外，所有的代码均在 Python 3 下运行。

※　致谢

参与本书编写工作的人员还有王腾、曾沛融、张浩林等人，感谢他们为本书提出了很多宝贵的意见。感谢张玮在本书的编写过程中对作者的支持和帮助，特别感谢社区和网络中许多不知名的一线开发者们对本人给予的帮助和指导。感谢中国水利水电出版社的秦甲老师以及其他编辑老师们，在本书的编写和视频录制的过程中对本人的鼓励和建议。

编　者

目录
contents

第 1 章

Python概述

学习目标

　　Python是一种解释型脚本语言，同时也是近十年最为流行的计算机程序设计语言之一。本书将会带领大家进行Python的入门学习，可以让大家了解这门开发语言，为项目的开发带来一些帮助。

本章要点

通过学习本章，读者可以了解并掌握以下知识点：

◆ 什么是Python；
◆ 为什么需要学习Python，以及Python的优点；
◆ 如何搭建Python开发环境；
◆ 怎样使用Python开发第一个实例程序HelloWorld。

1.1 什么是Python

1.1.1 计算机编程语言介绍

计算机程序设计语言简称编程语言，是一组用于定义计算机程序的语法规则。它是一种被标准化的交流技巧，用于向计算机发出指令。

计算机并不能像人脑一样准确地识别出自然语言，所以如果需要控制计算机的相关逻辑和运算，则需要一种既能识别又能执行的语言或者是指令代码，而不用经过专门的编译。在计算机内部可以通过逻辑电路直接执行和完成这些指令代码，这类的语言或者指令被称为机器语言。

逻辑电路中能识别的机器语言只有两个状态（开和断），而代表这类的操作和状态的语言，一般就是包含大量1和0组成的二进制编码，如图1-1所示。

但是这样的二进制并不符合人类的编写和理解规律，所以之后的低级语言使用了绝对地址和绝对操作码，针对不同的计算机增加了想要的指令系统，再发展至汇编语言这种符号语言。

在汇编语言中，用助记符代替机器指令的操作码，用地址符号或标号代替指令或操作数的绝对地址，如图1-2所示。即使在不同的设备中，汇编语言也可以对应着不同的机器语言指令集，使用户不需要使用不同的指令集控制不同的计算机，也使程序本身具有了可移植性。

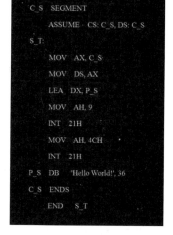

图1-1　二进制　　　　　　　　　　图1-2　汇编语言

在使用汇编语言进行编程时，类似于MOV这样的助记符依旧需要开发者掌握大量硬件和内存原理。虽然汇编语言程序运行速度极快，但是却极难开发。为了解决这个问题，让更多的人参与到程序的开发中，就出现了高级语言。

伴随着硬件的发展，越来越多的程序不需要在意内存的使用或者速度，越来越复杂的系统需求被提出，为了解决这些问题，通过编译器或者虚拟机才能运行的高级语言代替了低级语言。

在计算机出现之初，伴随着计算机编程技术的发展，大量的程序设计语言被设计并且投入使用。经过应用和改进，有些编程语言经久不衰，有些却逐渐消失在计算机的发展历史中。在GitHub开发者使用的编程语言中，2014—2018年排名前十的编程语言变化情况如图1-3所示。

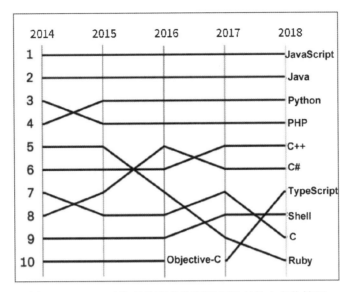

图1-3　GitHub开发者使用的编程语言排名前十变化情况

从图1-3可以看出，Python语言是深受全球开发者欢迎和瞩目的编程语言之一。

1.1.2 无所不能的Python

Python有巨蛇或大蟒的意思，正如O'Reilly公司出版的动物丛书中《Python语言机器应用》封面的那只巨蟒一样。1989年圣诞节期间，荷兰人吉多·范罗苏姆（Guido van Rossum）为了打发圣诞节的假期，决心开发一个新的脚本解释程序，作为ABC 语言的一种继承。

Python是一种解释型脚本语言，用其编写的程序并不需要专门的编译器将其编译成计算机所理解的机器语言（二进制）后才能执行，而开发者也不用担心编译问题，其执行会通过一个专门的程序（解释器）进行。

Python在设计上坚持了清晰划一的风格，这使其成为一门易读、易维护，并且被大量用户欢迎的、用途广泛的语言。

Python语言作为功能强大且极具扩展性的解释型脚本语言，可应用于各种应用场景的开发。例如：

* Web和Internet开发。

* 科学计算和统计。

* 人工智能和机器学习。

* 教育行业和办公。

* 游戏类开发。

* 桌面界面开发。

* 软件开发。

* 后端开发。

1.1.3 Python的特点和历史

　　20世纪90年代Python发布之初，这门语言并没有获得非常大的使用量，但是在2000年10月16日Python 2发布以来，Python慢慢地变成了最受欢迎的程序设计语言之一，Python 2最终版本是Python 2.7，Python图标如图1-4所示。

图1-4　Python

　　Python 3于2008年12月3日发布，与Python 2并不完全兼容。因此自Python 3发布之日起，Python 2和Python 3同时并存。2018年3月，Python语言作者宣布于2020年1月1日终止对Python 2.7的维护与更新。用户如果想要继续得到与Python 2.7有关的支持，则需要付费给商业供应商。

　　Python的设计哲学是优雅、明确、简单，且完全面向对象。虽然Python是一种脚本语言，但是并不仅仅适用于简单的脚本开发。

　　Python的可扩充性使得开发者可以使用C、C++等语言扩展Python核心模块，其核心模块甚至可以集成在其他语言中。

　　Python的基础语法和书写规范与其他常用的语言有所区别。Python的设计目标是让代码极具可读性，认为不遵守缩进规则的程序是一种错误，而且不允许使用花括号作为代码层次的分隔符。

1.2 Python开发环境的搭建

　　本节将会针对Python分别在Windows系统和Linux系统下开发环境的搭建进行讲解。

1.2.1 Python的Windows环境搭建

　　一般而言，Python在Windows系统中可以使用两种方法进行安装，即官方网站下载安装和第三方打包安装。

　　1. 官方网站下载安装

　　首先输入网址https://www.python.org/，打开Python的官方网站，如图1-5所示。在官方网站中提供了Python的文档和下载链接。

　　移动鼠标到主页汇总的Downloads标签上，会自动出现下拉菜单，如图1-6所示，此时可以看到Python 3的下载版本为Python 3.7.4。

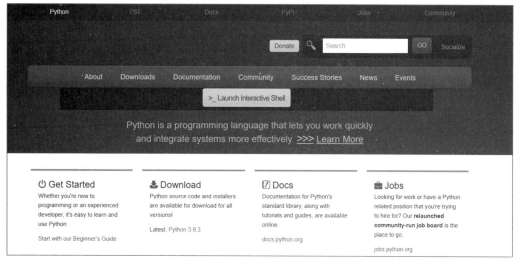

图1-5　Python主页

图1-6　Python下载

　　Python的官方网站会自动检测用户的系统环境，所以此时直接提供了适合Windows操作系统的Python 3.7.4版本供开发者下载。如果需要下载其他版本，则需要单击ALL Release选项进行选择。对于某一个版本的Python而言，为适应开发者的硬件环境，Python官方也提供了多个不同版本以供下载，如图1-7所示。这里选择的是Windows x86-64 executable installer（适用于Windows x86结构的64位系统）。

Files

Version	Operating System	Description	MD5 Sum	File Size	GPG
Gzipped source tarball	Source release		68111671e5b2db4aef7b9ab01bf0f9be	23017663	SIG
XZ compressed source tarball	Source release		d33e4aae66097051c2eca45ee3604803	17131432	SIG
macOS 64-bit/32-bit installer	Mac OS X	for Mac OS X 10.6 and later	6428b4fa7583daff1a442cba8cee08e6	34898416	SIG
macOS 64-bit installer	Mac OS X	for OS X 10.9 and later	5dd605c38217a45773bf5e4a936b241f	28082845	SIG
Windows help file	Windows		d63999573a2c06b2ac56cade6b4f7cd2	8131761	SIG
Windows x86-64 embeddable zip file	Windows	for AMD64/EM64T/x64	9b00c8cf6d9ec0b9abe83184a40729a2	7504391	SIG
Windows x86-64 executable installer	Windows	for AMD64/EM64T/x64	a702b4b0ad76dedbb3043a583e563400	26680368	SIG
Windows x86-64 web-based installer	Windows	for AMD64/EM64T/x64	28cb1c608bbd73ae8e53a3bd351b4bd2	1362904	SIG
Windows x86 embeddable zip file	Windows		9fab3b81f8841879fda94133574139d8	6741626	SIG
Windows x86 executable installer	Windows		33cc602942a54446a3d6451476394789	25663848	SIG
Windows x86 web-based installer	Windows		1b670cfa5d317df82c30983ea371d87c	1324608	SIG

图1-7　选择不同版本的下载包

在图1-7所示的列表中，可以下载不同版本的安装程序，其包含可下载的帮助文档、安装文件等。对于同一个版本的下载，则分为可执行安装程序、压缩包及网页基础版的下载。

注 意

对于Windows系统而言，需要知道系统类型，因为在32位系统中无法安装64位的应用程序，而在64位系统中安装32位的开发环境也可能会出现很多未知的问题。计算机的系统类型可以通过右击"此电脑"选择"属性"选项查看，如图1-8所示。

图1-8　计算机系统类型

安装程序下载成功后，双击安装文件（此时需要管理员权限，如没有，则右击安装文件，选择"以管理员身份运行"选项），即可进入Python环境的安装界面，如图1-9所示。

图1-9　Python的安装界面

　　一般而言，如果要在安装后的Python中使用命令行，则需要勾选Add Python 3.7 to PATH选项。

　　单击Install Now选项进入安装的下一步，等待进度条加载完成后，Python即被安装在本地计算机上，安装成功界面如图1-10所示。

图1-10　安装成功界面

　　单击Close按钮完成安装。接着，可使用Windows+R组合键打开"运行"对话框，输入cmd打开命令行工具，如图1-11所示。

图1-11　"运行"对话框和命令行工具

　　接着，测试Python是否安装成功。在该命令行窗口中输入并执行Python命令，如果自动打印Python的版本信息，并且进入Python的代码编辑界面中，则说明Python安装成功；如果没有任何反应或者提示"不是内部命令或外部命令，也不是可运行的程序或批处理文件"，则说明安装失败，或者没有将目录加入全局目录中。

安装成功并进入Python编辑器中的显示效果如图1-12所示。

```
E:\>python
Python 3.7.4 (default, Aug  9 2019, 18:34:13) [MSC v.1915 64 bit (AMD64)] :: Anaconda, Inc. on win32

Warning:
This Python interpreter is in a conda environment, but the environment has
not been activated.  Libraries may fail to load.  To activate this environment
please see https://conda.io/activation

Type "help", "copyright", "credits" or "license" for more information.
>>> quit
Use quit() or Ctrl-Z plus Return to exit
>>> quit()
```

图1-12　进入Python编辑器中

如果需要该Python的安装目录在全局变量中，则需要在图1-8所示的控制面板主页中单击左边的"高级系统设置"按钮，在打开的"系统属性"对话框中，依次单击"高级"→"环境变量"按钮，打开"环境变量"对话框，在"系统变量"列表中，选中Path变量，再单击"编辑"按钮，在打开的对话框中输入"变量值"，即Python的安装目录，其默认安装路径为"C:\Users\电脑用户名\AppData\Local\Programs\Python\Python37"，如图1-13所示。

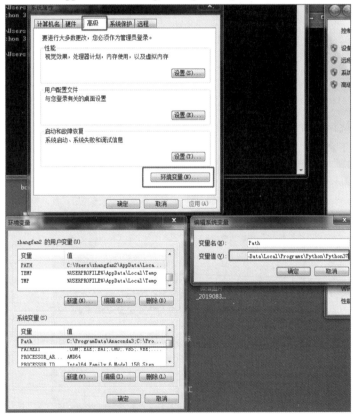

图1-13　Python加入全局目录

2.　第三方打包安装

对于Windows平台，除了在官方网站下载原生的Python安装软件进行安装以外，还有一种更为简单的安装方法，即使用第三方的Python打包版本Anaconda。

Anaconda是一个开源的Python发行版本，包含conda、Python等180多个科学包及其依赖项。因为包含大量的科学包，Anaconda的下载文件比较大。Anaconda官方网址为https://

www.anaconda.com/，打开后页面如图1-14所示。

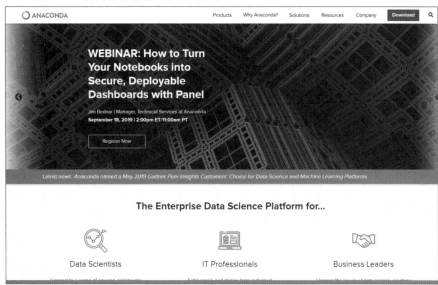

图1-14　Anaconda官方网站

注　意

　　就本书而言，推荐读者使用Anaconda安装Python。为什么推荐Anaconda而不是从Python官方网站下载呢？这是因为Anaconda中包含非常多的用于科学计算和机器学习的包。如果自行安装这类Python包，非常容易出现问题。

　　Anaconda提供了三个不同平台（Windows，macOS，Linux）的安装版本，同时提供Python 3和Python 2的下载，这里选择Python 3.7的64位版本，如图1-15所示。

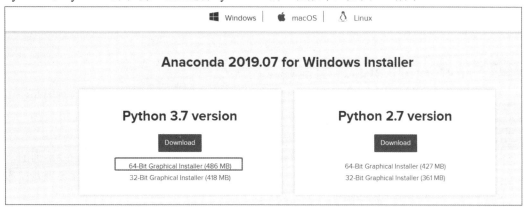

图1-15　下载Anaconda

　　下载完成后，双击或者右击后选择"以管理员身份运行"选项打开该安装软件，其安装界面如图1-16所示。

　　和Python官方安装包不同的是，通过Anaconda安装的Python版本更加灵活，不仅可以选择安装位置，而且可以选择安装的内容。Anaconda安装选项如图1-17所示。

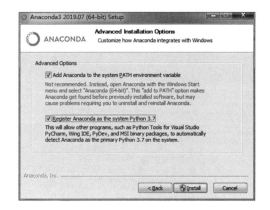

图1-16　Anaconda安装界面　　　　　图1-17　Anaconda安装选项

注　意

选择安装路径时，不允许在该文件夹中包含其他文件，请选择一个空文件夹进行安装。

单击Install按钮，等待进度条加载完成，单击完成界面的Finish按钮，即成功地安装Anaconda，可以通过命令行工具进行测试。

在命令行工具中输入python命令，进入Python命令行，其显示效果如图1-18所示，表明该版本的Python是由Anaconda提供的。

```
C:\Users\zhangfan2>python
Python 3.7.3 (default, Apr 24 2019, 15:29:51) [MSC v.1915 64 bit (AMD64)] :: Ana
conda, Inc. on win32

Warning:
This Python interpreter is in a conda environment, but the environment has
not been activated.  Libraries may fail to load.  To activate this environment
please see https://conda.io/activation

Type "help", "copyright", "credits" or "license" for more information.
>>> _
```

图1-18　安装完成测试效果

1.2.2　Python的Linux环境搭建

与JavaScript、PHP这样的编程语言相比，Python语言的使用范围和适用性更广泛，大量开源的软件都使用了Python，或者是用到了Python开发的一些内容，所以Linux各大发行版中一般会自带一个Python版本。

不过Linux发行版中自带的Python版本，一般都是属于Python 2系列的，部分版本较老的系统甚至使用的是Python 2.6这样的版本，所以并不推荐使用其进行安装。Linux中的Python版本信息如图1-19所示。

```
root@st-VirtualBox:/# python -V
Python 2.7.16
root@st-VirtualBox:/#
```

图1-19　Linux中的Python

鉴于本书推荐使用Python 3，因此这里重点讲解在Linux系统中如何通过命令行方式安装Python。

本测试使用的系统是虚拟机Linux，共发行版本是Ubuntu的特别版优麒麟，可以直接通过apt-get的命令进行下载安装。不同Linux发行版软件仓库中的命令不同，这里采用官方下载的方式。

在Linux系统中，可以使用wget命令下载适合Linux版本的最新版本的Anaconda（由于时间和版本号的不同，下载链接可能不同，请读者自行在官方网站寻找最新的下载链接）。使用wget命令进行下载的过程如图1-20所示。

wget https://repo.anaconda.com/archive/Anaconda3-2019.07-Linux-x86_64.sh

```
root@st-VirtualBox:/home/st/download# wget https://repo.anaconda.com/archive/Anaconda3-2019.07-Linux-x86_64.sh
--2019-09-02 18:45:02--  https://repo.anaconda.com/archive/Anaconda3-2019.07-Linux-x86_64.sh
正在解析主机 repo.anaconda.com (repo.anaconda.com)... 104.16.130.3, 104.16.131.3, 2606:4700::6810:8303, ...
正在连接 repo.anaconda.com (repo.anaconda.com)|104.16.130.3|:443... 已连接。
已发出 HTTP 请求，正在等待回应... 200 OK
长度: 541906131 (517M) [application/x-sh]
正在保存至: "Anaconda3-2019.07-Linux-x86_64.sh"

Anaconda3-2019.07-Linux-x86_64.sh   81%[===================>  ]  422.57M  1.15MB/s    剩余 89s  ^
Anaconda3-2019.07-Linux-x86_64.sh   82%[===================>  ]  428.19M  1.11MB/s    剩余 83s
```

图1-20　使用wget命令进行下载

下载完成后，通过Linux的ls命令可以看到下载的后缀为.sh的安装文件。使用下方的命令进行安装，其安装过程如图1-21所示。

sh XXXX.sh

```
root@st-VirtualBox:/home/st/download# ls
Anaconda3-2019.07-Linux-x86_64.sh   node-v10.16.3-linux-x64   node-v10.16.3-linux-x64.tar.xz   redis-2.8.3
root@st-VirtualBox:/home/st/download# sh Anaconda3-2019.07-Linux-x86_64.sh

Welcome to Anaconda3 2019.07

In order to continue the installation process, please review the license
agreement.
Please, press ENTER to continue
>>>
=====================================
Anaconda End User License Agreement
=====================================

Copyright 2015, Anaconda, Inc.

All rights reserved under the 3-clause BSD License:

Redistribution and use in source and binary forms, with or without modification, are permitted provided
et:

  * Redistributions of source code must retain the above copyright notice, this list of conditions and
  * Redistributions in binary form must reproduce the above copyright notice, this list of conditions a
ocumentation and/or other materials provided with the distribution.
  * Neither the name of Anaconda, Inc. ("Anaconda, Inc.") nor the names of its contributors may be used
ved from this software without specific prior written permission.
```

图1-21　安装过程

如果安装时提示权限不足，请将Linux的当前用户切换至root或者使用sudo命令进行安装。

稍作等待后，会提示是否同意自动安装，使用键盘输入yes并按Enter键，安装程序会自动开始程序的安装。需要注意的是在软件的安装过程中可能需要用户多次确认操作（根据提示按Enter键进行确认）。最终安装完成如图1-22所示。

```
You have chosen to not have conda modify your shell scripts at all.
To activate conda's base environment in your current shell session:

eval "$(/root/anaconda3/bin/conda shell.YOUR_SHELL_NAME hook)"

To install conda's shell functions for easier access, first activate, then:

conda init

If you'd prefer that conda's base environment not be activated on startup,
   set the auto_activate_base parameter to false:

conda config --set auto_activate_base false

Thank you for installing Anaconda3!

===========================================================================

Anaconda and JetBrains are working together to bring you Anaconda-powered
environments tightly integrated in the PyCharm IDE.

PyCharm for Anaconda is available at:
https://www.anaconda.com/pycharm
```

图1-22　安装完成

1.2.3　Python开发IDE的选择

对于任何一个应用的开发而言，一个优秀易用的编程用集成开发环境（Integrated Development Environment，IDE）可以让整个软件的编写事半功倍。因为Python语言的使用广泛并且拥有并不短的历史，所以其本身拥有了多种风格和类型的IDE。

在Python的发展历史中，Python作为脚本语言的编写并不需要非常庞大的IDE系统，甚至一个简单的文本文档就可以完成一个Python脚本的编写，至于代码的高亮，也仅仅需要使用Notepad++这样的编辑软件就可以完全实现。

但是如果想要开发一个大中型的Python项目或者开发Python Web时，一个优秀的IDE是必不可少的。本书推荐使用JetBrains系列的Python产品PyCharm。

JetBrains致力于为开发者打造最高效、智能的开发工具，其总部和主要研发中心位于欧洲的捷克。相对于VsCode这样的编辑器而言，PyCharm的体量较为庞大，会占用更多的内存，但是其提示插件和JetBrains一脉相承的优秀Web开发能力使之成为最强大的Python开发工具之一。

PyCharm下载网址为http://www.jetbrains.com/pycharm/，如图1-23所示。

图1-23　PyCharm下载界面

单击图1-23页面中的DOWNLOAD按钮可以进入该项目的下载页面。PyCharm有两个不同的版本Community和Professional，其中Community版本是免费供开发者使用的，仅仅提供了对Python的支持，而Professional版本不仅提供了对Python的支持，还提供了对HTML、JavaScript及SQL等内容的支持。

就本书而言，下载其Community版本即可以完成所有的功能，单击Community下的DOWNLOAD按钮即可完成下载，如图1-24所示。

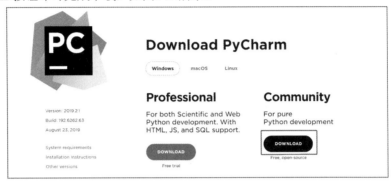

图1-24　下载社区版本

下载完成后，双击打开安装文件进行安装和配置，完成后单击相应图标可以打开PyCharm，其界面如图1-25所示。

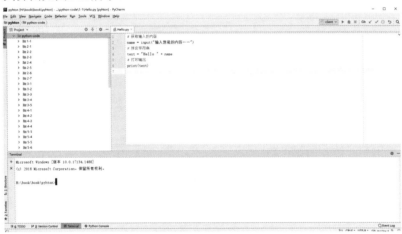

图1-25　PyCharm界面

> **注　意**
>
> 如果在进入一些网站时出现了无法下载、资源不存在或网页无法访问的情况，可以自行通过搜索引擎下载这些软件。

1.3　项目练习：第一个Python程序HelloWorld

本节将会编写第一个Python程序，通过本实例，可以让读者快速进入Python程序开发的学习中。

虽然本节开发HelloWorld实例程序非常简单，但是对于学习一门语言而言，这相当于一个学习的里程碑，也是动手使用该语言进行编程的第一步。

1.3.1 如何编写HelloWorld程序

在程序开发语言还处于初级发展阶段时，C语言编程书籍*The C Programming Language*中使用HelloWorld作为第一个演示程序，后来的程序员在学习编程或进行设备调试时延续了这一习惯。对于任何一门编程语言而言，一个标准的字符串输出意味着编程之旅的开始。

对Python语言而言，其HelloWorld实例比很多语言更简单，这是因为它无须引入任何的头文件或者包，也无须任何的入口函数或者多余的操作，仅仅需要加入如下语句即可：

```
print("HelloWorld!!")
```

：注 意

> 这是Python 3的标准写法，在Python 2中可以为print "HelloWorld!!"，而在Python 3中对字符串强制要求使用"( )"。

这条语句可以在命令行工具窗口进行简单的测试，输入Python命令，即可进入脚本编写的页面中，输入上方的代码后按Enter键，可以在屏幕中输出"HelloWorld!!"，如图1-26所示。

```
E:\>python
Python 3.7.4 (default, Aug  9 2019, 18:34:13) [MSC v.1915 64 bit (AMD64)] :: Anaconda, Inc. on win32

Warning:
This Python interpreter is in a conda environment, but the environment has
not been activated.  Libraries may fail to load.  To activate this environment
please see https://conda.io/activation

Type "help", "copyright", "credits" or "license" for more information.
>>> print("HelloWorld!!")
HelloWorld!!
>>>
```

图1-26　屏幕输出

1.3.2 如何运行HelloWord程序

上述HelloWorld程序是直接在命令行中进行的代码编写，开发者按Enter键进行确认之后，Python会直接执行该代码。

这种直接在命令行中输入命令编写代码的方式虽然简单，不需要额外安装任何的东西，但这种编写代码的方式很不直观，也不方便修改，甚至退出了编辑环境后还需要再次编写才能运行，所以一般直接使用Python代码文件的方式进行Python程序的编写，其代码文件的后缀为.py。

上述HelloWorld程序，可以通过PyCharm这个IDE新建一个项目，并且在其中新建一个
Python文件，如图1-27所示。

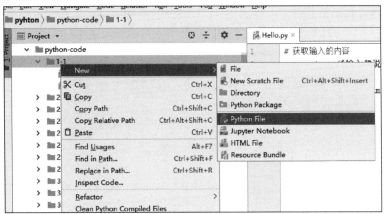

图1-27　新建文件

新建一个Python文件，将其命名为HelloWorld，项目会自动在该文件夹中新建一个
Python文件，并且自动打开编辑页面。

在此文件中添加下方的代码，无须保存，PyCharm会自动保存此文件。

```
print("Hello World!!!")
```

这样就将1.3.1小节中的程序改写为文件的方式，在命令行工具（cmd）窗口中，在确保
能在命令行中使用Python命令时，使用下方的命令执行该文件。

```
python HelloWorld.py
```

其执行效果如图1-28所示。

```
H:\book\book\pyhton\python-code\1-1>python HelloWorld.py
Hello World!!!

H:\book\book\pyhton\python-code\1-1>_
```

图1-28　"Hello World!!!"的执行效果

注　意

在命令行工具（cmd）的命令提示符中，可以按Tab键自动完成需要输入的命令或文件名称，这样可以非常方便地使用键盘而不是GUI的方式控制计算机或者程序的执行，在Linux等系统中也可以达到同样的效果。

1.3.3　Python中的中文编码

对于原本由国外开发的计算机系统和代码而言，中文的编码和使用一直是一个比较复杂的问题。这个问题在UTF-8（8-bit Unicode Transformation Format）编码的标准建立后有所改善，UTF-8编码致力于把全球语言纳入一个统一的编码，目前已将几种亚洲语言纳入其中。

　　UTF-8是一种针对Unicode的可变长度字符编码，由Ken Thompson于1992年创建，现在已经标准化为RFC 3629。

　　对Python或其他语言而言，自然支持UTF-8或者其他中文编码方式，但是对Python 2而言，如果不指定其编码类型，则中文字符并不会被正常编译，甚至代码中的中文注释部分都会出现错误。如执行下方的代码后，会出现编码错误，结果如图1-29所示。

```
# 这是Python的第一个示例
print("Hello World!!!")
# 这个是中文版本
print("你好世界！！！")
```

```
File "main.py", line 1
SyntaxError: Non-ASCII character '\xe8' in file main.py on line
1, but no encoding declared; see
http://python.org/dev/peps/pep-0263/ for details
```

图1-29　编码错误

　　如果读者安装的是Python 2，且默认编码不是UTF-8，则需要使用下面的代码进行编码的指定。

```
# -*- coding: UTF-8 -*-
# 这是Python2的第一个示例
print("Hello World!!!")
# 这个是中文版本
print("你好世界！！！")
```

　　通过指定编码为UTF-8，可以保证在Python 2或者Python 3的环境中不出现中文编码错误。指定编码后以上程序代码的执行效果如图1-30所示。

```
H:\>cd H:\book\book\pyhton\python-code\1-1

H:\book\book\pyhton\python-code\1-1>python HelloWorld.py
Hello World!!!
你好世界！！！

H:\book\book\pyhton\python-code\1-1>_
```

图1-30　"你好世界！！！"的执行效果

> **注意**
>
> 　　在Python 3以上的版本中，默认编码为UTF-8，所以无须指定即可成功地运行中文的编码。

1.4 项目练习：交互式HelloWorld

　　在1.3节中通过一个简单的HelloWorld实例介绍了使用print()方法进行相关字符串的输出，

本节中将会对上述的代码脚本进行改写，让其成为可以进行交互的程序。

本节将会通过监听键盘的输入，使用input()方法用于输入的获取，最终将获得的内容和字符串进行连接并输出。

在1.3节中，HelloWorld实例仅仅实现了在屏幕中输出一句话的效果，本节将会对该项目的内容进行改写，以便监听用户键盘输入的内容，并且输出到屏幕下方。

这里需要使用一个新的方法input()，该方法的作用是在命令行中获得用户输入的内容。

input()

通过该方法即可获得用户通过键盘输入的内容，当用户输出换行符时，这个方法会自动获取在换行符之前输入的内容，其完整的代码如下所示。

```
# 获取输入的内容
name = input("输入想说的内容……")
# 拼合字符串
text = "Hello" + name
# 打印输出
print(text)
```

在上述代码中，首先设定了一个变量，命名为name，其内容为用户由键盘输入的内容，第二步使用一个新的变量text，将字符串"Hello"和变量name所代表的内容进行连接，最终输出，其执行效果如图1-31所示。

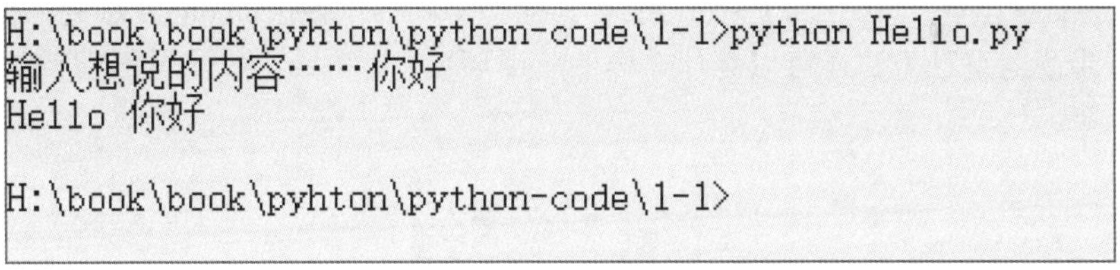

```
H:\book\book\pyhton\python-code\1-1>python Hello.py
输入想说的内容……你好
Hello 你好

H:\book\book\pyhton\python-code\1-1>
```

图1-31　执行效果

代码使用input()方法传入了一个字符串"输入想说的内容……"，这个字符串直接在命令行中进行了输出，其作用相当于输出前的提示语。

图1-31中的"你好"是用户输入的内容，最终执行效果为"Hello 你好"。

注意

在Python中，变量仅仅代表指向该值的内存地址，变量的使用将会在2.2节详解。

1.5 小结与练习

1.5.1 小结

工欲善其事，必先利其器。本章介绍了Python基本开发环境的搭建，创建了两个比较简单的HelloWorld项目，引领读者进入了Python的世界。本章介绍的知识虽然比较简单，但这些基础知识对于将来的学习非常重要，需要读者按照步骤在计算机上搭建好可以使用的开发环境，并且设置相关的配置。

通过本章的两个实例可以让读者了解Python语言，Python是一门尽可能帮助开发者减轻开发工作和理解负担的语言，正所谓"人生苦短，我用Python"。

1.5.2 练习

通过本章的学习，需要读者完成以下练习。

（1）如果读者有其他语言的开发经历，可以将其与Python进行比较，发现Python的优势和劣势。

（2）在计算机上搭建好可以正常运行的Python环境。

（3）尝试在本机上安装PyCharm或者选择一款个人喜欢且适合Python开发的IDE。

（4）尝试运行本章的实例，并且自己编写相关的练习内容。

（5）尝试在屏幕上输出HelloWorld或者其他文字，尝试使用input()方法进行更多的内容获取，进一步思考这种方法还可以有什么样的应用环境。

第 2 章

Python开发入门

本章将会对如何使用Python进行脚本程序的开发进行初步的介绍，内容涉及Python的基础语法及变量等概念。如果读者觉得需要加深理解，可以结合网络中相关的内容进行深入学习。

学习目标

通过学习本章，读者可以了解并掌握以下知识点：

◆ 什么是Python变量；
◆ Python变量的基本数据类型；
◆ Python中的运算符及各种运算符之间的执行顺序；
◆ Python中的基本逻辑语句及循环语句；
◆ 如何编写较为复杂的Python脚本代码。

本章要点

2.1 Python中的字符与基础语法

本节将会对Python的字符和基础语法进行简单的介绍与讲解，同时对Python中的变量和运算符进行说明。

2.1.1 Python中的标识符

标识符是指用于标识某个实体的符号，在不同的应用环境下有不同的含义。

在计算机编程语言中，标识符是用户编程时使用的名字，用于给变量、常量、函数、语句块等命名，以建立起名称与使用之间的关系。标识符通常由字母和数字及其他字符构成。

Python中的标识符可以由字母、数字、下划线组成，但不能以数字开头。

标识符这个元素可以是一个语句标号、一个过程或函数、一个数据元素（如一个标量变量或一个数组）或程序本身。

理论上，所有符合标准的标识符都可以在程序中使用，但是因为语言或者环境本身存在很多有其本身意义的关键字或者保留关键字，所以对标识符的使用有一定的限制。

> **注 意**
>
> 在Python中，标识符区分大小写（即大小写敏感），且以下划线开头的标识符存在特殊的意义。例如，以双下划线开头的__foo代表类的私有成员，以双下划线开头和结尾的__foo__是特殊方法专用的标识，__init__()代表类的构造函数，会在类被实例化后自动执行。

2.1.2 Python中的保留字

在Python中，一个合格的变量名除了必须符合标识符的规定以外，还不应当是保留字。

例如，将一个变量命名为class是不被允许的，其代码执行效果如图2-1所示。

```
Type "help", "copyright", "credits" or "license" for more information.
>>> class = 1
  File "<stdin>", line 1
    class = 1
          ^
SyntaxError: invalid syntax
>>>
```

图2-1　变量命名错误时的执行效果

保留字是在程序中拥有本身的意义或者是因为一些情况容易造成问题或者误解的内容，即已经定义过的字（不一定已经使用），开发者不能再将这些字作为变量名或过程名使用。

Python中的保留字如表2-1所示。

表2-1　Python中的保留字

保 留 字	意 义
and	比较相似的运算符，与逻辑
as	with-as语句
assert	断言，检查条件，不符合就终止程序
break	跳出逻辑循环或者代码块
class	类关键字
continue	对应break，继续执行
def	def 开始函数定义
del	删除变量（不同于C语言中的free，仅仅是对变量本身的操作）
elif	if逻辑判断语句
else	if逻辑判断语句
except	异常处理
exec	动态执行python代码
finally	逻辑模块最终执行代码块
for	循环语句
from	导入对应包
global	全局内容
if	if逻辑判断语句
import	导入对应包
in	包含于某内容中
is	比较两个实例对象是否完全相同
lambda	lambda表达式
nonlocal	函数或其他作用域中使用外层（非全局）变量
not	否定前缀逻辑判断词
or	比较相似的运算符，或逻辑
pass	空语句，其作用是保持程序结构的完整性
print	打印输出
raise	主动抛出异常
return	返回数据或者状态
try	异常处理
while	循环语句
with	with-as语句

（续表）

保　留　字	意　　义
yield	生成器
False	否定状态
None	空状态
True	正确状态

注　意

　　因为在Python中大小写是敏感的，所以更改Python保留字中字符的大小写可以达到使用保留字进行命名的目的，但是这样会造成代码可读性变差，并不推荐。

2.1.3　项目练习：打印Python所有的保留字

　　为了方便开发者查阅保留字是否随版本更新，Python的标准库提供了一个keyword模块，可以输出当前版本所有的保留字。
　　可以在命令行工具中使用下方的代码查看保留字。

```
# 使用import导入保留字包
import keyword

# 打印输出所有保留字
print(keyword.kwlist)
```

　　在第1章中使用print()函数进行了字符串的打印输出，其实Python中的print()函数并不仅仅可以用于打印字符串，该函数还可以将Python中的数据类型转化为字符串后印输出。

注　意

　　在之后的章节中，对数据类型进行介绍时，可以使用print()函数进行输出显示。

　　上述代码执行后，会自动地打印Python（当前运行环境版本）中所有的保留字，显示效果如图2-2所示。该打印结果是一个List（列表）的类型，在2.3.4小节将会介绍该类型。

```
H:\book\book\pyhton\python-code\2-1>cd 2-1-4

H:\book\book\pyhton\python-code\2-1\2-1-4>python KeyWord.py
['False', 'None', 'True', 'and', 'as', 'assert', 'async', 'await', 'break', 'class', 'continue', 'def', 'del', 'elif', 'else', 'except', 'finally', 'for', 'from', 'global', 'if', 'import', 'in', 'is', 'lambda', 'nonlocal', 'not', 'or', 'pass', 'raise', 'return', 'try', 'while', 'with', 'yield']

H:\book\book\pyhton\python-code\2-1\2-1-4>
```

图2-2　打印所有的保留字

2.1.4 Python中的换行和缩进

相对于其他脚本类的语言而言，Python中的格式要求较为严格，它通过缩进来控制代码块，而不是采用{}的方式，这也是其特色之处。

同一个代码块的语句必须设置为相同的缩进空格数。按Tab键也可以实现缩进。但是对Python缩进标准而言，一个Tab键会被替换为1~8个空格（IDE不同，替换的空格数也不同），所以如果需要使用Tab键进行缩进，那么在编写代码时应全部使用Tab键进行缩进。

如下方代码所示，条件判断语句缩进0空格。

```
if True:
    print ("True")
else:
    print ("False")
```

开始执行该段代码时，首先进行条件语句的执行，接着进入执行语句，此时4个空格是代码段中第二位的缩进，可以将其认定为条件判断语句中的子代码块。

在Python中，如果一条语句过长，可以对该语句进行切分，使用反斜杠（\）将其切分为多行语句。

```
# 切分多行
result = 1 + \
        2 + \
        3

print(result)

# 单行语句
result2 = 1 + 2 + 3
print(result2)
```

上述代码中，多行语句和单行语句的执行效果相同。

同样，对于多条简单语句，可以通过使用";"将其写在同一行中。如下方将两条语句写在同一行中。

```
# 改写为一行
result2 = 1 + 2 + 3; print(result2)
```

> **注 意**
>
> 为了让Python的开发更加规范，社区中提出了Python代码编码规范，现行执行标准为PEP8规范。在此标准中，对于缩进等设置了更加详细的规范。例如，每一级缩进使用4个空格，两条语句不允许写在同一行等，详情请参阅附录A。

2.1.5 项目练习：如何输出长字符串

在实际程序开发中经常会遇到这样的问题，在程序中需要输出或者使用一个非常长的字符串，这个字符串可能是一句话或者一篇文章。如果这个字符串足够长，可能会超过代码编辑器的视窗，甚至导致横向滚动条变得很小，这种情况虽然不会阻碍代码的正常运行，但会降低程序的可读性和美观度。和Word会自动换行不同，通常代码编辑器本身是不会选择换行的，随意的换行也会导致运行结果不同。

如图2-3所示，变量str的字符串很长（当然可以继续长下去），导致整个文本超过代码的视窗。

```
1   # 两种字符串的编编写方式
2   # 第一种：将全部内容写为一行
3   str = '这是一个非常长的字符串；这是一个非常长的字符串；这是一个非常长的字符串；这是一个非常长的
4   # 打印结果
5   print(str)
```

图2-3　长字符串超过视窗

针对这个问题，如果直接将字符串换行则会导致代码无法达到预期的运行效果，这时可以采用内容分行的方式，即利用上文介绍的"\"符号进行分行。

完整的两种代码编写方式如下所示。

> **注　意**
>
> 第一次将长字符串赋给str变量时，在书稿中会自动换行，但是在编辑器中则不会。

```
# 两种字符串的编写方式
# 长字符串的写法1
str  =  "这是一个非常长的字符串；这是一个非常长的字符串；这是一个非常长的字符串；这是一个非常长的字符串；……这是一个非常长的字符串；"
# 打印结果
print(str)
# 长字符串的写法2
str = "这是一个非常长的字符串；" \
      "这是一个非常长的字符串；" \
      "这是一个非常长的字符串；" \
      "这是一个非常长的字符串；" \
      "……" \
      "这是一个非常长的字符串；"
# 打印结果
print(str)
```

这两种写法不会对执行结果有任何影响，str变量的两次打印结果完全相同，如图2-4所示。

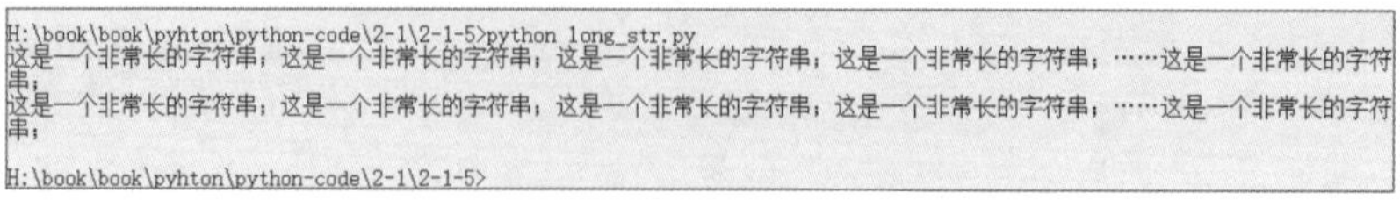

```
H:\book\book\pyhton\python-code\2-1\2-1-5>python long_str.py
这是一个非常长的字符串；这是一个非常长的字符串；这是一个非常长的字符串；这是一个非常长的字符串；……这是一个非常长的字符
串；
这是一个非常长的字符串；这是一个非常长的字符串；这是一个非常长的字符串；这是一个非常长的字符串；……这是一个非常长的字符
串；

H:\book\book\pyhton\python-code\2-1\2-1-5>
```

图2-4　长字符串两种写法的打印结果

2.1.6 Python中的注释

对于一段代码或者一个程序而言，合理的注释和文档是必不可少的组成部分。开发者通过阅读代码注释可以快速理解和熟悉代码。

Python提供了方便的注释功能，使用一个"#"字符作为注释行的开始，即遇到"#"就将该行作为注释，该行内容不会被执行（并不一定没有任何作用）。

多行注释可以用多个"#"字符，还可以使用一对"''"或一对"\"\"\""。下方代码均为注释内容。

```
# Python中的注释内容
'''
Python中的注释内容
Python中的注释内容
'''
"""
Python中的注释内容
Python中的注释内容
"""
```

2.2 Python中的变量

本节将对Python中的变量进行介绍，并对Python中的变量的指向和引用进行详细的说明。

2.2.1 什么是变量

变量的概念来源于数学，是计算机语言中能存储计算结果或能表示值的抽象概念。变量可以通过变量名访问。变量可以将程序中准备使用的每一个数据都赋值给一个简短、易于记忆的名字，因此它十分有用。

究其本质而言，变量其实是一种使用方便的占位符，用于引用计算机内存地址。也就是说变量相当于内存地址本身的一个别名。

在Python项目中，对变量的初始化和赋值是最为常见的操作，在第1章中已经使用过不少变量，如1.4节就将HelloWorld字符串赋值给text变量。

变量使用示例如下方的代码。

```
# 新建a变量
a = 1
# 新建b变量
b = 2
# 新建c变量，并且a变量赋值给c
```

```
c = a
# 再将c变量的值赋值给b
b = c
# 打印b-a的结果
print(b - a)
```

上述代码中一共有三个变量，分别是a、b、c，首先对变量a进行赋值为1的初始化操作，接着对变量b进行赋值为2的初始化操作，然后新建一个变量c并将a赋值给c，再将c赋值给b，最终打印b-a的值。

上述a、b、c变量都是int型，可以进行四则运算，最终打印结果为0，如图2-5所示，此时a=b=c=1。程序的执行过程就是对这三个变量进行赋值和相互赋值。

```
H:\book\book\pyhton\python-code>cd 2-2

H:\book\book\pyhton\python-code\2-2>python var.py
0

H:\book\book\pyhton\python-code\2-2>1
```

图2-5　打印结果

2.2.2　变量的命名和使用

在Python中，典型的变量使用离不开变量名、赋值符号和值这三个部分，如下方变量的赋值代码所示。

```
# 变量赋值
text = "HelloWorld！"
```

由上述代码可以看出变量赋值基本是"变量名+赋值符号+值"的形式，text为变量名称，=为赋值符号，而"HelloWorld！"字符串则是该变量对应的值。

一般而言，对于变量命名，除了不能使用保留字及不能以数字开头外，推荐使用一定标准的命名方式。

根据PEP8规范，变量名尽量使用小写字母，如有多个单词，则用下划线隔开。如果是常量的形式，则需要采用全大写字母，如果有多个单词，也使用下划线隔开。

注　意

对变量名的命名要求并非强制性的，所以也可以使用驼峰或者其他适用于项目本身的形式进行命名，并不会出现编译错误。

2.2.3　项目练习：Python中变量的引用和复制

对于Python而言，变量即为指向数据的地址，变量之间的相互赋值相当于将一个变量的地址赋给另一个变量，这点与很多编程语言不同。示例代码如下。

```
# 新建变量a
a = 1000
```

```
# 新建变量b，a与b的值相同
b = 1000

# 对比a和b是否相等
# \n为换行符，方便查看命令行
if a == b:
    print('两者相同\n')
else:
    print("两者不同\n")

# 使用is关键字，对比a和b是否是同一个内存地址
if a is b:
    print('两者完全一样')
else:
    print('两者不一样\n')
    # 使用id函数打印a的地址
    print('A的地址为：\n')
    print(id(a))
    print('\n')
    # 使用id函数进行打印b的地址
    print('B的地址为：\n')
    print(id(b))
```

在上述代码中新建了两个变量a和b，并且设置a和b的值都为1000，然后通过两种方式对a和b进行比较：一种方法是使用"=="，对两个变量的值进行对比；另一种方法是使用is关键字，用于判断这两个变量是否指向同一个内存地址（存储1000这个数值的地址）。如果内存地址不相同，使用id()函数打印出这两个不同变量的地址。

代码的执行效果如图2-6所示。

```
F:\anaconda\python.exe H:/book/book/pyhton/python-code/2-2/variable.py
两者相同

两者完全一样

Process finished with exit code 0
```

图2-6　对比结果

从以上示例可以看出，无论建立多少个变量，只要其值相同，则这些变量会指向同一个地址，也就是说这几个变量本质上是同样的内容。

将上述代码中的a变量进行重新赋值，观察是否会影响b的值。示例代码如下。

```
# 新建变量a
a = 1000
# 新建变量b，将a赋值给b
b = a
# 再对a进行重新赋值
```

```
a = 2000

# 对比a和b是否相等
# \n为换行符，方便查看命令行
if a == b:
    print('两者相同\n')
else:
    print("两者不同\n")

# 使用is关键字，对比a和b是否是同一个内存地址
if a is b:
    print('两者完全一样')
else:
    print('两者不一样\n')
    # 使用id函数打印a的地址
    print('A的地址为：\n')
    print(id(a))
    print('\n')
    # 使用id函数打印b的地址
    print('B的地址为：\n')
    print(id(b))
```

代码的执行效果如图2-7所示，可以发现a值的改变并未影响b的值，在对a进行重新赋值后，a和b分别指向不同的地址。这是因为代码中的变量是对不可变对象（数字、字符串、元组等）的共享引用，改变一个变量不会影响另一个变量。

图2-7 执行效果

如果将上述代码中的变量更改为对可变对象（列表、字典、集合等）的共享引用，当修改一个变量所引用对象的值时，会影响另一个变量。示例代码如下。

```
# 新建变量a（可变）
a = [1, 2, 3, 4]
# 新建变量b，将a赋值给b
b = a
```

```
# 对a重新进行赋值操作（新增元素）
a.append(5)

# 对比a和b是否相等
# \n为换行符，方便查看命令行
if a == b:
    print('两者相同\n')
else:
    print("两者不同\n")

# 使用is关键字，对比a和b是否是同一个内存地址
if a is b:
    print('两者完全一样')
else:
    print('两者不一样\n')
    # 使用id函数进行打印
    print('A的地址为：\n')
    print(id(a))
    print('\n')
    # 使用id函数进行打印
    print('B的地址为：\n')
    print(id(b))
```

执行效果如图2-8所示，通过对比可以发现，a和b的结果依旧相同，也就是说对于变量a和b而言，其指向的还是同一个地址存储的内容。

```
e:\JavaScript\vue_book2\pyhton\python-code\2-2>python variable2.py
两者相同

两者完全一样
```

图2-8　执行效果

如果需要在代码逻辑中进行赋值操作，应当如何进行代码的编写呢？这里有两种方法。

第一种方法是对a和b分别进行赋值，而不是将a的值赋值给b。不同于数值型对象，采用分别赋值的方法会直接开辟两个不同的区域存储内容，即a和b拥有不同的内存地址。示例代码如下。

```
# 新建变量a（可变）
a = [1, 2, 3, 4]
# 新建变量b，a和b的值相同
b = [1, 2, 3, 4]
# 对a重新进行赋值操作（新增元素）
# a.append(5)
```

```
# 对比a和b是否相等
# \n为换行符，方便查看命令行
if a == b:
    print('两者相同\n')
else:
    print("两者不同\n")


# 使用is关键字，对比a和b是否是同一个内存地址
if a is b:
    print('两者完全一样')
else:
    print('两者不一样\n')
    # 使用id函数进行打印
    print('A的地址为：\n')
    print(id(a))
    print('\n')
    # 使用id函数进行打印
    print('B的地址为：\n')
    print(id(b))
```

执行效果如图2-9所示，虽然和数值型对象采用了相同的方式，但是却获得了不同的结果，两者结果相同，但是并没有指向同一内存地址。这种方式的缺点是，如果原本的数据集合经过了大量的处理或修改，会导致程序的性能下降，对于代码逻辑也非常不直观。

图2-9　执行效果

第二种方法是采用copy()方法进行赋值。使用copy()方法需要引入相关的Python包（不需要安装）。示例代码如下。

```
# 引入copy包
import copy


a = [1, 2, 3, 4]
b = copy.copy(a)
c = copy.deepcopy(a)
```

```
if a == b:
    print("a和b值相等\n")
else:
    print("a和b不相等\n")
if a is b:
    print("a和b是一样的引用\n")
else:
    print("a和b不是一样的引用\n")
    print(id(a))
    print(id(b))

if c == a:
    print("a和c值相等\n")
else:
    print("a和c值不相等\n")
if c is a:
    print("a和b是一样的引用\n")
else:
    print("a和c不是一样的引用\n")
    print(id(a))
    print(id(c))
```

使用copy()方法或deepcopy()方法可以实现同样的效果,两者的区别在于对子对象的复制情况,copy()方法仅仅复制主要对象,不包含子对象,而deepcopy()方法是将所有的对象完全复制。

本例中需要复制的对象仅仅是一层的集合,所以使用两种方法皆可,其执行效果如图2-10所示。

```
F:\anaconda\python.exe H:/book/book/pyhton/python-code/2-2/copyDemo.py
a和b值相等

a和b不是一样的引用

2526261097096
2526258663752
a和c值相等

a和c不是一样的引用

2526261097096
2526258664200

Process finished with exit code 0
```

图2-10　执行效果

2.3 Python中的数据类型

本节将会对Python中涉及的数据类型进行讲解。

了解数据类型对学习Python非常重要。不同于其他弱类型的脚本语言，Python是一门强类型的脚本语言，如果不注意数据类型的使用将会出现各种问题。

例如，要打印输出两个内容，一个是输出两个数字之和，另一个是输出数字+字符串，其示例代码如下。

```
# 类型说明
print(3 + 2)
# 使用数字+字符串的方式
print(3 + '2')
```

执行效果如图2-11所示。

```
e:\JavaScript\vue_book2\pyhton\python-code\2-3>python type.py
5
Traceback (most recent call last):
  File "type.py", line 4, in <module>
    print(3 + '2')
TypeError: unsupported operand type(s) for +: 'int' and 'str'
```

图2-11 执行效果

从图2-11可以看出程序出现了错误信息，这表明Python无法对int类型的变量和str类型的变量进行加运算。如果要解决这个问题，则需要人为地进行类型转换。

2.3.1 Number数字标准类型

Python数字标准类型用于存储数值，正如数学中的数字一样，100、0、1、0.1等都属于数字的内容。

Python中的数字可以分为三种：int、float、complex，其具体说明和示例如表2-2所示。

表2-2 数字标准类型

类　　型	说　　明	示　　例
int	整型数字	1，2，3，4000
float	浮点型数字	0.001，1.1，32.3e+18
complex	复数的实数部分+虚数部分	5+0J

对于任何需要在程序中处理的数字内容，都应该确保其类型一定是数字类型，如果其本身是其他类型或者是不可知的类型，则需要进行类型转换。数字类型的转换方法如下。

* int(x)将x转换为一个整数。
* float(x)将x转换为一个浮点数。
* complex(x)将x转换为一个复数，实数部分为 x，虚数部分为 0。
* complex(x, y)将 x 和 y 转换为一个复数，实数部分为 x，虚数部分为 y，x 和 y 是数字表达式。

对上图2-11中的报错代码，使用数字类型转换的方法更改后即可正确运行。示例代码如下。

```
# 类型说明
print(3 + 2)
# 使用数字+字符串的方式
print(3 + int('2'))
```

数学运算是Python的一个重要部分，Python不仅仅提供了数字运算符，同时内置了大量的数学函数使运算变得更加简单。常用的数学函数和相关的常量可参阅附录B。

2.3.2 String字符串标准类型

字符串是所有语言中常用的一个类型，其写法也较为单一，使用一对单引号（'）或一对双引号（"）括起来的内容即为字符串。示例代码如下。

```
text = 'Hello World!'
text2 = "Hello World!"
```

注意

当字符串需要包含引号时，可将单引号与双引号互相嵌套使用，而不需要转义字符。

同样，为了方便对长字符串进行操作，可以采用单引号或双引号将长字符串拆分为分行字符串，或者可以直接使用三对双引号的形式。示例代码如下。

```
print(
    """
    这个是字符串示例
    这个是字符串示例
    """
)
```

字符串中如果需要包含特殊字符，则需要使用反斜杠（\）作为转义字符，通过"\+符号"的方式，可以实现输出特殊字符的需求。转义字符如表2-3所示。

表2-3　Python转义字符

转 义 字 符	说　　明
\（位于行尾时）	续行符，连接两行内容
\\	输出\
\'	单引号
\"	双引号

（续表）

转 义 字 符	说　　明
\a	响铃
\b	退格
\000	空格
\n	换行
\v	纵向制表符
\t	横向制表符
\r	回车
\f	换页
\xyy	十六进制数值，yy部分代表字符
\other	其他字符以普通格式输出（需支持）

示例代码如下。

```
#打印出\
print('\\')
#打印出'
print('\'')
#打印出"
print('\"')
#无输出，会响铃/蜂鸣（滴）
print('\a')
#打印出134
print('12\b34')
#无输出，打印空格
print('\000')
#打印出空行
print('\n')
#打印出标志
print('\v')
#打印出一个Tab位置
print('\t12')
#打印出\
print('\r11\r11')
#打印出标志
print('\f')
```

　　最终显示效果如图2-12所示，同时因为有转义字符"\a"，会播放一段短暂的"滴"或者蜂鸣声。

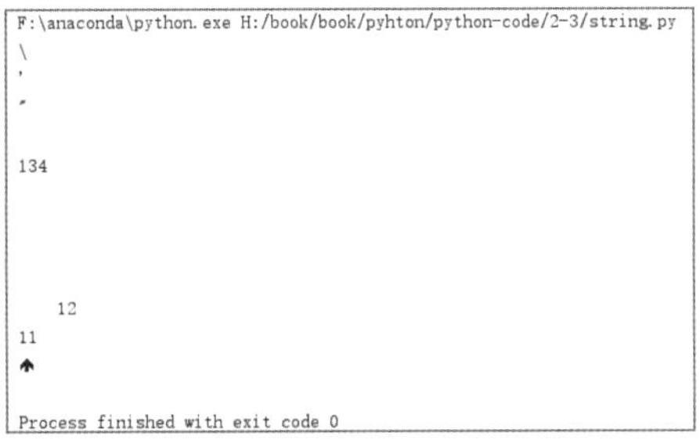

```
F:\anaconda\python.exe H:/book/book/pyhton/python-code/2-3/string.py
\
'
"

134



        12
11
♠

Process finished with exit code 0
```

图2-12　转义字符输出效果

　　为了对字符串形式的内容进行处理，Python内置了一些简单的字符串函数。Python常用的字符串函数如表2-4所示。

表2-4　Python常用的字符串函数

方 法 名	说　　明
capitalize()	将字符串的第一个字符转换为大写
center(width, fillchar)	返回一个在指定的宽度width中居中的字符串，fillchar 为填充的字符，默认为空格
count(str, beg= 0,end=len(string))	返回str在字符串中出现的次数，如果指定beg或者end，则返回指定范围内str出现的次数
encode(encoding='UTF-8', errors='strict')	以encoding指定的编码格式编码字符串
endswith(suffix, beg=0, end=len(string))	判定字符串是否以指定字符结束
expandtabs(tabsize=8)	把字符串中的Tab符号转为空格，默认为1个Tab键转换为8个空格
find(str, beg=0, end=len(string))	从左到右寻找str是否在整个字符串中，如找到则返回该索引值，如未找到则返回 -1
index(str, beg=0, end=len(string))	寻找str是否在字符串中，如果没有找到，抛出异常
rfind(str, beg=0,end=len(string))	自右向左查找字符串的内容
rindex(str, beg=0, end=len(string))	自右向左查找字符串的内容，如果不存在则抛出异常
isalnum()	判断是否都是字母或数字
isalpha()	判断是否都是字母
isdigit()	判断是否全是数字
islower()	判断是否都是小写字母
isnumeric()	判断是否只包含数字字符
isspace()	判断字符串是否仅包含空格
isupper()	判断是否全部是大写字母
join(seq)	以指定字符串为分隔符，将seq中的全部元素合并为新字符串

（续表）

方 法 名	说 明
len(string)	返回字符串的长度
lower()	将所有字符串的大写字母转换为小写字母
swapcase()	将字符串中大写字母转换为小写字母，小写字母转换为大写字母
lstrip()	删除左边的全部空格或指定字符
max(str)	返回字符串中最大的字符
min(str)	返回字符串中最小的字符
replace(old, new [, max])	替换，将old替换为new，max为最多替换次数
rjust(width,[, fillchar])	将字符串右对齐，使用空格或者指定字符填充原本的字符串
rstrip()	删除字符串末尾的空格
split(str="", num=string.count(str))	以str为分隔符截取字符串，如果num有指定值，则分割为几个字符串
startswith(substr, beg=0,end=len(string))	检查字符串是否以指定子字符串 substr 开头
strip([chars])	在字符串上执行lstrip()和rstrip()
title()	将字符串标题化，并且首字母大写
istitle()	判断是否经过了标题化

示例代码如下。

```python
# 初始化字符串
str = 'hello world!'
# 输出原始字符串
print('原始字符串为：', str)
# 将字符串的第一个字符转换为大写字母
str_change = str.capitalize()
print('capitalize之后的字符串为：', str_change)
# 返回一个指定的宽度width居中的字符串
str_change = str.center(20, ',')
print('使用逗号填充字符串长度为20', str_change)
# 返回str在string里面出现的次数
print('原始字符串中的空格格式有多少个', str.count(' '))
# 从左到右寻找str是否在整个字符串中，如找到则返回该索引值，未找到返回 -1
print('原始字符串中的空格在第几个位置', str.find(' '))
# 自右向左查找字符串的内容
print('原始字符串中的空格在第几个位置', str.rfind(' '))
# 判断字符串中是否都是字母或数字
print('原始字符串是否都是数字或者字母', str.isalnum())
# 字符串的长度
```

```
print('原始字符串的长度为', len(str))
# 将字符串标题化，并将首字母大写
str_change = str.title()
print('标题化的str', str_change)
# 判断是否经过了标题化
print('是否是标题', str_change.istitle())
# 小写字母
print('修改为小写字母的str_change', str_change.lower())
# 将字符串中的大小写字母相互转换
print('将字符串中的大小写字母相互转换', str_change.swapcase())
# 返回字符串str中最大或最小的字符
print('打印最大的字符', max(str))
print('打印最小的字符', min(str))
# 替换，将str1替换为str2
print('打印修改后的内容', str.replace('world', 'python'))
```

执行效果如图2-13所示。

```
F:\anaconda\python.exe H:/book/book/pyhton/python-code/2-3/stringFun.py
原始字符串为： hello world!
capitalize之后的字符串为： Hello world!
使用逗号填充字符串长度为20 ,,,,hello world!,,,,
原始字符串中的空格格式有多少个 1
原始字符串中的空格在第几个位置 5
原始字符串中的空格在第几个位置 5
原始字符串是否都是数字或者字母 False
原始字符串的长度为 12
标题化的str Hello World!
是否是标题 True
修改为小写字母的str_change hello world!
将字符串中的大小写字母相互转换 hELLO wORLD!
打印最大的字符 w
打印最小的字符
打印修改后的内容 hello python!
```

图2-13　字符串常用函数执行效果

2.3.3 Tuple元组标准类型

　　Python中有一类特殊的数据类型，即元组类型。元组类型的元素不能直接修改，其和数字、字符串一样属于不可变对象。

　　元组的基本形式如下。

```
tuple_text= ('这', '是', '元','组')
```

　　元组的值可以为多个不同类型的内容。如果只包含一个内容，需要在其后方加上"，"，否则括号本身可能作为运算符使用。

　　元组是一组有顺序且有意义的数据集，可以通过循环或者按元素所在的位置读取元组中的数据。示例代码如下。

```
tuple_text = ('这', '是', '元', '组')
# 使用了for in循环
```

```
for item in tuple_text:
    print(item)
print('\n')
# 只打印一个字
print(tuple_text[0])
```

注 意

> 对于元组、数组和列表而言，数据结构中的第1位是从0开始的，而不是从1开始，也就是说，对于tuple_text所代表的元组而言，第1个元组元素实际上是第0位，即通过tuple_text[0]所打印的内容会是"这"。

代码的执行效果如图2-14所示，代码中使用的for…in循环将会在2.7.2小节进行讲解。

图2-14 执行结果

注 意

> 在元组中是无法通过元组的下标对元组内部的数据进行更改的，而只能通过删除或者重建的方式对元组数据进行更改，所以对需要进行更改的数据，应当使用Python中的列表数据类型。

Python中的元组对象包括一些常用的内置函数，如表2-5所示。

表2-5 元组常用的函数

函 数 名	说 明
len(tuple)	获取元组的个数
max(tuple)	获取元组中的最大值
min(tuple)	获取元组中的最小值
tuple(seq)	将列表转换为元组

示例代码如下。

```
tuple_val =(1, 2, 3, 4, 5)
seq = ['A', 1, 3]
# 获取元组的个数
print('元素的个数为', len(tuple_val))
# 获取元组中的最大值
print('元组中的最大值为', max(tuple_val))
```

```
# 获取元组中的最小值
print('元组中的最小值为', min(tuple_val))
# 将列表转换为元组
tuple_val1 = tuple(seq)
print(tuple_val1)
```

代码的执行效果如图2-15所示。

```
F:\anaconda\python.exe H:/book/book/pyhton/python-code/2-3/tupleFun.py
元素的个数为 5
元组中的最大值为 5
元组中的最小值为 1
('A', 1, 3)

Process finished with exit code 0
```

图2-15　元组常用函数的执行效果

2.3.4　List列表标准类型

列表数据类型与元组数据类型相似，也代表一类数据的集合。不过和元组不同的是，列表类型中的数据是可更改的，即可以被删除或者更新为单一数据，并且需要通过删除重建整个列表完成更新操作。

列表基本创建代码如下所示。

```
list1 = [1, 2, 3, 4, 5 ];
list2 = ["a", "b", "c", "d"];
```

与元组数据不同的是，列表使用"[]"进行数据的包裹，并且将这些数据以","进行分割，列表数据中的数据项不需要具有相同的类型，可以通过下标的方式进行访问。示例代码如下。

```
list1 = [1, 2, 3, 4, 5 ];
list2 = ["a", "b", "c", "d"];
# 打印出1
print(list1[0])
# 打印出b
print(list2[1])
```

除了通过下标进行值的输出外，还可以通过使用方括号的形式截取字符。示例代码如下。

```
list1 = [1, 2, 3, 4, 5 ];
# 输出内容2,3,4,5
print (list1[1:4])
```

列表本身是可操作的对象，Python中提供了很多对列表本身的操作方法，通过调用这些方法，可以实现对列表本身的修改、增加或删除等操作。

如果是对列表本身数据项的修改，可以通过下标的方式直接进行修改。

```
list = ["a", "b", "c", "d"];
# 打印出a
```

```
print(list[0])
# 更新list的值
list[0] = "A"
# 打印出A
print(list[0])
```

如果需要在列表中增加或删除元素，可以使用append()方法或del()方法。Python中提供的列表的方法如表2-6所示。

表2-6　列表的方法

方 法 名	说　　明
list.append(obj)	将obj内容加入列表中
list.count(obj)	以obj为标准，统计在列表中出现的次数
list.extend(seq)	在列表末尾合并一系列其他列表的值
list.index(obj)	查找该元素的索引下标值
list.insert(index, obj)	插入一个元素
list.pop([index= -1])	移除列表中的一个元素，默认以栈的形式将末尾元素进行出栈处理
list.remove(obj)	删除列表中的某一个匹配值，会返回该匹配值的元素
list.reverse()	对列表中的元素顺序进行翻转
list.sort(key=None, reverse=False)	将列表进行排序
list.clear()	清空列表中的内容
list.copy()	复制列表

常用方法的示例代码如下。

```
# 初始化内容
list_val = [1, 2, 3]
print(list_val)
# 将obj内容加入list中
list_val.append(1)
print('增加一个元素之后的列表')
print(list_val)
# 以obj为标准，统计在list中出现的次数
print('统计1的次数',list_val.count(1))
# 在原有列表基础上，在末尾合并一系列其他值
list_val.extend(list_val)
print('合并多个内容之后列表的值')
print(list_val)
# 查找该元素的索引下标值
list_val.index(1)
print('1的下标值为',list_val.index(1))
```

```
print(list_val)
# 插入一个元素
list_val.insert(1, "你好")
print("在下标为1的地方插入一个值")
print(list_val)
# 移除列表中的一个元素，默认以栈的形式，将末尾元素进行出栈处理
list_val.pop()
print('出栈末尾一个值')
print(list_val)
# 删除列表中的某一个匹配值，会返回该匹配的元素
list_val.remove("你好")
print('删除元素之后的列表')
print(list_val)
# 对列表中的元素顺序进行翻转
list_val.reverse()
print('翻转之后的内容')
print(list_val)
# 将列表进行排序
list_val.sort()
print('排序后的内容')
print(list_val)
# 复制列表
list_val1 = list_val.copy()
print('复制后的内容')
print(list_val1)
# 清空列表中的内容
list_val1.clear()
print('删除之后的list_val1')
print(list_val1)
```

代码的执行效果如图2-16所示。

```
1
[100, 2, 3]
[100, 2, 3]
增加一个元素之后的列表
[100, 2, 3, 1]
统计1的次数 1
合并多个内容之后列表的值
[100, 2, 3, 1, 100, 2, 3, 1]
1的下标值为 3
[100, 2, 3, 1, 100, 2, 3, 1]
在下标为1的地方插入一个值
[100, '你好', 2, 3, 1, 100, 2, 3, 1]
出栈末尾一个值
[100, '你好', 2, 3, 1, 100, 2, 3]
删除元素之后的列表
[100, 2, 3, 1, 100, 2, 3]
翻转之后的内容
[3, 2, 100, 1, 3, 2, 100]
排序后的内容
[1, 2, 2, 3, 3, 100, 100]
复制后的内容
[1, 2, 2, 3, 3, 100, 100]
删除之后的list_val1
[]

Process finished with exit code 0
```

图2-16　常用的列表方法

2.3.5 Dictionary字典标准类型

对Python而言，字典类型是另一种可变容器类型，可以存储任意的对象，其基本的格式如下所示。

```
# 字典标准类型
dic = {key:value,key1:value1}
```

注意

对于字典类型而言，其标准型要求key的值必须是唯一的，而value值则不需要是唯一的。

对于字典这种数据类型，其本身和JavaScript中的对象或者用于数据传输的json非常类似，都是key-value的形式，但是其本质并不一样。

json是仅用于传输数据的字符串，可以通过一些方法进行解析或者转换为字典类型。字典是Python中独有的类型，可以存储任意数据类型，而json只能由字符串、浮点数或者布尔值等构成。

字典可以通过固定的键进行值的访问。示例代码如下。

```
# 字典标准类型
dic = {'a':'value'}
# 打印输出值
print(dic['a'])
```

这种访问方式用于已知键的情况。如果无对应的键，则整个程序会自动报错，停止运行。那么如何判断是否存在该键值呢？可以使用key in dic这种判定语句，其示例如下所示。

```
dic = {'key1': 'value', 'key2': 'value2'}
# 打印存在的值
print('key1' in dic)
# 打印不存在的值
print('key3' in dic)
```

执行效果如图2-17所示，对于存在的键值，打印结果为True，对于不存在的键值则返回False，并没有出现错误或者影响代码执行。

```
F:\anaconda\python.exe H:/book/book/pyhton/python-code/2-3/dic.py
True
False

Process finished with exit code 0
```

图2-17 判断键值是否存在

同样可以通过指定键的方式对字典中的数据进行更新，即修改该键对应的值。示例代码如下。

```
# 字典标准类型
```

```
dic = {'a':'value'}
# 打印输出值
print(dic['a'])
dic['a']='hello world!'
# 打印更改后的输出值
print(dict['a'])
```

对于字典类型的数据，Python提供了一些内置函数和方法，具体如表2-7所示。

表2-7　字典内置函数和方法

函数或方法名	说　　明
len(dict)	字典的长度，键值对的个数
radiansdict.clear()	删除字典内所有元素
radiansdict.copy()	返回一个字典的浅复制
dict.fromkeys(seq[, value])	创建一个新字典，以序列seq中的元素作为字典的键，value为字典所有键对应的初始值
radiansdict.get(key, default=None)	返回指定键的值
radiansdict.items()	以列表返回可遍历的（键,值）元组数组
radiansdict.setdefault(key, default=None)	如果键不存在于字典中，将会添加键并将值设为default
radiansdict.update(dict2)	合并更新用，把字典dict2的键/值对更新到dict中
radiansdict.values()	返回一个迭代器，以value为准
radiansdict.keys()	返回一个迭代器，以key为准
radiansdict.pop(key[,default])	删除字典给定键 key 所对应的值，返回值为被删除的值，必须给出key值
radiansdict.popitem()	随机返回并删除字典中的最后一对键和值

其常用函数和方法的示例代码如下。

```
# 初始化
dic = {'key': 'value', 'key1': 'value1', 'key2': 'value2'}
# 字典的长度，键值对的个数
print(dic)
print('该字典的长度为', len(dic))
# 返回一个字典的浅复制
dic1 = dic.copy()
print('赋值后的内容： ')
print(dic1)
# 创建一个新字典，以序列seq中的元素作为字典的键，value为字典所有键对应的初始值
```

```
dic2 = dict.fromkeys(['a', 'b', 'c'])
print('创建新的字典为：')
print(dic2)
# 返回指定键的值
print('第一位的键值为', dic.get('key'))
# 如果键不存在于字典中，将会添加键并将值设为value3
dic.setdefault('key3', 'value3')
print('增加一个不存在的键key3之后')
print(dic)
# 合并更新用，把字典dic的键值对更新到dic1里
dic1.update(dic)
print('更新dic1的字典之后')
print(dic1)
# 删除字典的给定键
dic.pop('key')
print('删除键值为key的值')
print(dic)
# 随机返回并删除字典中的最后一对键和值
print('随机返回并删除字典中的最后一对键和值')
print(dic.popitem())
print(dic)
# 删除字典内所有元素
dic.clear()
print('清除所有的内容')
print(dic)
```

最终执行效果如图2-18所示。

```
F:\anaconda\python.exe H:/book/book/pyhton/python-code/2-3/dicFun.py
{'key': 'value', 'key1': 'value1', 'key2': 'value2'}
该字典的长度为 3
赋值后的内容：
{'key': 'value', 'key1': 'value1', 'key2': 'value2'}
创建新的字典为：
{'a': None, 'b': None, 'c': None}
第一位的键值为 value
增加一个不存在的键key3之后
{'key': 'value', 'key1': 'value1', 'key2': 'value2', 'key3': 'value3'}
更新dic1的字典之后
{'key': 'value', 'key1': 'value1', 'key2': 'value2', 'key3': 'value3'}
删除键值为key的值
{'key1': 'value1', 'key2': 'value2', 'key3': 'value3'}
随机返回并删除字典中的最后一对键和值
('key3', 'value3')
{'key1': 'value1', 'key2': 'value2'}
清除所有的内容
{}

Process finished with exit code 0
```

图2-18　字典函数和方法的执行效果

2.3.6 Python中数据类型的转换

至此，已经介绍了Python的全部数据类型。Python是一门强类型的语言，在使用时必须保证数据类型正确，否则会导致类型错误。这也就意味着，对于某些无法保证其数据类型或者已知不符合数据类型要求的内容，需要使用Python中提供的数据类型转换函数来保证其数据类型的正确性。

常用的数据类型转换函数如表2-8所示。

表2-8　数据类型转换函数

函　　数	说　　明
int(x)	转换为整型数字类型，会丢失精度
float(x)	转换为浮点类型，整数转换会使用0补齐小数位
complex(x ,y)	将 x 和 y 转换为一个复数，实数部分为 x，虚数部分为 y。x 和 y 是数字表达式
str(x)	转换为字符串类型
repr(x)	将对象转化为供解释器读取的字符串
eval(str)	执行str内容的字符串表达式，返回计算的结果
tuple(seq)	将元组、列表、字典转换为元组。如果参数为字典，则返回字段的key组成的集合
list(seq)	将元组、字典、列表转换为列表，如果参数为字典，则返回字段的key组成的集合
set(seq)	将一个可以迭代的对象转变为可变集合，并且去掉重复元素
frozenset(seq)	将一个可迭代元组、字典、列表转变成不可变集合
chr(x)	使用0～255的整数作为参数，返回该整数对应的字符
ord(x)	以一个字符作为参数，返回对应的 ASCII 数值，或者 Unicode 数值
hex(x)	把一个整数转换为十六进制字符串
oct(x)	把一个整数转换为八进制字符串

2.3.7 项目练习：数据类型判断游戏

本小节开发一个简单的数据类型判断游戏来加深对数据类型的理解。本游戏通过对几个数据类型的相互转换，然后判定转换后的数据类型，来确定用户是否正确输入了相关的类型信息。

本项目练习需要使用if逻辑条件判断语句，在2.6节中将会对该语句进行详细介绍。这里先简单了解if语句的执行流程：如果判断条件为True，则执行if下方的代码块；如果判断条件为False，则会执行else语句中的代码块。

示例代码如下。

```
print("欢迎来到数据类型游戏\n"
```

```python
    "****************************************\n"
    "如果输入"1"则认为是正确\n"
    "如果输入"2"则认为是错误\n"
    "****************************************\n"
    )
# 初始化分数变量
source = 0
# 新建变量
a = "HelloWorld"
print(a)
aw = input("1.这是一个字符串？ ")
print("这是一个： ", type(a))
if aw == str(1):
    source = source + 1
    print("输入正确")
else:
    print("错误！ ")
# 新建变量
a = "1"
print("'" + a + "'")
aw = input("1.这是一个字符串？ ")
print("这是一个： ", type(a))
if aw == str(1):
    source = source + 1
    print("输入正确")
else:
    print("错误！ ")
# 新建变量
a = int(1)
print(a)
aw = input("1.这是一个字符串？ ")
print("这是一个： ", type(a))
if aw == str(2):
    source = source + 1
    print("输入正确")
else:
    print("错误！ ")
# 新建变量
a = False
print(a)
aw = input("1.这是一个字符串？ ")
```

```
print("这是一个: ", type(a))
if aw == str(2):
    source = source + 1
    print("输入正确")
else:
    print("错误！")
# 新建变量
a = None
print(a)
aw = input("1.这是一个字符串？ ")
print("这是一个: ", type(a))
if aw == str(2):
    source = source + 1
  print("输入正确")
else:
    print("错误！")
print("您的最后得分是: ", source)
print("游戏结束")
```

在定义一个计分变量后，输出一个数据，再对该数据进行类型判断，然后输出数据类型和判断结果，如果判断正确，则会对变量（得分数）进行加1操作，作为得分数的计算，在游戏的末尾输出分数及游戏结束提示。

最终执行效果如图2-19所示。

图2-19　类型判断的执行效果

2.4 Python中的运算符

运算符也是Python中非常重要的一个部分。对计算机语言而言，运算符并不单指算术运算符的加减乘除，而是分为多种类型，不同的运算符代表不同的运算操作。本节将会对运算符进行介绍。

2.4.1 算术运算符

算术运算符是最为常见的加减乘除以及取模运算和幂运算，用来对数字类型的数据进行算术操作。基本的算术运算符如表2-9所示。

表2-9　算术运算符

运　算　符	说　　明
+	两个数值相加
—	两个数值相减
*	两个数值相乘
/	两个数值相除
%	取模运算，即取除法的余数
**	幂运算
//	取除法运算的整数位

算术运算符的示例代码如下。

```
# 初始化变量
a = 10
b = 2


# 加法运算
print('a+b的值为: ', a + b)
# 乘法运算
print('a*b的值为: ', a * b)
# 减法运算
print('a-b的值为: ', a - b)
# 除法运算
print('a/b的值为: ', a / b)
# 取模运算
print('a%b的值为: ', a % b)
# 整除运算
print('a//b的值为: ', a // b)
```

执行效果如图2-20所示。

```
F:\anaconda\python.exe H:/book/book/pyhton/python-code/2-4/arithmeticOperator.py
a+b的值为: 12
a*b的值为: 20
a-b的值为: 8
a/b的值为: 5.0
a%b的值为: 0
a//b的值为: 5

Process finished with exit code 0
```

图2-20　算术运算的执行效果

2.4.2 比较运算符

比较运算符在Python中一般用于逻辑判断，通过对比变量与变量之间的数值或者内容，进行语句的逻辑控制。常见的比较运算符如表2-10所示。

表2-10 比较运算符

运算符	说　　明
==	数值相等或者内容相同
!=	不等于
>	大于
<	小于
>=	大于等于
<=	小于等于

比较运算符的示例代码如下。

```python
# 初始化变量
a = 10
b = 2

# 大于
print('a大于b为：', a > b)
# 小于
print('a小于b为：', a < b)
# 等于
print('a是否等于b为：', a == b)
# 大于等于
print('a大于等于b为：', a >= b)
# 小于等于
print('a小于等于b为：', a <= b)
```

执行效果如图2-21所示。

```
F:\anaconda\python.exe H:/book/book/pyhton/python-code/2-4/logicOperator.py
a大于b为： True
a小于b为： False
a是否等于b为： False
a大于等于b为： True
a小于等于b为： False

Process finished with exit code 0
```

图2-21　比较运算的执行效果

2.4.3 赋值运算符

对于Python而言，赋值运算符是算术运算符的补充内容。通过赋值运算符的使用，可以极大地减少代码的编写量，提高编程的效率。

和算术运算符相比，赋值运算符的意义在于"赋值"，即将取得的结果赋值给某一个变量或者其本身，同时赋值运算符支持使用链式赋值，即对一个或者几个变量赋予相同的内容。

常见的赋值运算符如表2-11所示。

表2-11　赋值运算符

运　算　符	说　　明
=	结果赋值内容
+=	加法赋值运算
−=	减法赋值运算
*=	乘法赋值运算
/=	除法赋值运算
%=	取模赋值运算
**=	幂赋值运算
//=	取整除赋值运算

赋值运算符的示例代码如下。

```
# 初始化变量
a = 10
b = 3

# =结果赋值内容
c = a
print('此时c的值为：', c)
# +=加法赋值运算
c += a
print('此时c的值为：', c)
# −=减法赋值运算
c −= a
print('此时c的值为：', c)
# *=乘法赋值运算
c *= a
print('此时c的值为：', c)
# /=除法赋值运算
c /= a
print('此时c的值为：', c)
# %=取模赋值运算
c %= b
print('此时c的值为：', c)
# **=幂赋值运算
```

```
# 当前c的值为1，此处重置为2
c = 2
c **= b
print('此时c的值为：', c)
# //=取整除赋值运算
c //= b
print('此时c的值为：', c)
```

其执行效果如图2-22所示。

```
F:\anaconda\python.exe H:/book/book/pyhton/python-code/2-4/assignmentOperator.py
此时c的值为：  10
此时c的值为：  20
此时c的值为：  10
此时c的值为：  100
此时c的值为：  10.0
此时c的值为：  1.0
此时c的值为：  8
此时c的值为：  2

Process finished with exit code 0
```

图2-22　赋值运算的执行效果

2.4.4 逻辑运算符和位运算符

逻辑运算符一般用于两者之间的逻辑处理，包含and、or、not三种运算符，分别表示与、或、非；位运算符是把数字看作二进制进行计算。在某些情况下，这两种运算符均可以用于逻辑处理，但是需要注意其本质区别。

常用的逻辑运算符如表2-12所示。

表2-12　逻辑运算符

运　算　符	说　　明
and	"与"的定义，两者为真即为真
or	"或"的定义，两者中有一个为真即为真
not	"非"的定义，逻辑否定前缀

常用的位运算符如表2-13所示。

表2-13　位运算符

运　算　符	说　　明
&	按位"与"运算符：参与运算的两个值，如果对应位都为1，则该位的结果为1，否则为0
|	按位"或"运算符：只要对应的两个二进制位有一个为1时，该结果就为1
^	按位"异或"运算符：当对应的二进制位相异时，结果为1
~	按位"取反"运算符：对数据的每个二进制位取反，即把1变为0，把0变为1
<<	左移动运算符：将"<<"左边运算数的各个二进制位全部左移若干位，运算符"<<"右边的数指定移动的位数，高位丢弃，低位补0

（续表）

运　算　符	说　　明
>>	右移动运算符：将">>"左边的运算数的各个二进制位全部右移若干位，">>"右边的数指定移动的位数

对于逻辑运算符和位运算符而言，and和&在某些场景中可能会实现相同的效果。同样，or和\|，not和~也会有同样的效果。

逻辑运算符和位运算符的示例代码如下。

```
# 逻辑运算符
# 初始化变量
print('逻辑运算符示例')
a = False
b = True

print('and 判定', a and b)
print('or 判定', a or b)
print('not 判定', not a and b)
print()
# 位运算符
# 初始化变量
print('位运算符示例')
c = 0
d = 1
e = 10

print('&运算符', c & d)
print('|运算符', c | d)
print('^运算符', c ^ d)
print('~运算符', ~e)
print('<<左移运算符', e << 2)
print('>>右移运算符', e >> 2)
```

执行效果如图2-23所示。

> **注　意**
>
> 　　对于位运算符而言，是将十进制数字转化为二进制数字之后再进行位运算。例如，上述实例中的e=10，转换为二进制为00001010，所以按位取反后~e应该为11110101，符号位为1，数字为负数，计算机系统中负数的表示是补码形式，取反再加1，则为00001011，数值为11，加上负号，则结果为-11。

```
F:\anaconda\python.exe H:/book/book/pyhton/python-code/2-4/bitwiseOperator.py
逻辑运算符示例
 and 判定 False
 or 判定 True
 not 判定 True

 位运算符示例
 &运算符 0
 |运算符 1
 ^运算符 1
 ~运算符 -11
 <<左移运算符 40
 >>右移运算符 2

Process finished with exit code 0
```

图2-23 逻辑运算符和位运算符的执行效果

2.4.5 成员运算符

Python中的成员运算符主要为访问元组、列表和字符串提供了便捷，通过成员运算符可以方便地对上述内容实现循环和迭代，或者可以快速地判断某个内容是否是该元组、列表或字符串等的组成部分。

常用的成员运算符有in和not in，用于表示存在关系。

可以通过示例对成员运算符的使用进行说明，这里使用了简单的循环语句。其示例代码如下。

```python
# 初始化变量
numberList = [1, 2, 3, 4, 5]


# in运算符
print('4是否在list中：', 4 in numberList)
# not in 运算符
print('6是否在list中：', 6 in numberList)


# 使用循环输出内容
for item in numberList:
    print("打印列表项目：", item)
```

其执行效果如图2-24所示。

```
F:\anaconda\python.exe H:/book/book/pyhton/python-code/2-4/memberOperator.py
4是否在list中： True
6是否在list中： False
打印列表项目： 1
打印列表项目： 2
打印列表项目： 3
打印列表项目： 4
打印列表项目： 5

Process finished with exit code 0
```

图2-24 成员运算符的执行效果

2.4.6 身份运算符

在Python中身份运算符有两个，即is和is not，用于比较两个对象的内存地址是否一致。

2.2.3小节对is运算符进行了初步的介绍，同时介绍了is运算符和"=="运算符在使用中的相同点和不同点。

身份运算符的示例代码如下。

```
# 初始化变量
a = 10
b = '10'
print("a的id为： ", id(a))
print("b的id为： ", id(b))
print('字符串is数字', b is a)
print("b转换后的id为： ", id(int(b)))
print('转换后', int(b) is a)


# 与==的不同
number_list = [1, 2, 3, 4, 5, 6]
number_list2 = [1, 2, 3, 4, 5, 6]
print("==运算符的结果： ", number_list == number_list2)
print("is运算符的结果： ", number_list[0] is number_list2)
print("number_list的id为： ", id(number_list))
print("number_list2的id为： ", id(number_list2))
```

执行效果如图2-25所示。

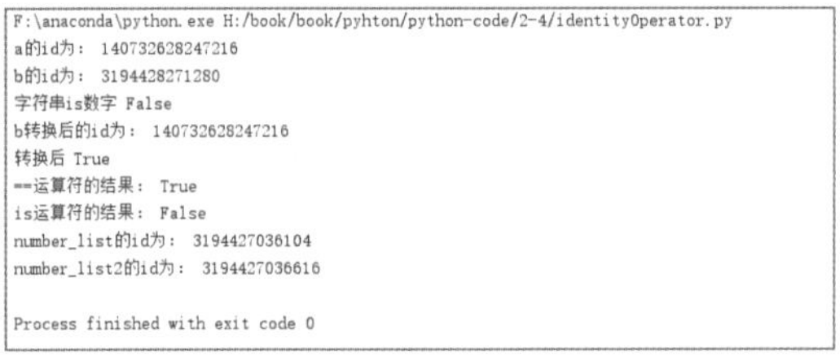

```
F:\anaconda\python.exe H:/book/book/pyhton/python-code/2-4/identityOperator.py
a的id为: 140732628247216
b的id为: 3194428271280
字符串is数字 False
b转换后的id为: 140732628247216
转换后 True
==运算符的结果: True
is运算符的结果: False
number_list的id为: 3194427036104
number_list2的id为: 3194427036616

Process finished with exit code 0
```

图2-25　身份运算符的执行效果

2.4.7　运算符的优先级

对于Python的多种运算符而言，在使用时除了考虑完成基本的运算和逻辑判断之外，还应当考虑运算符的优先级问题。这是因为对运算或逻辑判断而言，不同的运算顺序会导致不同的结果，甚至会出现错误。

Python中所有的运算符的优先级顺序如表2-14所示，其优先级从高到低排序（即首先执行的内容至最后执行的内容）。

表2-14　Python中的运算符优先级

运　算　符	说　　　明
**	指数运算
~	位取反运算符
*、/、%、//	乘、除、取模、整除

（续表）

运　算　符	说　　明
+、-	加法、减法
<<、>>	左移和右移
&、^、|	位运算符
<、=<、>、>=、==、!=	比较运算符
=、%=……，is、is not， in、not in	赋值运算符、身份运算符、成员运算符
not、and、or	逻辑运算符

注　意

对运算符本身而言，可以使用圆括号来改变优先级，即先执行圆括号内部的内容再执行其外部的内容。通过使用圆括号，运算的逻辑更加清晰。

运算符优先级的示例代码如下。

```python
# 初始化内容
a = 10
b = 5
c = 8
# 获得第一个值
result = a + b * c
print('a + b * c的值为：', result)
# 获得第二个值
result = (a + b) * c
print('( a + b ) * c的值为：', result)
```

其执行效果如图2-26所示。

```
e:\JavaScript\vue_book2\pyhton\python-code\2-4>python operator.py
a + b * c的值为： 50
( a + b ) * c的值为： 120
```

图2-26　通过圆括号改变优先级的执行效果

2.5 项目练习：简单的计算器

本节将设计一个简单的计算器，通过这个项目练习，进一步掌握变量、数据类型和运算符的使用。

2.5.1 计算器程序的具体编码

设计一个简单的计算器程序，其功能是实现两个数字的加、减、乘、除运算，并输出运算结果。其基本逻辑思路如图2-27所示。

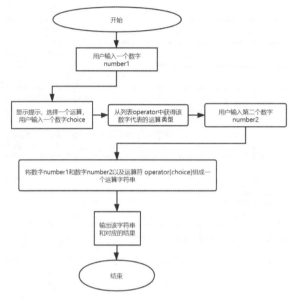

图2-27　计算器程序的基本逻辑

（1）在项目中新建一个Python文件，将其命名为calculator，并且初始化运算符，其代码如下。

```
# 初始化运算符
operator = ['+', '-', "*", '/']
```

（2）使用input()方法获取用户输入的第一个数字，并且在其参数中添加提示信息，其代码如下。

```
# 输入第一个数字
number1 = input("输入第一个数字：")
```

（3）打印出选择运算符的提示，接着使用input()方法获取用户输入的运算符序号以及第二个数字，并且将其组合成一个完整的字符串。

（4）打印输出该字符串和运算结果，因为其字符串本身是无法执行的，所以需要使用eval(str)方法执行该字符串内容。

```
# 打印结果
print(result_formula + '=', eval(result_formula))
```

其完整的代码如下所示。因为运算符序号提示输入的内容是1~4，而运算符列表首位是从0开始的，所以需要对用户输入的数字进行减一的操作。

```
# 初始化运算符
operator = ['+', '-', "*", '/']
# 输入第一个数字
number1 = input("输入第一个数字：")
# 提示输入内容，选择运算
```

```
print('选择运算：')
print('1.加法')
print('2.减法')
print('3.乘法')
print('4.除法')
# 需要对输入的数据进行数字的转换
choice = int(input("输入选择的运算方法（数字）：")) - 1
# 输入第二个数字
number2 = input("输入第二个数字：")
# 解构成一个计算式字符串，从列表中获得需要的运算符号
result_formula = number1 + operator[choice] + number2
# 将计算字符串转换为可执行代码
# 打印结果
print(result_formula + '=', eval(result_formula))
```

2.5.2 计算器程序的运行结果

可以使用下方的命令执行2.5.1节的代码。

python calculator.py

首先会提示输入第一个数字，此刻输入数字10，紧接着会提示选择运算符，以及需要输入数字1~4，这里输入2，选择减法。

然后会提示输入第二个数字，此时输入数字5，输入完成后，自动打印该运算式，并输出计算结果。完整的执行效果如图2-28所示。

```
F:\anaconda\python.exe H:/book/book/pyhton/python-code/2-5/calculator.py
输入第一个数字：10
选择运算：
1.加法
2.减法
3.乘法
4.除法
输入选择的运算方法（数字）：2
输入第二个数字：5
10-5= 5

Process finished with exit code 0
```

图2-28　计算器程序的执行效果

2.6 Python中的条件判断语句

本节将会介绍Python的逻辑语句。通过学习和使用这些逻辑语句，可以实现循环控制和条件判断。这些逻辑语句也是在所有程序中最常用的语句。

2.6.1 什么是条件判断

基本的条件判断常常用于判断分支的逻辑结构中，在流程图中经常使用菱形代表逻辑判断，如图2-29所示。

条件判断意味着需要判断某个值或者状态量是否符合某种条件，接着根据逻辑判断结果（True或False）执行不同的处理流程。

例如，某个用户登录的应用场景，其流程如图2-30所示。

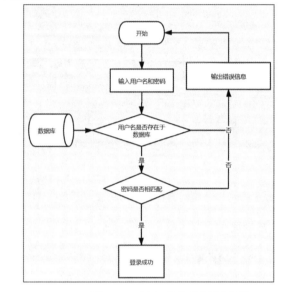

图2-29　条件判断流程　　　　　　　图2-30　用户登录的判断流程

对于一个用户登录逻辑，需要对用户输入的用户名和密码进行相应的判断。如果用户名不存在，则直接输出错误信息，并且不再执行其他的所有逻辑，直接结束该次登录流程，并返回到开始流程重新输入。

如果用户名存在，则会进行密码判断，如果用户名和密码匹配，则成功登录；如果不匹配，则会返回错误信息，并结束此次登录流程。

2.6.2 if…else语句

Python中的逻辑判断语句最常用的为if…else语句，几乎所有的编程语言中都有该语句。

if…else语句的基本写法如下所示。

```
if 判断条件：
    如果符合条件则执行
else：
    不符合条件执行的内容
```

接下来通过对用户登录流程的简单实现，来说明if…else语句的使用。具体示例代码如下。

```
# 设定默认的用户名和密码
username = 'admin'
password = 'admin'

user_input_username = input('输入用户名：')
user_input_password = input('输入密码：')

if user_input_username == username:
  # 用户名验证成功
  if user_input_password == password:
    # 密码验证成功
    print('登录成功！！！')
  else:
    # 密码输入错误
    print('密码错误！')
else:
  # 用户名不存在
  print("输入的用户名错误！")
```

执行效果如图2-31所示。

```
H:\book\vue_book2\pyhton\python-code\3-1>python userLogin.py
输入用户名：admin
输入密码：123
密码错误！

H:\book\vue_book2\pyhton\python-code\3-1>python userLogin.py
输入用户名：admin1
输入密码：admin
输入的用户名错误！

H:\book\vue_book2\pyhton\python-code\3-1>python userLogin.py
输入用户名：admin
输入密码：admin
登录成功！！！
```

图2-31　用户登录流程的执行效果

2.6.3　if…elif…else语句

条件判断语句中除了基本的if…else判断外，还有另一种适合于多条件的应用场景的if…elif…else判断。

if…elif…else的基本写法如下所示。

```
if 条件1判定：
    符合条件1执行的内容
elif 条件2判定：
    符合条件2执行的内容
…
else：
    均不符合所有条件执行的内容
```

if…elif…else语句为Python提供了一种多条件判断的方式，而不需要使用多层嵌套的方式进行逻辑判断，使得判断逻辑代码的编写更加简洁，而且不会因为过多的条件产生过多的逻辑层次。

多条件判断语句的作用主要是为了解决需要进行多个条件判断逻辑的问题，其本质是多次使用if进行条件的判断，如果条件均不成立，则执行else中的代码内容。if…elif…else语句是Python中唯一的多条件判断语句。

> **注 意**
>
> 如果读者使用过其他的编程语言，可以发现在其他语言中，在对数值等进行简单判断时，使用最多的语句是switch…case语句，该语句在很多应用场景中的性能也优于if语句的多条件判断语句。但在Python语言中并没有提供switch…case语句。

2.6.4 项目练习：心情预测抽签小游戏

本节将设计一个简单的抽签小游戏，通过该游戏，进一步理解和掌握条件判断语句。该项目通过命令行执行，用户可以输入一个随机的数字，实现对今日运势的判断，其基本的逻辑如图2-32所示。

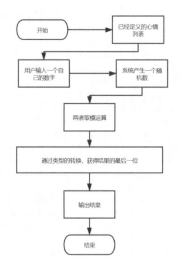

图2-32　抽签游戏逻辑代码流程图

为了让结果产生随机性，而不是通过固定的内容进行判断，这里需要使用一个随机数，该随机数与用户输入的"幸运数字"进行模运算，结果也是一个相关的随机数。

该随机数在一个数组中进行条件判定，通过大、中、小三个值进行最终的用户心情判断，其主要判定语句如下所示。

```
#获取该数字最后一位的内容
result_number = str(result)[-1]
if int(result_number) < 3:
    print('您的心情是：cheerful')
```

```
    elif int(result_number) < 6:
        print('您的心情是：happy')
    elif int(result_number) <= 9:
        print('您的心情是：willing')
    else:
        print("出现错误")
```

这里使用Python提供的随机数函数产生一个随机数，通过取余数的方式获得该数字的余数，并且只取其最后一位的内容。此时需要用到一个随机数生成模块。这类模块在Python中非常多，这里选择random模块。

使用if...elif...else语句对获得的随机数进行判断，并且输出相应的内容。其完整示例代码如下。

```
# 导入 random(随机数) 模块
import random


# 已经确定的心情
# 获得用户输入的数字
user_number = int(input('输入你心里想的数字：'))
# 获得一个完全随机的三位数字
r_number = random.randint(100, 999)


# 获得该随机数求得的内容
result = r_number % user_number
# 获取该数字最后一位的内容
result_number = str(result)[-1]
if int(result_number) < 3:
    print('您的心情是：cheerful')
elif int(result_number) < 6:
    print('您的心情是：happy')
elif int(result_number) <= 9:
    print('您的心情是：willing')
else:
    print("出现错误")
# print(result_number)
# print('您今日的心情是：', feeling[int(result_number)])
```

执行效果如图2-33所示。

```
H:\book\vue_book2\pyhton\python\python-code\3-1>python drawLots.py
输入你心里想的数字：222
您的心情是：happy
```

图2-33 程序执行效果

2.7 Python循环语句

和所有的编程语言一样，Python中的逻辑结构也会不可避免地涉及大量的循环或者迭代操作。如果程序逻辑需要对指定代码重复多次，采用顺序执行显然非常烦琐，而且也不合理，所以在这类应用场景中需要使用Python的循环语句。

2.7.1 while循环语句

Python中的while语句的一般形式如下所示。

```
while 条件:
    # 执行代码块
  # 跳出while循环的部分
```

> **注 意**
>
> Python中的while循环并没有do…while这种形式的循环语句，而只有单一的while判断语句。

在某些情况下，可以给定while循环一个确定的布尔值，这样可以让while循环处于永久循环中，而在循环体内部使用其他循环控制语句跳出该循环。

在while循环中，可以使用else语句，其作用为不符合需要循环的条件时，执行else语句的内容，其确保了在while条件不符合时执行该代码块的内容，同时也意味着while循环的结束。

例如，通过while循环打印出1~1000中所有能被3整除的数字。示例代码如下。

```
# 设定初始值为1，一共有0个可以被整除的数字
i = 1
num = 0
# while循环1~1000
while i <= 1000:
    # print("当前数字是第", i)
    if i % 3 == 0:
        # 这个数字可以被3整除
        print("%d可以被3整除" % i)
        num = num + 1
    # 重新赋值i的值
    i = i + 1
print("一共循环了%d次" % i)
print("其中一共可以被3整除的数字为%d个" % num)
```

完整的执行效果如图2-34所示。

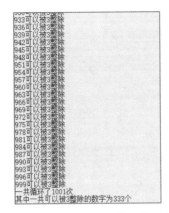

图2-34　打印可以被3整除的数字

2.7.2 for循环语句

在Python中，for循环是最常用的循环方式。相对于while循环的固定化，for循环需要进行条件变量的更改，或者使用break语句跳出循环。for循环可以更加方便地运用在某些输入输出的环境中。

for循环的格式如下所示。

```
for x in [seq]
  # 需要执行的代码块
else:
    # 没有需要遍历的内容之后执行的代码块
```

和其他语言不同的是，Python中的for循环一般不会用到类似于"i<10;i++;"这样的循环结构，而是更多地用于对元组、列表、字典、字符串等内容的遍历上。

在Python中也可以通过传统的方式使用for循环，但这时需要使用一个range()函数，结合Python中内置的数列生成器函数，构造一个for循环需要的循环数列。

传统的for循环示例代码如下，这里选择C语言的形式。

```c
#include <stdio.h>
int main(){
    int i =0;
    for(i=1/*语句①*/; i<=100/*语句②*/; i++/*语句③*/){
      // 打印内容
      print("%d\n",i);
    }
    return 0;
}
```

在上述代码中的for循环中，语句①实现了对i变量的赋值，这意味着该变量从1开始进行循环；语句②为该for循环的判断条件，如果i的值小于或等于100，则符合该for循环的条件，会执行该for循环下的代码块；当该for循环运行结束后，将会执行语句③，即对i的值进行自增，也就是说for循环结束第一次循环，执行第二次循环时i的值为2。

这种采用C语言描述的传统的for循环如果使用Python进行实现，可以写成如下形式。

```
# 构造Python循环
for i in range(1, 100):
    print("当前i的值为： ", i)
```

其本质是通过range()函数构造了一个1~100（不包含100）的数列，i通过读取该数列中的值实现for循环，而并非对i进行任何的赋值操作。

执行效果如图2-35所示。

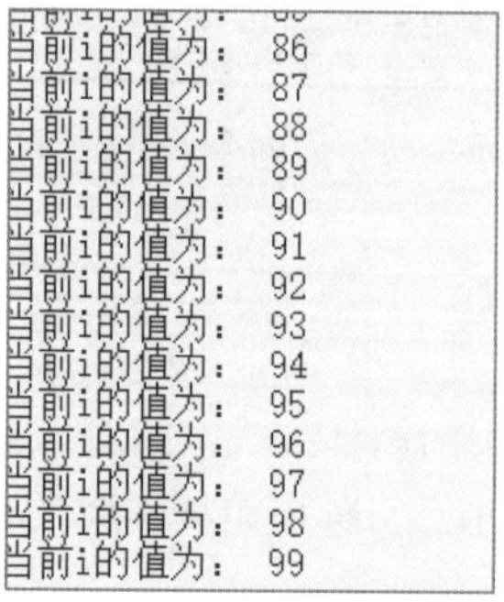

图2-35　for循环的执行效果

> **注 意**
>
> 在使用range()函数时，可以通过第三个参数确定其步长，也就是数列中数值之间的增量。

2.7.3　项目练习：使用for循环改写数据类型判断游戏

for循环和while循环语句极大地减轻了代码开发的编写量，对于一些重复性的代码可以不再使用逐条执行的方式，而是采用循环语句，将需要重复执行的内容放置在循环体中。

例如在2.3.7小节讲解的"数据类型判断游戏"，其中有多个相同输出以及判断的代码内容，本节采用for循环对该游戏进行更改。

Python中的列表数据结构支持不同的数据类型，在本项目中，首先需要初始化两个列表：一个用来存放不同的数据类型的题目，一个用于存放答案。

```
# 初始化题目list和答案list
question = ["HelloWorld", "'1'", 1, False, None]
answer = [1, 1, 2, 2, 2]
```

接着使用for循环进行一个变量i值为0~4的数列遍历，每次循环可以输出题目列表中对应的题目，用户输入答案后，与答案列表中对应的答案进行比较，判断是否符合答案，如果符合，则得分数变量加1分。

其完整的示例代码如下。

```
print("欢迎来到数据类型游戏\n"
    "**************************************\n"
    "如果输入"1"则认为是正确\n"
    "如果输入"2"则认为是错误\n"
    "**************************************\n"
)
# 初始化得分数变量
source = 0
# 初始化题目list和答案list
question = ["HelloWorld", "'1'", 1, False, None]
answer = [1, 1, 2, 2, 2]


for i in range(0, 5):
    # 打印该题目
    print(question[i])
    # 提问
    aw = input("1.这是一个字符串？\n")
    # 打印类型
    print("这是一个：", type(question[i]))
    if aw == str(answer[i]):
        source = source + 1
        print("输入正确")
    else:
        print("错误！")
print("您的最后得分是：", source)
print("游戏结束")
```

最终的执行效果如图2-36所示，与图2-19并没有任何区别，但本节的示例代码（包括注释）仅仅使用了27行代码，而2.3.7小节中则使用了60行代码。

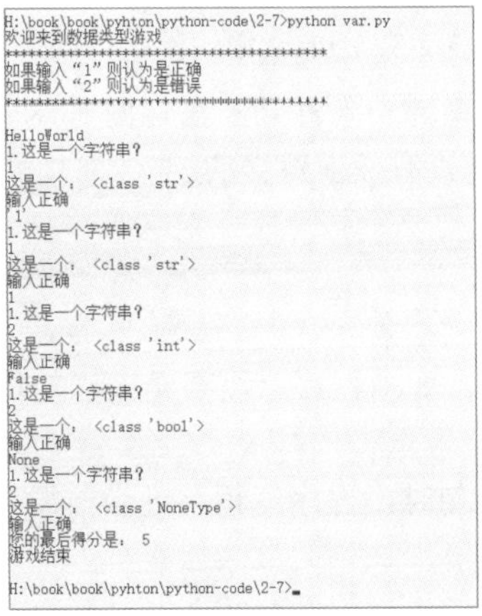

图2-36　for循环的执行效果

2.7.4 循环控制语句break

在for循环或者while循环中，如果并不想或者不需要执行完所有的循环就跳出循环体，则可以使用循环控制语句break终止循环。

注 意

如果使用了break语句跳出循环，则不会再执行控制体中的else语句。

一般而言，可以使用break语句跳过某些不需要执行的内容，例如，需要在数列中获得某个数字的位置，只要得到就无须继续执行循环；或者使用while语句实现的无限循环，可以通过break语句使其跳出循环。break语句使用示例代码如下所示。

```python
# 构造一个while循环
i = 1
while True:
    print("这是循环第%d次" % i)
    if i == 3:
        print("这是需要的第三次循环！")
        # 第三次循环直接退出整个循环
        break
    i = i + 1
print("循环结束！")
```

上述代码创建了一个无限执行的循环，但是在第三次执行循环时，使用break语句跳出了该循环。执行效果如图2-37所示。

```
F:\anaconda\python.exe H:/book/book/pyhton/python-code/2-7/break.py
这是循环第1次
这是循环第2次
这是循环第3次
这是需要的第三次循环！
循环结束！

Process finished with exit code 0
```

图2-37　break语句的执行效果

当然，break语句需要配合循环和条件判断语句同时使用才可以跳出该循环并返回内容或者结果，单纯使用break语句是没有任何意义的。

2.7.5 循环控制语句continue

break语句是结束整个循环，而当程序只需要结束当轮循环，强制进入下一轮循环时，则需要使用continue语句来实现。

在循环体内执行continue语句时，程序流程跳过当前循环块中的剩余语句，然后继续进行下一轮循环。

continue语句可以用于对字符串进行统计或者对某些内容的处理中，如当符合某些条件时可以停止执行本次循环，但是仍然需要执行下一轮循环。continue语句和break语句的区别在于break语句中断了整个循环体，而continue语句只是中断此次循环。示例代码如下。

```
# 构造一个while循环
i = 1
while True:
    print("这是循环第%d次" % i)
    if i == 3:
        print("执行continue语句，不会输出下次循环的预告(第4次)")
        i = i + 1
        continue
    if i == 5:
        print("这是需要的第5次循环！")
        # 第5次循环直接退出整个循环
        break
    # 增加i的值，并且预告下次的循环
    i = i + 1
    print("下次会执行第%d次" % i)
# 循环结束
print("循环结束！")
```

上述代码中，当i的值为3时，进入continue语句的执行代码块，首先输出提示，并对i进行加1的操作，随后执行continue语句跳出本次循环，不再执行剩余语句，并且进入i=4时的循环。执行效果如图2-38所示。

```
F:\anaconda\python.exe H:/book/book/pyhton/python-code/2-7/continue.py
这是循环第1次
下次会执行第2次
这是循环第2次
下次会执行第3次
这是循环第3次
执行continue语句，不会输出下次循环的预告(第4次)
这是循环第4次
下次会执行第5次
这是循环第5次
这是需要的第5次循环！
循环结束！

Process finished with exit code 0
```

图2-38　continue语句的执行效果

注意

在使用continue语句时，如果循环体中有else语句，不同于break语句，该循环体中的else语句依旧会被执行。

2.7.6　循环控制语句pass

pass语句和其他的循环控制语句不同，它并没有任何实际操作，是为了保证程序结构的完整性而出现的占位语句。在循环体中设置pass语句，意味着不会有任何的执行效果，只是为了让代码符合阅读和编写的习惯。

pass语句的示例代码如下。

```python
# 构造一个while循环
i = 1
while True:
    print("这是循环第%d次" % i)
    if i == 1:
        # 有可能需要的逻辑
        pass
    if i == 3:
        print("执行continue语句，不会输出下次循环的预告(第4次)")
        i = i + 1
        continue
    if i == 5:
        print("这是需要的第5次循环！")
        # 第5次循环直接退出整个循环
        break
    # 增加i的值，并且预告下次的循环
    i = i + 1
    print("下次会执行第%d次" % i)
# 循环结束
print("循环结束！")
```

在上述代码中，pass语句不会对程序产生任何影响，执行pass语句后不会跳出本次循环或者全部的循环体，而是继续执行其下方的代码。执行效果如图2-39所示。

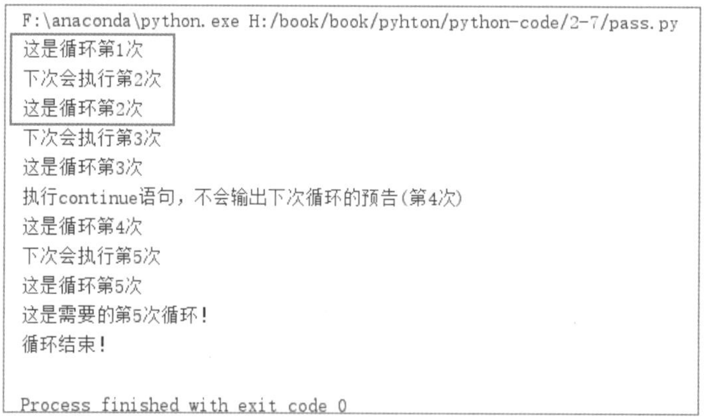

```
F:\anaconda\python.exe H:/book/book/pyhton/python-code/2-7/pass.py
这是循环第1次
下次会执行第2次
这是循环第2次
下次会执行第3次
这是循环第3次
执行continue语句，不会输出下次循环的预告(第4次)
这是循环第4次
下次会执行第5次
这是循环第5次
这是需要的第5次循环！
循环结束！

Process finished with exit code 0
```

图2-39 pass语句的执行效果

2.7.7 项目练习：两个有序数列合并排序

在数据结构与算法中，循环是最为常见的逻辑语句。通过各类循环可以对某些内容进行处理或者排序。优秀的算法可以极快地处理一些庞大的数据集，并且可以节约运算资源。

本节将会对下方两个有序的数列进行合并排序，要求是不得使用Python中自带的排序方法，并且要输出中间过程。

```
# 两个有序的数列
list1 = [1, 5, 23, 55, 67, 213]
list2 = [0, 8, 9, 12, 56, 100]
```

与条件控制语句一样，不同或者相同的循环语句也可以进行嵌套。但是循环语句不能进行无止境的嵌套，多层嵌套的循环语句可能并不会提高效率或优化性能，因此合理的循环嵌套是必要的。

当然，对循环体的嵌套而言，一定要符合Python的缩进标准，否则可能在执行的过程中出现问题。

以下代码通过循环的嵌套结构实现了对两个有序数列的合并排序，并将合并后的数列输出到一个新的数列中。具体的示例代码如下。

```
# 两个有序的数列
list1 = [1, 5, 23, 55, 67, 213]
list2 = [0, 8, 9, 12, 56, 100]
# 构建一个空的list，存储最后的结果
list3 = []
# 循环开始位
i = 0
j = 0


# 将两个数列进行合并
while i < len(list1):
    # 假设list1第一位的值是最小的
    minNum = list1[i]
    print("list1中的第%d元素" % i)
    while j < len(list2):
        print("list2中的第%d元素" % j)
        if list1[i] < list2[j]:
            # 有序数组，不用考虑之后的数组元素
            print("list2中元素大于list1")
            break
        else:
            # list2中的元素大于list1的相应元素时，将所有小于目标量的内容全部加入list3
            list3.append(list2[j])
        j = j + 1
    # 保证了最小量直接加入list3中
    list3.append(minNum)
    i = i + 1
```

```
# 输出list3
print("排序后的内容为：")
print(list3)
```

（1）首先使用while循环遍历数列list1。此时假设list1中的第一个元素是最小的。

（2）嵌套while循环遍历数列list2，如果list2中的数小于list1当前任务最小的元素，则直接认为其是当前最小的元素，放入数列list3中。

（3）如果list2中的数据大于list1当前的最小值，则认为当前的最小值是当前list1中的数，使用break语句跳出对list2的while循环。

（4）将目标数放入list3中，并且对i进行加一，进入下一次的list1的循环。

（5）执行上述过程，直到所有的数字均进入list3中，即完成对两个数列的合并，使用print()函数将其输出。

执行效果如图2-40所示。

```
F:\anaconda\python.exe H:/book/book/pyhton/python-code/2-7/循环嵌套.py
list1中的第0元素
list2中的第0元素
list2中的第1元素
list2中元素大于list1
list1中的第1元素
list2中的第1元素
list2中元素大于list1
list1中的第2元素
list2中的第1元素
list2中的第2元素
list2中的第3元素
list2中的第4元素
list2中元素大于list1
list1中的第3元素
list2中的第4元素
list2中元素大于list1
list1中的第4元素
list2中的第4元素
list2中的第5元素
list2中元素大于list1
list1中的第5元素
list2中的第5元素
排序后的内容为：
[0, 1, 5, 8, 9, 12, 23, 55, 56, 67, 100, 213]

Process finished with exit code 0
```

图2-40　数列排序后的执行效果

注意

对于数据的排序和合并还有多种不同的方法，合理的算法可以实现较低的时间和空间复杂度。在Python中，列表数据类型本身就包含了一些排序方法，这些排序方法也可以实现较好的排序效率，极大地减轻了开发者的工作量。

2.7.8 项目练习：打印1～1000中的所有质数

在数据结构与算法的初级题目中，输出约定范围内的质数是常见的题目。质数是指在大于1的自然数中，除了1和它本身以外不再有其他因数的自然数，即除了1和它本身以外不能再被其他数整除。

本节项目练习为使用for循环的嵌套打印1~1000中的所有质数。

首先需要使用range(0,1000)生成一个0~1000的数列，使用for循环对这个数列中的数字进行遍历，在循环体中嵌套一层for循环，内层循环的循环变量j初始值为2，直到j=i结束，再在内层循环中判断该数字能否被整除。

需要注意的是，在所有质数中，0和1并不是质数，但是由于数列中包含了这两个数字，所以需要进行判定，遇到这两个数字则可以使用continue语句直接进行跳出循环。

```python
list1 = []
# 第一次for循环所有的数字
for i in range(0, 1000):
    # 跳过0和1
    if i == 0 or i == 1:
        print("i的值为0或1，不属于质数")
        continue
    # 第二次循环从2开始，到j=i结束
    for j in range(2, i):
        # 判断i是不是质数，如果是，则使用break跳出
        # 注意：break跳出循环不会执行for中的else语句
        if i % j == 0:
            # print("该数字不是质数")
            break
        else:
            pass
    # 该else为for中的else
    else:
        list1.append(i)
print("下方打印的质数列表：")
print(list1)
print("一共存在%d个质数" % len(list1))
```

（1）使用for循环数字0~1000。

（2）如果数字是0或1则直接使用continue语句跳出循环，因为数字0和1均不是质数。

（3）嵌套for循环从2到小于其数字本身（i-1），range(0,i)默认循环是从0至i-1。

（4）如果其取模运算结果均不为0，则其数字i为质数，将该数字放入list1中，如果在计算过程中取模结果出现一次0，则认为这个数字不是质数，直接使用break语句跳出循环。

（5）最终打印出list1中的内容。

最终的执行效果如图2-41所示。

```
F:\anaconda\python.exe H:/book/book/pyhton/python-code/2-7/循环嵌套for.py
i的值为0或1，不属于质数
i的值为0或1，不属于质数
下方打印的质数列表：
[2, 3, 5, 7, 11, 13, 17, 19, 23, 29, 31, 37, 41, 43, 47, 53, 59, 61, 67, 71, 73, 79, 83, 89, 97, 101, 103, 107,
↳109, 113, 127, 131, 137, 139, 149, 151, 157, 163, 167, 173, 179, 181, 191, 193, 197, 199, 211, 223, 227, 229,
↳233, 239, 241, 251, 257, 263, 269, 271, 277, 281, 283, 293, 307, 311, 313, 317, 331, 337, 347, 349, 353, 359,
↳367, 373, 379, 383, 389, 397, 401, 409, 419, 421, 431, 433, 439, 443, 449, 457, 461, 463, 467, 479, 487, 491,
↳499, 503, 509, 521, 523, 541, 547, 557, 563, 569, 571, 577, 587, 593, 599, 601, 607, 613, 617, 619, 631, 641,
↳643, 647, 653, 659, 661, 673, 677, 683, 691, 701, 709, 719, 727, 733, 739, 743, 751, 757, 761, 769, 773, 787,
↳797, 809, 811, 821, 823, 827, 829, 839, 853, 857, 859, 863, 877, 881, 883, 887, 907, 911, 919, 929, 937, 941,
↳947, 953, 967, 971, 977, 983, 991, 997]
一共存在168个质数

Process finished with exit code 0
```

图2-41　输出1~1000中所有质数的执行效果

2.8 项目练习：打印乘法口诀表

本节将会使用两个for循环的嵌套方式进行9×9乘法口诀表的打印。

（1）建立新的Python代码文件，并命名为multiplicationTable.py。

（2）在该文件中编写相关的代码，如下所示。

```python
# 第一个for循环，循环1～9
print("乘法口诀表")
# 循环被乘数
for item in range(1, 10):
    # 第二个for循环
    # 循环第几行需要的乘数
    for item1 in range(1, item + 1):
        # 构造算式
        s = str(item) + ' * ' + str(item1) + '='
        # 输出算式与最终运算的值，同时不允许print自带的换行
        print(s, item * item1, end=' ')
    # 打印换行符
    print('\n')
```

在上述代码中，使用了两个for循环，用于循环乘法中的乘数和被乘数。为了在1×1时仅打印一行，在构造第二个for循环时，循环的值为range(1,item+1)，当第一行item为1时，该值为range(1,2)，即只循环一个数字1。

第二次for循环时，item为2，则第二层的for循环范围是range(1,3)，会计算2×1和2×2这两个算式。

在命令行工具（cmd）窗口中执行命令python multiplicationTable.py，最终的执行效果如图2-42所示。

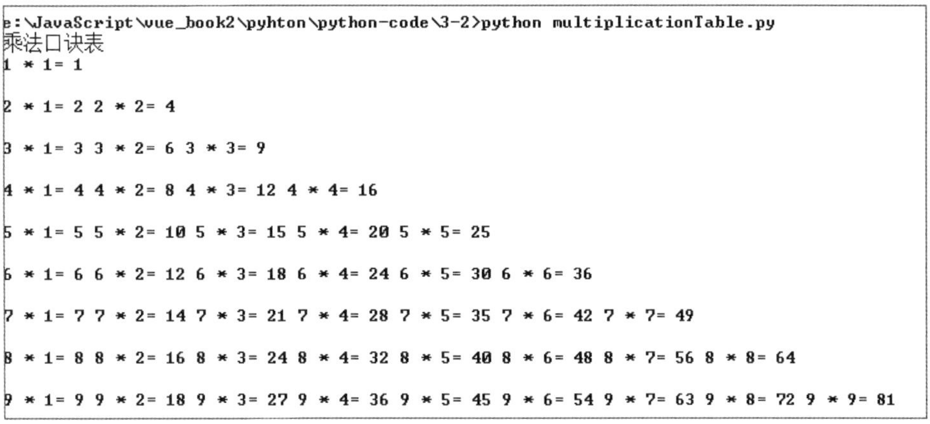

```
e:\JavaScript\vue_book2\pyhton\python-code\3-2>python multiplicationTable.py
乘法口诀表
1 * 1= 1

2 * 1= 2 2 * 2= 4

3 * 1= 3 3 * 2= 6 3 * 3= 9

4 * 1= 4 4 * 2= 8 4 * 3= 12 4 * 4= 16

5 * 1= 5 5 * 2= 10 5 * 3= 15 5 * 4= 20 5 * 5= 25

6 * 1= 6 6 * 2= 12 6 * 3= 18 6 * 4= 24 6 * 5= 30 6 * 6= 36

7 * 1= 7 7 * 2= 14 7 * 3= 21 7 * 4= 28 7 * 5= 35 7 * 6= 42 7 * 7= 49

8 * 1= 8 8 * 2= 16 8 * 3= 24 8 * 4= 32 8 * 5= 40 8 * 6= 48 8 * 7= 56 8 * 8= 64

9 * 1= 9 9 * 2= 18 9 * 3= 27 9 * 4= 36 9 * 5= 45 9 * 6= 54 9 * 7= 63 9 * 8= 72 9 * 9= 81
```

图2-42　打印乘法口诀表的执行效果

2.9 小结与练习

2.9.1 小结

本章介绍了Python中的变量和基本的数据类型。通过对本章的学习，可以了解Python的基础数据内容，并且熟悉所有的运算符，了解运算符的优先级以及各个数据类型之间的转换。

本章学习了基本的语句逻辑，通过对条件判断语句和循环语句的了解，可以让读者掌握Python的代码逻辑以及对数据流程的思考和判断，同时也为之后的学习打下坚实的基础。

2.7.7小节和2.7.8小节的两个循环语句实例选择了与数据结构相关的两个简单的算法，虽然它们并不是最优秀的解决方式，却是最容易理解的执行方式。对一个优秀的开发者而言，数据结构和算法是必须要掌握的内容。

在2.8小节的项目练习中通过打印乘法口诀表，巩固了本章的学习内容，同时是对数据类型和字符串的复习。

2.9.2 练习

通过本章的学习，希望读者可以完成以下练习。

（1）熟练掌握各个数据类型，并且熟悉其相互转换。

（2）熟悉各个运算符及其优先级。

（3）熟悉并且了解如何编写Python程序。

（4）熟练地使用命令行工具执行Python程序。

（5）考虑如何在不影响输出结果的前提下，精简数据类型判断游戏的代码。

（6）自行编写本章中的所有示例，并运行通过。

（7）思考数列合并是否还有其他方法，同时尝试在不使用第三个数列的情况下合并两个数列。

（8）思考质数输出和数列合并是否有更好的算法，并且加以实现。

（9）尝试直接利用Python中的列表合并和列表元素合并解决问题。

（10）将本章的循环实例改写为另一种循环并进行输出。

（11）思考循环和判断的具体应用场景。

第 3 章

Python中的函数和
模块

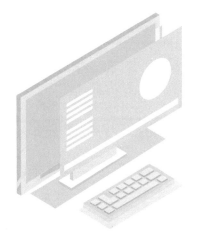

本章将对Python中的函数和模块进行介绍，内容包括掌握函数和模块的基本知识与编写方式。

学习目标

通过学习本章，读者可以了解并掌握以下知识点：

◆ 什么是Python中的函数和模块；
◆ 如何编写一个Python函数；
◆ 如何在一个脚本中调用函数或者引入模块；
◆ 如何打开和关闭文本文件；
◆ 如何对文件进行读取和写入；
◆ 如何对文件进行新建和保存；
◆ 如何删除或者重命名文件；
◆ 一些常用模块的使用。

本章要点

3.1 Python中的函数

本节将会对Python中的基本函数进行介绍，其中包括函数的基本概念，如何编写和使用一个函数，同时介绍如何通过函数传递参数，以及在该函数中如何使用参数。

3.1.1 什么是函数

程序设计语言中的函数其实就相当于一个固定执行过程的代码段，也可以理解为一段程序的子程序，可以对该程序中的函数进行调用，并根据调用的参数获得一个返回结果。函数调用入口可能提供参数，而函数返回结果则是根据传入参数进行计算或者处理得到的。

在编程的过程中，或许会出现一些程序代码在多个地方使用的情况，如果每次都需要重复地编写这些代码，则会增加无意义的工作量。但是如果将这些代码定义为函数，可以减少编程的工作量，提高程序的可读性。

例如，对某个列表中的内容均加上序号并打印输出，如果此时的列表中有三个值，则需要执行三次操作。

首先使用for循环完成此次操作，代码如下。

```python
# 列表
list = ["hello", 'Hi', "Ha"]
# for循环
for i in range(0, 3):
    print("这是for循环的第%d次"% i)
    list[i] = list[i] + '!'
    print("修改后的内容为：", list[i])
# 打印整个列表
print(list)
```

最终的执行效果如图3-1所示。

```
这是for循环的第0次
修改后的内容为：hello!
['hello!', 'Hi', 'Ha']
这是for循环的第1次
修改后的内容为：Hi!
['hello!', 'Hi!', 'Ha']
这是for循环的第2次
修改后的内容为：Ha!
['hello!', 'Hi!', 'Ha!']
['hello!', 'Hi!', 'Ha!']

Process finished with exit code 0
```

图3-1　循环的执行效果

这种操作方式比较烦琐，也缺乏复用性，甚至循环体本身也会占用行数较多，影响对该逻辑功能的理解。

可以将上述操作定义为一个函数，这样会使代码变得简洁，再配合合理的函数命名会极大地提高代码的可读性。

函数定义的示例代码如下。

```
# 列表
list = ["hello", 'Hi', "Ha"]


# 定义函数
def add_symbol(i):
    print("这是for循环的第%d次" % i)
    list[i] = list[i] + '!'
    print("修改后的内容为：", list[i])


# 使用函数的循环内容
for i in range(0, 3):
    add_symbol(i)
print(list)
# # for循环
# for i in range(0, 3):
#     print("这是for循环的第%d次" % i)
#     list[i] = list[i] + '!'
#     print("修改后的内容为：", list[i])
# # 打印整个列表
# print(list)
# for循环
```

执行效果如图3-2所示（与图3-1相同）。

```
这是for循环的第0次
修改后的内容为： hello!
['hello!', 'Hi', 'Ha']
这是for循环的第1次
修改后的内容为： Hi!
['hello!', 'Hi!', 'Ha']
这是for循环的第2次
修改后的内容为： Ha!
['hello!', 'Hi!', 'Ha!']
['hello!', 'Hi!', 'Ha!']

Process finished with exit code 0
```

图3-2　函数的执行效果

3.1.2　什么是参数

在3.1.1小节中定义了一个函数，调用函数时传入的内容即为该函数的参数。

在Python中，函数和参数无处不在。例如，print（"需要打印的内容！"），其输出在屏幕上的内容即为该函数的参数。

函数的参数一般分为实参和形参。实参是一个有确切值的参数，占用内存地址；形参仅仅是意义层面的参数，是实参的值。在函数的调用中，可能存在多个实参。

在函数调用时，参数的传递方式主要有两种：位置传参和关键字传参。

1. 位置传参

使用位置传参方式调用函数时，传参数的位置与定义时的位置相同。3.1.1小节中的示例即用了位置传参方式，代码如下。

```
# 定义函数
def add_symbol(i):
    print("这是for循环的第%d次" % i)
    …
# 使用函数的循环内容
for i in range(0, 3):
    add_symbol(i)
```

使用位置传参方式调用函数时，参数的位置一定要与函数定义时参数的位置一致，也就是说，如果函数定义时包含两个参数，函数调用时传递的参数要一一对应。示例代码如下。

```
# 除法计算
a = 20
b = 5


# 除法函数
def result(num1, num2):
    return num1 / num2


# 参数位置不同，会得出不同的结果
print('先传入a再传入b的结果为：', result(a, b))
print('先传入b再传入a的结果为：', result(b, a))
```

执行效果如图3-3所示。

```
F:\anaconda\python.exe H:/book/book/pyhton/python-code/3-1/3-1-2.py
先传入a再传入b的结果为： 4.0
先传入b再传入a的结果为： 0.25

Process finished with exit code 0
```

图3-3　除法函数的执行效果

以上示例中定义了一个除法函数。通过对该函数的调用，可以得到调用函数时传入的两个数字相除的结果。需要注意的是，在第二次调用该函数时，由于颠倒了两个数字的位置，从而获得了不同的结果。

2. 关键字传参

这种参数传递方式是在函数调用时通过关键字的方式进行参数的传递，其形式为"关键字=值"，更新后的示例代码如下。

```
# 除法计算
a = 20
```

```
    b = 5

    # 除法函数
    def result(num1, num2):
        return num1 / num2

    # 虽然参数位置不同，但结果相同
    print('指定其名称后先传入a再传入b的结果为：', result(num1=a, num2=b))
    print('指定其名称后先传入b再传入a的结果为：', result(num2=b, num1=a))
```

执行效果如图3-4所示。

```
F:\anaconda\python.exe H:/book/book/pyhton/python-code/3-1/3-1-2-2.py
指定其名称后先传入a再传入b的结果为： 4.0
指定其名称后先传入b再传入a的结果为： 4.0

Process finished with exit code 0
```

图3-4 通过关键字传参的执行效果

由图3-4可以发现，采用关键字传参的方式进行函数的调用，无论如何更改参数的位置，函数均会匹配关键字对应的内容，故两次调用函数的运行结果一致。

注意

一般而言，Python中函数的参数个数和数据类型并不需要指定，但是在实际的使用过程中，依然要非常注意这两个问题，否则极易导致程序出现错误。

在函数定义时，可以不定义参数，或者在定义时给参数赋默认值。在调用函数时，如果缺少实参，则相应的形参取默认值。示例代码如下。

```
    # 除法计算
    a = 20
    b = 5

    # 除法函数
    def result(num1, num2=2):
        return num1 / num2

    # 存在默认值的情况下，传递参数的个数不同，会得出不同的结果
    print('对于b存在默认值，只传递a：', result(num1=a))
    print('对于b存在默认值，传递a和b：', result(a, b))
```

执行效果如图3-5所示。

```
F:\anaconda\python.exe H:/book/book/pyhton/python-code/3-1/3-1-2-3.py
对于b存在默认值，只传递a： 10.0
对于b存在默认值，传递a和b： 4.0

Process finished with exit code 0
```

图3-5 执行效果

3.1.3 如何定义函数

在Python中定义函数一定需要使用关键字def，函数的基本定义格式如下。

```
def 函数名称:
    需要执行的函数内容
    return 需要返回的结果或者是值
```

在Python中，定义函数并不需要显式地使用return语句。如果需要函数返回内容时，则需要注意，使用return语句后函数将停止运行并返回调用处，这也就意味着return语句下方的代码将不会被执行。示例代码如下。

```python
# 设定函数
def say(switch):
    print("正在执行函数内容")
    if switch:
        # 参数是True，则直接返回
        return "你好", "Python"
    else:
        # 参数是False，则继续执行
        print("传递的参数为False")
    print("函数最终执行内容")
    # 无return语句，不返回任何内容



# 传递switch为True，有显式返回值
print(say(True))
# 传递switch为False，没有显式返回值
print(say(False))
```

在Python语言中，return语句可以同时返回多个值，如果不指定返回结果的内容，只是返回多个值，则其返回的是一个元组，如图3-6所示，返回时用"，"隔开多个值，但是在输出时以元组方式输出。

```
F:\anaconda\python.exe H:/book/book/pyhton/python-code/3-1/3-1-3.py
正在执行函数内容
('你好', 'Python')
正在执行函数内容
传递的参数为False
函数最终执行内容
None

Process finished with exit code 0
```

图3-6　return语句的执行效果

: 注 意

如果在函数体内没有任何的return语句，则函数会自动返回一个隐式的None值。如上述示例中，当传递的参数为False时，因为没有return语句，则默认返回空值（None）。

3.1.4 如何定义带参数的函数

3.1.3小节介绍了如何定义一个函数及函数中的参数，那么如何定义带参数的函数呢？定义带参数的函数的格式如下。

> def 函数名称(参数1,参数2,参数3,…):
> 　需要执行的函数内容
> 　return 需要返回的结果或者值

如果需要参数有默认值，则需要在定义函数时为其加上默认值，其格式如下。

> def 函数名称(参数1=值1,参数2=值2,…):
> 　需要执行的函数内容
> 　return 需要返回的结果或者值

当然，按这种方式定义的函数在调用时也为其传递了参数，如果传递的参数的优先级高于默认值，将会以传递的内容进行运算和操作。

同时，在定义函数时也支持对不确定参数的内容进行定义，使用形参*args（列表）和**kwargs（字典）可以定义一个参数个数与数据类型均不受限的函数，其基本格式如下。

> def func(*args/**kwargs)
> 　执行的函数内容

参数如果包含*号，则意味着允许传入0个或者任意个参数，这些参数在函数调用时自动组装为一个元组。

如果参数包含了**，则意味着允许传入0个或者任意多个不同名称的参数，这些参数会自动在函数内部组装为一个字典。

3.1.5 函数的调用与传参

在学习了如何定义一个函数及定义函数时参数的使用后，本节介绍如何在代码中使用已经定义好的函数。

在一般的代码程序中，自定义函数的使用与系统中自带的函数的用法相同，直接通过其函数名称调用即可。因为Python本质上属于脚本语言，脚本文件中的代码是线性执行的，因此如果函数的定义在调用函数的下方，就会出现错误。示例代码如下。

```
# 除法计算
a = 20
b = 3


# 函数调用
print('a/b=', result(a, b))


# 函数定义
def result(num1, num2=2):
    return num1 / num2
```

执行程序的错误信息如图3-7所示。

```
e:\JavaScript\wue_book2\pyhton\python-code\4-1>python 4-1-5.py
Traceback (most recent call last):
  File "4-1-5.py", line 6, in <module>
    print('a/b=', result(a, b))
NameError: name 'result' is not defined
```

图3-7 执行程序的错误信息

如果将该函数的定义和实现过程移动到函数调用语句的上方，则会成功地运行该代码。

```
# 除法计算
a = 20
b = 3


# 函数定义
def result(num1, num2=2):
    return num1 / num2


# 函数调用
print('a/b=', result(a, b))
```

执行结果如图3-8所示。

```
F:\anaconda\python.exe H:/book/book/pyhton/python-code/3-1/3-1-5.py
a/b= 4.0

Process finished with exit code 0
```

图3-8 函数的调用与传参

对Python中函数的参数传递而言，其参数仅仅传递的是一个引用，并不要求其类型，所以在调用函数时，也可以传递不同数据类型的参数，而不需要特别指定参数的数据类型。

同样，对于设置默认值的函数参数，对其参数无须赋值，不定长的参数也可以传递不同数量的参数，所以函数的调用需要结合该函数的具体实现方法来考虑传递参数的个数和内容。

3.1.6 匿名函数

为了简化代码并且增加整个代码结构的可读性，Python为开发者提供了匿名函数功能。

匿名函数是通过lambda函数实现的，即通过一个简单的lambda表达式实现一个简单的函数体，匿名函数需要通过def定义。

通过lambda函数实现的匿名函数仅是以一行表达式为主体的代码行，且拥有自身的命名空间，不能访问除了自有参数列表之外的其他任何参数，其基本格式如下。

> lambda [参数1,参数2,参数...]: 表达式

因为匿名函数的限制，在匿名函数中不能实现非常复杂的逻辑，匿名函数本身也并不适合实现复杂的逻辑。匿名函数的运算结果会自动返回调用该lambda函数的地方。

一般而言，lambda函数可以用于简单的筛选、计算或者字符串操作等。为字符串加上"!"符号，其示例代码如下。

```
# 设定一个匿名函数
add_symbol = lambda text: text + "!"


print(add_symbol("Hello World"))
```

其最终执行效果如图3-9所示。

```
F:\anaconda\python.exe H:/book/book/pyhton/python-code/3-1/3-1-6.py
Hello World!

Process finished with exit code 0
```

图3-9 匿名函数执行效果

> **注　意**
>
> 上述示例中的lambda函数并不符合PEP8规范中的最佳标准，虽然不是错误的语法，但是lambda函数的最佳使用场景为不需要在其他地方使用但此处需使用函数的地方。

3.1.7 项目练习：用户注册和登录系统

以上已经介绍了基本函数及参数的用法，本小节通过编写一个用户注册和登录系统展示应当如何使用函数与传递参数。

一个正常使用的用户注册和登录系统应当有自身保存用户信息的数据库及相关的数据持久层。这里只是定义一个简单的原型，与数据库相关的操作将会在第5章进行介绍。

用户注册和登录的流程如下。

（1）用户进入系统，进行注册。

（2）输入用户名和两次用户密码后，成功地注册用户。

（3）用户进行登录验证，如果用户名和密码匹配，则成功登录系统，输出登录成功提示。

在该示例中定义两个全局变量，用于临时存储用户数据（用户名和用户密码），需要定义三个方法，代码如下所示。

```
# 用户注册和登录
# 定义临时变量用于存储用户名和用户密码
username, password = None, None
# 注册函数
def register(name, pwd, repwd):
# 登录函数，查看输入是否符合已经临时存储的用户
def login(name, pwd):
# 注册验证函数，查看用户是否已经注册，如果没有注册，则不允许登录
def check():
```

在登录函数中需要验证用户输入的用户名和密码是否符合在注册时记录的用户名和密码。在注册方法和注册验证中具有返回值，在注册方法中如果注册成功会返回注册用的用户名和密码，这些数据可以用临时变量进行存储；在注册验证方法中会返回一个布尔值，用于表示用户是否可以进行登录。

其完整的代码如下。

```
# 用户注册和登录
# 定义临时变量用于存储用户名和用户密码
username, password = None, None


# 注册函数
def register(name, pwd, repwd):
    # 验证两次密码是否一致
    if repwd == pwd:
        # 返回用户名和用户密码用于临时存储
        print("注册完成")
        return name, pwd
    else:
        print("注册失败，两次密码输入不符合")
        return None, None


# 登录函数
def login(name, pwd):
    # 查看输入是否为已经临时存储的用户
    if name == username and pwd == password:
        print("登录成功")
    else:
        print("登录用户名或者密码错误，登录失败")
```

```
# 注册验证函数
def check():
    # 查看用户是否已经注册，如果没有注册，则不允许登录
    if username is None or password is None:
        print("用户不存在，请先注册")
        return False
    else:
        return True


# 主要执行脚本，采用死循环
while True:
    choice = int(input("选择用户注册或登录\n1、注册\n2、登录\n3、退出\n"))
    # 调用注册函数
    if choice == 1:
        # 获得相关资料
        name_input = input("请输入用户名：")
        pwd_input = input("请输入密码：")
        re_pwd_input = input("请再次输入密码：")
        # 调用注册函数，并临时保存注册成功的用户名和密码
        username, password = register(name_input, pwd_input, re_pwd_input)
    # 调用登录函数
    elif choice == 2:
        # 检测是否具备登录条件，调用注册验证函数，以返回值为标准
        if check():
            # 获得相关资料
            name_input = input("请输入用户名：")
            pwd_input = input("请输入密码：")
            # 调用登录函数
            login(name_input, pwd_input)
    elif choice == 3:
        print("退出")
        break
    else:
        print("输入错误，请重新输入")
```

执行效果如图3-10所示。

```
F:\anaconda\python.exe H:/book/book/pyhton/python-code/3-1/3-1-7.py
选择用户注册或登录
1、注册
2、登录
3、退出
2
用户不存在，请先注册
选择用户注册或登录
1、注册
2、登录
3、退出
1
请输入用户名：admin
请输入密码：admin
请再次输入密码：admin
注册完成
选择用户注册或登录
1、注册
2、登录
3、退出
2
请输入用户名：admin
请输入密码：admin
登录成功
```

图3-10　用户登录验证的执行效果

3.2　Python中的模块

在Python开发中需要使用大量的第三方模块。使用这些模块，可以简化代码的开发流程，提升开发效率。

3.2.1　什么是模块

Python中的模块是一个符合规则的Python代码文件，即后缀为.py的代码文件。

一个标准的模块包括其本身的变量、函数等内容，可以在其他的开发环境中通过引用的方式对这些模块进行调用，也可以使用该模块中包含的函数等功能，这也是使用Python标准库模块的方法。

模块的引用形式如下代码所示，该代码引入的是系统标准库。

```
import sys
# 打印Python版本信息
print(sys.version)
```

执行效果如图3-11所示。

```
F:\anaconda\python.exe H:/book/book/pyhton/python-code/3-2/3-2-1.py
3.7.4 (default, Aug  9 2019, 18:34:13) [MSC v.1915 64 bit (AMD64)]

Process finished with exit code 0
```

图3-11　引入标准库的执行效果

Python中的模块分为两种：一种是由开发者在项目中自己封装，并且在其他代码中可以使用的模块，这类模块中一般封装的是开发者常用的一些工具函数或者数据模型等内容，较为私有化；另一种是由Python提供的标准库，是由Python官方进行维护的Python语言的扩充内容，其中一部分模块被直接构建于解析器中，虽然这部分模块不是一些语言的内置功能（类似内置于Python中的print()函数），但是也可以达到非常高级别的调用，甚至达到系统级调用。

　　对于Python的标准库而言，其本身在每个系统中并非完全一致，Windows系统和Linux系统中有部分标准库的执行与名称也并不相同。

　　为了丰富Python的开发，Python允许第三方开发者将自己开发的内容通过一定格式进行打包，最终发布一个类似于官方标准库的模块包，这类模块包一般是某些功能的集合，并不一定是一个Python文件或者是多个Python文件。

　　发布在网络上的Python第三方模块包，可以通过输入网址https://pypi.org/查看其功能和使用示例，如图3-12所示。

图3-12　　PyPI主页

　　这类模块包可以通过命令行的方式进行安装，由Python官方进行维护或者由其他社区开发者进行开发和维护。这类模块包相当于已经发布于网络，成为Python语言的一部分，使用者很多。

　　Python之所以拥有如此强大的功能和特性，其原因与开发者社区的优秀环境密不可分，而开发者们提供了大量好用的代码包也是很多人选择Python的原因之一。

3.2.2 什么是命名空间

　　Python的模块中涉及一个重要的概念，即命名空间。命名空间可以通俗地理解为对象或者变量的作用范围。简单来说，只有属于同一个命名空间或者有访问权限的命名空间中的变量才可以访问，而对属于不同的命名空间且没有访问权限的变量则不能被访问。

　　命名空间在Python中分为局部命名空间、模块命名空间和全局命名空间。

1. 局部命名空间

　　局部命名空间为在一个函数中可以被访问或者起作用的变量和其他对象，可以通过locals()方法进行查看。其示例代码如下。

```
# 列表
list = ["hello", 'Hi', "Ha"]


# 定义方法
def add_symbol(i):
    print("这是for循环的第%d次" % i)
    list[i] = list[i] + '!'
    print("修改后的内容为：", list[i])


# 使用方法的循环内容
for i in range(0, 3):
    add_symbol(i)
print(list)


# 打印局部命名空间
print(locals())
```

执行效果如图3-13所示，该程序代码打印出该作用域中可以访问的对象名称的字典集合，其中包括一些在代码中的默认对象，以及开发者自行定义的方法或者对象等内容。

图3-13　局部命名空间

2. 模块命名空间

模块命名空间为当前模块中（.py代码文件）可以访问的所有对象的字典集合，可以通过globals()方法进行模块命名空间的获取。

模块命名空间收集了所有的隐藏属性、定义的对象，以及导入的模块或者对象的字典集合。如果开发者导入了一个对象，其本质是将该对象的键值对加入模块命名空间中，所以其打印出的内容是整个模块命名空间和导入的模块命名空间的叠加。

其示例代码如下。

```
import sys, os


# 列表
list = ["hello", 'Hi', "Ha"]


# 定义方法
def add_symbol(i):
```

```
    print("这是for循环的第%d次" % i)
    list[i] = list[i] + '!'
    print("修改后的内容为： ", list[i])


# 使用方法的循环内容
for i in range(0, 3):
    add_symbol(i)
print(list)


# 打印模块命名空间
print(globals())
```

执行效果如图3-14所示，这里导入了sys系统标准库模块及os系统模块，并且存在一个自身对象。

```
F:\anaconda\python.exe H:/book/book/pyhton/python-code/3-2/3-2-2-2.py
这是for循环的第0次
修改后的内容为： hello!
这是for循环的第1次
修改后的内容为： Hi!
这是for循环的第2次
修改后的内容为： Ha!
['hello!', 'Hi!', 'Ha!']
{'__name__': '__main__', '__doc__': None, '__package__': None, '__loader__': <_frozen_importlib_external
.SourceFileLoader object at 0x0000018F7F392A88>, '__spec__': None, '__annotations__': {}, '__builtins__':
<module 'builtins' (built-in)>, '__file__': 'H:/book/book/pyhton/python-code/3-2/3-2-2-2.py',
'__cached__': None, 'sys': <module 'sys' (built-in)>, 'os': <module 'os' from 'F:\\anaconda\\lib\\os.py'>,
'list': ['hello!', 'Hi!', 'Ha!'], 'add_symbol': <function add_symbol at 0x0000018F7F460F78>, 'i': 2}

Process finished with exit code 0
```

图3-14　模块命名空间

3. 全局命名空间

全局命名空间是指在全局范围内可以使用的对象，无须任何导入和引用即可在任何地方调用的内容，其本质上是Python中的builtins模块的命名空间。

在任何Python文件中都存在一个隐藏的属性__builtins__，该属性默认指向全局命名空间。存在于该命名空间中的内容，可以在Python代码中直接使用，无须任何的引用。示例代码如下。

```
l = list()
d =dict()
```

3.2.3　使用import语句引入一个模块

如果需要在一个Python项目中使用模块，正如之前的示例一样，需要使用import语句进行该模块的引用。

import语句的基本形式如下所示。

```
import module
```

如果执行了import语句，则会对该模块进行自动引入，即以当前的Python环境为基础，搜索项目和环境中所有的目录列表，直到找到该模块，或者确认其没有被安装而抛出一个错误信息为止。

注 意

　　一个模块只会被导入一次，无论代码中存在多少条import语句，最终仅仅会执行一次。

　　对于引入的模块，可以直接通过模块名称对其数据或者方法进行访问，其基本的使用示例代码如下。

```
# 引入os模块，该模块可以对系统文件和路径进行控制
import os

# 打印出本机的系统名称
print("系统名称为： ", os.name)
# 打印出当前的目录地址
print("当前目录地址为:", os.getcwd())
```

　　执行效果如图3-15所示。

```
F:\anaconda\python.exe H:/book/book/pyhton/python-code/3-2/3-2-3.py
系统名称为： nt
当前目录地址为: H:\book\book\pyhton\python-code\3-2

Process finished with exit code 0
```

图3-15　引入模块的执行效果

注 意

　　这里用cmd（命令行控制符）进行执行，该程序是Windows系统中的第一个Windows NT的GUI应用，所以在打印时会显示系统名称为nt。

　　除了引入整个模块本身，还可以引入模块的一部分。部分引入模块可以使用from…import name语句，其中name为需要引入代码的部分。

　　该引入方式不仅支持一个确定的对象名称，还支持通配符"*"的使用形式，如果使用该形式进行引入，则会引入该包中所有的内容。其示例代码如下。

```
# 从随机数包中引入
from random import random

# 可以直接使用，不用前缀
num = random()
print(num)

# 等同于下方的代码
# import random
#
# 可以直接使用，不用前缀
```

```
# num = random.random()
# print(num)
```

执行效果如图3-16所示。

```
F:\anaconda\python.exe H:/book/book/pyhton/python-code/3-2/3-2-3-2.py
0.49833429483562475
0.01399694241676952

Process finished with exit code 0
```

图3-16　按需引入的执行效果

3.2.4 Python 中的包管理工具pip

除了Python安装中自带的模块和包之外，第三方开发者为Python提供了大量可用的功能包。通过这些第三方的Python包可以非常方便地开发某些功能，或者极大地降低开发难度。

应当如何对这些工具包进行管理和安装呢？Python提供了非常便捷的包管理工具pip。该工具提供了对Python包的查找、下载、安装、卸载的功能，在最新版本的Python安装文件中会自动安装该工具。

pip的官方下载网址为https://pypi.org/project/pip/。pip作为Python包的一种，可以使用自身命令进行安装、卸载、更新等。

在已经安装Python的主机上，使用如下Python命令可以查看是否正确地安装了pip。

```
pip –version
```

显示效果如图3-17所示。

```
E:\>pip --version
pip 19.1.1 from D:\anaconda3\lib\site-packages\pip (python 3.7)

E:\>
```

图3-17　pip版本的显示效果

对于pip软件包而言，其本身也为Python包的一部分，同样支持通过命令进行自我管理和升级等操作。常见的pip包管理命令如下所示。

```
# 最新版本
pip install PackageName
# 指定版本
pip install PackageName==1.0.3
# 升级该包的版本
pip install --upgrade PackageName
# 卸载包
pip uninstall PackageName
# 搜索包
pip search PackageName
# 列出已安装的包
pip list
```

那么在何处能找到这些工具包呢？Python提供了专门的包介绍网站，即图3-12所示的PyPI网站，所有可以通过pip命令进行安装的包均在该网站上拥有自己的主页。例如搜索numpy包，搜索结果如图3-18所示。

图3-18　搜索结果页

注 意

pip的命令有很多，可以通过pip help命令进行查看。

如果在使用pip进行安装包时出现如图3-19所示的错误信息，有可能是本机的SSL安装出现问题，需要重新下载并安装OpenSSL。

```
(qt-venv) H:\book\vue_book2\python\python-code>pip install ssl
pip is configured with locations that require TLS/SSL, however the ssl module in Python is not available.
Collecting ssl
  Retrying (Retry(total=4, connect=None, read=None, redirect=None, status=None)) after connection broken by 'SSLError("C
an't connect to HTTPS URL because the SSL module is not available.")': /simple/ssl/
  Retrying (Retry(total=3, connect=None, read=None, redirect=None, status=None)) after connection broken by 'SSLError("C
an't connect to HTTPS URL because the SSL module is not available.")': /simple/ssl/
  Retrying (Retry(total=2, connect=None, read=None, redirect=None, status=None)) after connection broken by 'SSLError("C
an't connect to HTTPS URL because the SSL module is not available.")': /simple/ssl/
  Retrying (Retry(total=1, connect=None, read=None, redirect=None, status=None)) after connection broken by 'SSLError("C
an't connect to HTTPS URL because the SSL module is not available.")': /simple/ssl/
  Retrying (Retry(total=0, connect=None, read=None, redirect=None, status=None)) after connection broken by 'SSLError("C
an't connect to HTTPS URL because the SSL module is not available.")': /simple/ssl/
  Could not fetch URL https://pypi.org/simple/ssl/: There was a problem confirming the ssl certificate: HTTPSConnectionP
ool(host='pypi.org', port=443): Max retries exceeded with url: /simple/ssl/ (Caused by SSLError("Can't connect to HTTPS
URL because the SSL module is not available.")) - skipping
  Could not find a version that satisfies the requirement ssl (from versions: none)
No matching distribution found for ssl
pip is configured with locations that require TLS/SSL, however the ssl module in Python is not available.
  Could not fetch URL https://pypi.org/simple/pip/: There was a problem confirming the ssl certificate: HTTPSConnectionPoo
l(host='pypi.org', port=443): Max retries exceeded with url: /simple/pip/ (Caused by SSLError("Can't connect to HTTPS UR
L because the SSL module is not available.")) - skipping
```

图3-19　SSL错误

OpenSSL的下载网址为https://slproweb.com/products/Win32OpenSSL.html，在此选择适合版本的安装文件进行下载和安装即可，如图3-20所示。

File	Type	Description
Download Win32/Win64 OpenSSL today using the links below!		
Win64 OpenSSL v1.1.1d Light EXE | MSI (experimental)	3MB Installer	Installs the most commonly used essentials of Win64 OpenSSL v1.1.1d (Recommended for users by the creators of OpenSSL). Only installs on 64-bit versions of Windows. Note that this is a default build of OpenSSL and is subject to local and state laws. More information can be found in the legal agreement of the installation.
Win64 OpenSSL v1.1.1d EXE | MSI (experimental)	43MB Installer	Installs Win64 OpenSSL v1.1.1d (Recommended for software developers by the creators of OpenSSL). Only installs on 64-bit versions of Windows. Note that this is a default build of OpenSSL and is subject to local and state laws. More information can be found in the legal agreement of the installation.
Win32 OpenSSL v1.1.1d Light EXE | MSI (experimental)	3MB Installer	Installs the most commonly used essentials of Win32 OpenSSL v1.1.1d (Only install this if you need 32-bit OpenSSL for Windows. Note that this is a default build of OpenSSL and is subject to local and state laws. More information can be found in the legal agreement of the installation.
Win32 OpenSSL v1.1.1d EXE | MSI (experimental)	30MB Installer	Installs Win32 OpenSSL v1.1.1d (Only install this if you need 32-bit OpenSSL for Windows. Note that this is a default build of OpenSSL and is subject to local and state laws. More information can be found in the legal agreement of the installation.
Win64 OpenSSL v1.1.0L Light EXE | MSI (experimental)	3MB Installer	Installs the most commonly used essentials of Win64 OpenSSL v1.1.0L (Recommended for users by the creators of OpenSSL). Only installs on 64-bit versions of Windows. Note that this is a default build of OpenSSL and is subject to local and state laws. More information can be found in the legal agreement of the installation.
Win64 OpenSSL v1.1.0L	37MB Installer	Install Win64 OpenSSL v1.1.0L (Recommended for software developers by the creators of OpenSSL). Only installs on 64-bit versions of Windows. Note that this is a default build of OpenSSL and is subject to local

图3-20　下载合适版本的OpenSSL包

对于大多数使用Windows平台的Python开发者而言，虽然使用pip对开发提供了许多帮助，但是对一些较为复杂的开发或者运行环境，如数据处理类环境的安装，使用pip可能非常烦琐甚至更容易出现问题。这也是本书更推荐使用Anaconda的原因，因为其本身已经安装了大量的Python常用包，尤其是科学计算和数据处理类的包，使用pip list命令可以列出已经安装的Python包，如图3-21所示。

```
H:\>color f0

H:\>pip list
Package                              Version
--------------------------------     ----------
alabaster                            0.7.12
anaconda-client                      1.7.2
anaconda-navigator                   1.9.7
anaconda-project                     0.8.3
asn1crypto                           1.0.1
astroid                              2.3.1
astropy                              3.2.1
atomicwrites                         1.3.0
attrs                                19.2.0
Babel                                2.7.0
backcall                             0.1.0
backports.functools-lru-cache        1.5
backports.os                         0.1.1
backports.shutil-get-terminal-size   1.0.0
backports.tempfile                   1.0
backports.weakref                    1.0.post1
beautifulsoup4                       4.8.0
bitarray                             1.0.1
bkcharts                             0.2
bleach                               3.1.0
bokeh                                1.3.4
boto                                 2.49.0
Bottleneck                           1.2.1
certifi                              2019.9.11
cffi                                 1.12.3
chardet                              3.0.4
Click                                7.0
cloudpickle                          1.2.2
clyent                               1.2.2
colorama                             0.4.1
comtypes                             1.1.7
```

图3-21　已经安装的包

Anaconda在pip的基础上提供了自有的包管理命令conda，其使用方式和pip相同，甚至可以与pip命令混用。相对于Python官方提供的安装源而言，conda的安装源对编译环境的依赖更少、更新较慢，但是可以减少在Windows平台中出现的一些安装问题。

不仅如此，Anaconda还提供了更加直观和方便的GUI的包管理与安装方式，其应用程序安装文件为anaconda-navigator.exe，在安装Anaconda时会自动安装，界面如图3-22所示。

图3-22　Anaconda Navigator界面

使用者可以方便地在该管理页面中使用已经提供的工具、进行环境的管理，以及对各种第三方包进行安装和卸载。对于Anaconda而言，其本身也提供了GUI界面，为Python虚拟环境的建立和相应的包管理提供便利，如图3-23所示。

图3-23　Python环境界面

> **注 意**
>
> 　　Python的虚拟环境和说明可以参考本书第11章的相关介绍。对于Anaconda而言，其提供的GUI方式更为直接和简便。

　　在Anaconda的GUI界面中还提供了相关的Python学习和开发社区，在其界面中可以单击Learning选项和Community选项进行查看。

3.3 项目练习：Python中的时间相关模块的使用

　　本节将会使用Python中的几个相关模块来编写一个简单的日期和时间的示例代码，以及一个日历示例代码。主要用到时间模块time和日历模块calendar。

3.3.1 日期和时间模块

　　在计算机中，时间和日期的表现方式与现实中并不相同。在Python中，日期和时间模块time的格式主要有以下三种。

　　（1）时间戳格式（timestamp）是一串整型（int）数字。在计算机中，时间戳表示的是从1970年1月1日00:00:00开始按秒计算的偏移量。

　　（2）时间元组（struct_time）包含9个时间元素。Python函数用一个元组装起来的9个数字代表当前或者需要处理的时间。

　　（3）格式化的时间字符串是通过固定格式转换的可读字符串，如2019-01-01 00:00。格式化的时间结构使时间戳或者时间元组更具可读性，其格式包括自定义格式和固定格式。

　　一般而言，时间戳的类型简单且支持数值计算，与其他的语言或者系统较为通用，也便于存储，但是人工基本不可读。

　　时间元组可以方便地对某些时间进行简单处理，且具有一定的可读性，但仅仅适用于Python中，数据库中并不能很方便地存储该结构。

　　格式化的时间字符串是最符合人工读取习惯的时间字符串，但因为缺乏统一的格式化，难以对其进行处理。所以这三种格式之间并没有优劣之分，需要按需使用，它们之间也可以相互转化。

　　本项目引入time模块，获得当前日期的内容，可将其转换成三种不同的时间格式并输出。其示例代码如下。

```python
# 引入time模块
import time

# 获得基本的时间戳
now = time.time()

print("当前的时间戳为： ", now)

# 从时间戳转换为时间元组
now_tuple = time.localtime(now)

print("时间元组为： ", now_tuple)
# 从时间元组转换为时间戳
print("从时间元组转换为时间戳", time.mktime(now_tuple))
# 再将其转换为带格式的时间

now_format = time.asctime(now_tuple)
print("当前时间为： ", now_format)
```

执行效果如图3-24所示。

```
F:\anaconda\python.exe H:/book/book/pyhton/python-code/3-3/time.py
当前的时间戳为： 1583160461.2554264
时间元组为： time.struct_time(tm_year=2020, tm_mon=3, tm_mday=2, tm_hour=22, tm_min=47, tm_sec=41,
 tm_wday=0, tm_yday=62, tm_isdst=0)
从时间元组转换为时间戳 1583160461.0
当前时间为： Mon Mar  2 22:47:41 2020

Process finished with exit code 0
```

图3-24　时间模块的执行效果

3.3.2　日历模块

　　Python提供了简单的日历模块calendar，可以直接实现对月历或者年历的输入和输出。其完整的代码如下所示。

```python
# 引入calendar模块
import calendar, datetime
```

```
# 输入指定年份
yy = int(input("输入年份: "))

# 指定第一天是星期天
calendar.setfirstweekday(firstweekday=6)
# 打印结果
# 显示日历
calendar.prcal(yy, w=0, i=0, c=6, m=3)
```

本项目通过用户的输入获得了一个需要打印的日历年份，接着通过setfirstweekday()函数指定了日历中打印的第一天是星期天。

setfirstweekday(firstweekday)是calendar模块中的一个成员方法，通过数字指定一周的第一天，其内容是一个星期一到星期日的元组。这里需要接收的参数为其键值，其中0为星期一，1为星期二……6为星期日。

设定日历之后，需要通过calendar.prcal()方法输出该日历。该方法执行后会输出一整年的日历。该方法接收的第一个参数为年份，其他参数的意义如下。

* w 代表每个单元格的宽度，默认值为0，最小宽度为2个字符。
* i 代表每列换L行，默认值为0，需指定为整数值。
* c 表示月与月之间的间隔宽度，默认为6个字符。
* m 表示将一年中需要显示的12个月分为m列。

执行效果如图3-25所示。

```
F:\anaconda\python.exe H:/book/book/pyhton/python-code/3-3/python_calendar.py
输入年份: 2020
                                  2020

      January                   February                   March
Su Mo Tu We Th Fr Sa      Su Mo Tu We Th Fr Sa      Su Mo Tu We Th Fr Sa
          1  2  3  4                         1       1  2  3  4  5  6  7
 5  6  7  8  9 10 11       2  3  4  5  6  7  8       8  9 10 11 12 13 14
12 13 14 15 16 17 18       9 10 11 12 13 14 15      15 16 17 18 19 20 21
19 20 21 22 23 24 25      16 17 18 19 20 21 22      22 23 24 25 26 27 28
26 27 28 29 30 31         23 24 25 26 27 28 29      29 30 31

       April                      May                       June
Su Mo Tu We Th Fr Sa      Su Mo Tu We Th Fr Sa      Su Mo Tu We Th Fr Sa
          1  2  3  4                      1  2          1  2  3  4  5  6
 5  6  7  8  9 10 11       3  4  5  6  7  8  9       7  8  9 10 11 12 13
12 13 14 15 16 17 18      10 11 12 13 14 15 16      14 15 16 17 18 19 20
19 20 21 22 23 24 25      17 18 19 20 21 22 23      21 22 23 24 25 26 27
26 27 28 29 30            24 25 26 27 28 29 30      28 29 30
                          31

        July                     August                  September
Su Mo Tu We Th Fr Sa      Su Mo Tu We Th Fr Sa      Su Mo Tu We Th Fr Sa
          1  2  3  4                         1             1  2  3  4  5
 5  6  7  8  9 10 11       2  3  4  5  6  7  8       6  7  8  9 10 11 12
12 13 14 15 16 17 18       9 10 11 12 13 14 15      13 14 15 16 17 18 19
19 20 21 22 23 24 25      16 17 18 19 20 21 22      20 21 22 23 24 25 26
26 27 28 29 30 31         23 24 25 26 27 28 29      27 28 29 30
                          30 31
```

图3-25　日历模块的执行效果

3.4 文件的基本操作

Python作为一种脚本语言，最常见的一个应用是对系统中的文件进行更改或者调用，扩充系统自带的脚本语言。在Python中，对文件的基本操作必不可少，甚至可以说文件操作是其应用实现的主要目标。

对于任何一个系统而言，系统文件的I/O都是非常重要的一个组成部分，I即输入（Input），O即输出（Output），I/O流就是输入/输出流。

对任何系统而言，输入/输出均属于I/O范畴，包括但不限于日志文件、缓存文件的存储和读取，屏幕的打印输出，获取用户的单击和输入事件等，可以说输入/输出存在于整个软件的全部生命周期中。

同样，在网页或者游戏的开发中，出现需要缓存成文件的内容或者临时使用的日志文件等，也不可避免地会用到对文件的基本操作。

3.4.1 打开文件

Python提供了打开文件的基本函数，而不需要引用任何的扩展包。Python作为脚本语言需要经常对文件进行操作，其本身已将所有有关文件读取和写入的基本功能包含在内。

使用open()函数可以打开文件，返回一个文件的对象（File）。其基本的使用语法格式如下所示。

```
# 获取文件对象
open(filename, mode)
```

参数filename是指需要打开的文件名称。如果该文件不在当前目录中，则需要指定该文件所在的路径。

参数mode是指使用该方法时需要指定的文件读取模式，这种模式类似于大部分语言中的文件读取模式。文件读取模式及其说明如表3-1所示。

表3-1　文件读取模式

模　式	说　明	指 针 位 置
r	以只读模式打开，在该模式下不会进行任何的写操作	文件的开头
rb	以二进制的方式打开一个只读文件	文件的开头
r+	打开一个文件用于读写	文件的开头，但是追加新的内容在文件末尾
rb+	以二进制的方式打开一个文件用于读写	文件的开头，但是追加新的内容在文件末尾
w	打开一个文件用于写入。如果该文件存在，则打开该文件，但会删除原来的内容；如果文件不存在，则会创建新文件	文件的开头
wb	以二进制的方式打开一个文件用于写入。如果该文件存在，则打开该文件，但会删除原来的内容；如果文件不存在，则会创建新文件	文件的开头
w+	打开一个文件用于读写。如果该文件存在，则打开该文件，但会删除原来的内容；如果文件不存在，则会创建新文件	文件的开头

（续表）

模　式	说　　明	指 针 位 置
wb+	以二进制的方式打开一个文件用于读写。如果该文件存在，则打开该文件，但会删除原来的内容；如果文件不存在，则会创建新文件	文件的开头
a	打开文件进行追加。文件不存在时会自动创建新文件	文件内容的最后
ab	以二进制的方式打开一个文件用于追加。文件不存在时会自动创建新文件	文件内容的最后
a+	打开一个文件用于读写。如果该文件存在，则打开该文件，在所有内容后追加内容；如果文件不存在，则自动创建新文件	文件内容的最后
ab+	以二进制的方式打开一个文件用于读写。如果该文件存在，则打开该文件，在所有内容后追加内容；如果文件不存在，则自动创建新文件	文件内容的最后

　　不同的读取模式可以实现不同的文件操作。需要注意的是，如果选择了不同的读取模式，读取到的文件指针位置是不同的；如果需要插入或者是删除内容，需要注意指针位置。

　　选择合适的文件读取模式可以通过如图3-26所示的流程图进行判断，从而获得较好的性能且不会造成资源的浪费。

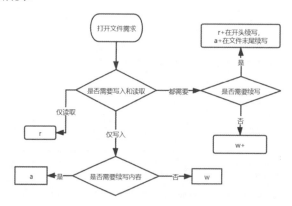

图3-26　模式选择流程

　　基本的文件打开操作示例如下。在示例中，打开了同在当前目录中且名称为demo.txt的文本文件，并通过print()函数将整个文件打印出来。

```python
# 通过open()函数打开文件
# r模式只读
demo_file = open('demo.txt', 'r')
# 打印
print("--下方是文件对象--")
print(demo_file)
print("--文件对象结束--")
```

　　执行效果如图3-27所示。

```
F:\anaconda\python.exe H:/book/book/pyhton/python-code/3-4/open.py
--下方是文件对象--
<_io.TextIOWrapper name='demo.txt' mode='r' encoding='cp936'>
--文件对象结束--

Process finished with exit code 0
```

图3-27　文件打开的效果

3.4.2　关闭文件

　　与打开文件相对，在Python中如果不需要读取或者在文件中输出内容，则需要手动关闭打开的文件。及时关闭文件可以极大地减轻内存的压力。

　　对于某些规模庞大的项目，尤其是那些对读取的文件存在"锁"机制的项目，在进程退出之前如果不及时关闭文件，会造成文件不能删除，在文件系统中一直处于占用状态，甚至造成需要的文件无法打开。

　　关闭文件基本的语法格式如下所示。

```
# 获取文件对象
file = open("filename.txt","r")
# 关闭文件
file.close()
```

　　关闭文件使用示例如下所示。为了展示关闭后的文件对象的内容，用到了文件读取函数read()，通过该函数可以获得文件的全部内容。

> **注意**
>
> 　　在示例中，open()函数指定encoding参数为UTF-8。Windows系统的Python版本中encoding的默认值为GBK，因为文件demo.txt在建立时为UTF-8编码，如果不进行指定，则不能正确地读取该文件，读者可以根据自己建立的文件编码进行指定。

```
# 下方是demo.txt中的全部内容
# ############
# 这是一个DEMO！
# 这是一个DEMO！
# 这是一个DEMO！

# close.py中的代码
# 通过open()函数打开文件
# r模式只读
demo_file = open('demo.txt', 'r', encoding='utf-8')
# 打印
print("--下方是文件对象--")
print(demo_file)
print(demo_file.read())
```

```
        print("--文件对象结束--")
        demo_file.close()
        print("文件已关闭！")
        #打印关闭后的文件
        print("--下方是文件对象--")
        print(demo_file)
        print(demo_file.read())
        print("--文件对象结束--")
```

该示例代码在运行时会出现错误，因为文件已经被关闭，所以在close()函数之后调用read()函数会出现读取错误（读取了已经关闭的文件）。示例最终的执行效果如图3-28所示。

```
F:\anaconda\python.exe H:/book/book/pyhton/python-code/3-4/close.py
Traceback (most recent call last):
——下方是文件对象——
  File "H:/book/book/pyhton/python-code/3-4/close.py", line 14, in <module>
<_io.TextIOWrapper name='demo.txt' mode='r' encoding='utf-8'>

    print(demo_file.read())
——文件对象结束——
文件已关闭！
——下方是文件对象——
ValueError: I/O operation on closed file.
<_io.TextIOWrapper name='demo.txt' mode='r' encoding='utf-8'>

Process finished with exit code 1
```

图3-28　示例最终的执行效果

> **注意**
>
> Python中的GC机制也会对一些不再使用的资源进行回收，文件也会自动关闭。但是需要注意的是，GC机制的运行时间是不确定的，所以为了保证系统的可靠性，在文件操作的最后需要关闭文件。

3.4.3　读取文件

在3.4.2小节已经简单地介绍了read()函数，对于已经读取并且获得文件的读权限的文件对象，可以使用read()函数获得该文件中的所有内容。

通过read()函数传递不同的参数可以控制读取的量，其基本的使用语法格式如下。

```
# 文件的打开
f = open('demo.txt', 'r', encoding='utf-8')
# 读取文件
f.read(size)
# 关闭文件
f.close()
```

逐行输出内容有两种方式。第一种是直接通过readline()函数逐行地读取文件，其基本的代码如下。

```
# 文件的打开
f = open('demo.txt', 'r', encoding='utf-8')
# 读取文件的一行
f.readline()
# 关闭文件
f.close()
```

第二种是首先通过open()函数读取文件所有的内容，之后再通过for循环的方式将内容逐行输出，这时是将整个文件作为一个可循环的对象，其完整的代码如下。

```
# 通过open()打开文件
# r模式，只读
demo_file = open('demo.txt', 'r', encoding='utf-8')
print("--文件开始--")
# 循环获得文件的内容
for line in demo_file:
    print("这行的内容为", line)
print("--文件结束--")
```

执行效果如图3-29所示。

图3-29　for循环逐行输出文件内容

如果要一次读取多行文件内容直至文件结尾，或者将所有的内容组成一个元组，可以使用Python提供的readlines()函数。其具体的示例代码如下。

```
# 通过open()函数打开文件
# r模式，只读
demo_file = open('demo.txt', 'r', encoding='utf-8')
print("--文件开始--")
# 获得文件的内容
lines = demo_file.readlines()
# 打印lines对象
print(lines)
print("--文件结束--")
```

执行效果如图3-30所示。

```
F:\anaconda\python.exe H:/book/book/pyhton/python-code/3-4/readlines.py
--文件开始--
['# 这是一个DEMO\n', '# 这是一个DEMO\n', '# 这是一个DEMO\n', '# 这是一个DEMO\n']
--文件结束--
# 这是一个DEMO

# 这是一个DEMO

# 这是一个DEMO

# 这是一个DEMO

Process finished with exit code 0
```

图3-30　readlines()函数的执行效果

3.4.4　写入文件

　　如果想对已经读取的文件添加新的内容，或者新建文件时需要写入某些内容，则需要使用write()方法，其基本的语法格式如下。

> # 写入文件
> f.write(string)

　　对于写入方法而言，其只支持字符串的写入，如果需要写入其他的数据格式，则需要对这些数据格式进行转换。

　　在写入文件时需要注意当前文件指针的位置，文件指针可以理解为Word或者写字板中闪动的光标，代表下一位读取或者写入内容的位置。不同的打开模式下其指针位置是不同的。

　　当然，在文件写入过程中，可以对指针的位置进行获取和调整。使用tell()方法可获取当前指针的位置，使用seek()方法可调整当前指针的位置，其基本语法格式如下。

> # 通过open()函数打开文件
> # r模式，只读
> demo_file = open('demo.txt', 'r', encoding='utf-8')
> # 打印当前位置：0
> print(demo_file.tell())
> # 调整指针位置，从开始位置移动10字符
> print(demo_file.seek(10,0))

　　seek()方法的参数说明如表3-2所示。

表3-2　seek()方法的参数说明

参　　数	说　　明	示　　例
seek(x,0)	从文件起始位置向后移动x个字符	seek(10,0)从文件起始位置向后移10个字符
seek(x,1)	从指针当前位置向后移动x个字符	seek(-10,1)从文件当前位置向后移 -10个字符，即前移10个字符
seek(x,2)	从文件末尾向前移动x个字符	seek(-10,2)，从文件末尾向前移动10个字符

　　使用示例的代码如下所示。

```
# 通过open()函数打开文件
# r+模式
f1 = open('demo.txt', 'r+', encoding='utf-8')
print("--文件1开始--")
print("当前的指针位置为：", f1.tell())
print("指针所在位置的下一行：", f1.readline())
f1.write("******打开f1时的写入\n")
# 移动指针，从文件起始位置向后移动10个字符
f1.seek(10, 0)
print("移动后指针位置为：", f1.tell())
f1.write("******f1移动之后的写入\n")
# 关闭文件
f1.close()


# 通过open()函数打开文件
# a+模式
f2 = open('demo.txt', 'a+', encoding='utf-8')
print("--文件2开始--")
print("指针所在位置的下一行：", f2.readline())
print("当前的指针位置为：", f2.tell())
f2.write("******打开f2时的写入\n")
# 移动指针
f2.seek(0, 0)
print("移动后指针位置为：", f2.tell())
# 关闭文件
f2.close()
```

本示例通过两种不同的模式打开文件demo.txt，对比了其打开后的指针位置，并且在不同的指针位置加入了不同的内容。

注 意

对于Python来说，使用a或a+模式修改文件指针对于文件的写入没有影响，都会在文件末尾追加写入。

执行效果如图3-31所示。

```
F:\anaconda\python.exe H:/book/book/pyhton/python-code/3-4/write.py
--文件1开始--
当前的指针位置为： 0
指针所在位置的下一行： # 这是一个DEMO

移动后指针位置为： 10
--文件2开始--
指针所在位置的下一行：
当前的指针位置为： 108
移动后指针位置为： 0

Process finished with exit code 0
```

图3-31 写入文件的执行效果

最终文件demo.txt的内容如下。

```
# ########******f1移动之后的写入
这是一个DEMO！
# 这是一个DEMO！
******打开f1时的写入
******打开f2时的写入
```

3.4.5 项目练习：运行操作时输出日志系统

在任何系统中，运行日志都是非常重要的一个功能模块。通过实时查看运行日志，可以有针对性地发现系统的问题或者是运行时的状态，同时，也可以将一些重要的信息写入日志中，起到备份和验证的作用。

一般的日志系统可以采用数据库或者文件的形式对数据进行持久化存储。本项目将会采用文件形式进行存储。

这个模块中将会定义四个方法，其中error_log()、info_log()、test_log()这三个方法暴露给外部用于调用写日志方法，在这三个方法中调用write_log()方法进行文件的写入操作，并在日志中增加消息级别的前缀。

```python
# 统一写文件方法
def write_log(status, text):
    pass
# 运行错误日志
def error_log(text):
    pass
# 运行一般信息日志
def info_log(text):
    pass
# 测试日志
def test_log(text):
    pass
```

日志模块中需要对文件进行读写，同时为了方便用户查看日志，所有的日志将会采用日期命名的方式对文件进行命名，同时在每一次打印日志时，均在日志前方打印当前的日期，所以需要引入time模块。

最终完整的代码如下，其中使用a模式打开文件。

```python
import time

# 获得具体的时间
def get_time():
    # 获得基本的时间戳
    location = time.strftime("%Y-%m-%d %H:%M:%S", time.localtime())
    return location
```

```
# 统一写文件方法
def write_log(status, text):
    text = get_time() + ' ' + text
    # 获得当前文件名称（通过时间）
    date = time.strftime("%Y-%m-%d", time.localtime())
    # 写入文件
    f1 = open(date + '_' + status+'.log', 'a', encoding='utf-8')
    f1.write(text+'\n')
    f1.close()


# 运行错误日志
def error_log(text):
    write_log("error", str(text))


# 运行一般信息日志
def info_log(text):
    write_log("info", str(text))


# 测试日志
def test_log(text):
    write_log("test", str(text))
```

然后通过调用相应方法实现对日志的编写。通过三种调用日志的方法，可以创建三种不同的日志文件，该文件以日期命名，并且每次调用都会自动在该文件的尾部追加内容。

```
# 测试
info_log("这是一条测试")
info_log("没有发现问题")
```

执行效果如图3-32所示，会生成形如下方的文件2020-02-22_info.log，并且在文件中写入了两条日志语句。

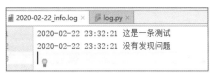

图3-32　日志查看的执行效果

如果将该项目文件写成一个日志模块，则可以在其他的Python文件中进行引入，使用该模块中的方法就可以完成简单的日志编写。

> **注 意**
>
> 在Python中经常会用到与日志相关的模块，优秀的日志模块在Python中也非

常多。例如，最常用的logging模块，通过配置就可以完成更多的日志输出功能，
包括输出至文件或者控制台。

3.5 Python中的os模块

在3.4节中介绍了对文件的读写操作，在实际运用中，对文件的操作并不
仅仅是新建、读取或修改等，还有对文件的重命名、删除、移动等。

在Python中可以通过os模块对文件进行多种操作。本节会对该模块进行
介绍，但是限于篇幅，这里并不能将os模块中的所有内容一一进行讲解。如
果需要用到其他的功能方法，请参考官方相关文档。

使用os模块需要在Python代码中引入该模块，os模块的引入格式如下。

```
# 引入os模块
import os
```

3.5.1 通过os.rename()方法重命名文件

如果需要对文件重新命名，可以使用os.rename()方法。该方法用于命名文件或目录，如
果指定的新名称在当前目录中已经存在，则命名失败，会抛出OSError。其基本的语法格式
如下。

```
# 已经引入了os包
os.rename(src, dst)
```

参数src代表要修改的文件或者目录名称，dst代表修改后的文件或者目录名称，如果指定一个
文件的位置，则可以移至该文件所在目录。其具体示例代码如下。

```
# 引入模块
import os

# 通过open()函数创建一个新的文件
f = open("HelloWorld", "w")
# 写入文件内容
f.write("HelloWorld!")
# 关闭文件
f.close()

# 重命名文件
os.rename('HelloWorld', "HelloPython.txt")
print("完成重命名！")
```

（1）使用open()函数配合"w"参数（写文件模式）新建一个HelloWorld文件对象，并在该文件中写入字符串HelloWorld，该文件会自动创建在同级目录中。

（2）更改其文件的名称为HelloPython.txt。

执行效果如图3-33所示。

图3-33　更改文件名称的执行效果

3.5.2 通过os.remove()方法删除文件

os模块还可以用于删除文件。这里的删除是指删除文件本身，而并非删除文件中的内容，相当于Linux中的rm命令。

os.remove()方法用于删除指定路径的文件。如果指定的路径是一个目录或者目录不存在，则抛出OSError，这也就意味着该方法不允许删除目录，这也是为了避免错删目录的情况发生。

其示例代码如下。

```python
# 引入模块
import os


# 通过open()函数创建一个新的文件
f = open("DelTest", "w")
# 写入文件内容
f.write("HelloWorld!")
# 关闭文件
f.close()


# 删除文件
os.remove('DelTest')
print("删除文件成功")
```

使用open()函数创建一个新的文件并且在其中写入内容，之后通过os.remove()方法删除该文件。

最终执行效果如图3-34所示。

```
F:\anaconda\python.exe H:/book/book/pyhton/python-code/3-5/3-5-2.py
文件创建成功
删除文件成功

Process finished with exit code 0
```

图3-34　删除文件的执行效果

3.5.3 通过os.mkdir()方法创建目录

Python中的os模块不仅可以对文件进行操作，也可以对文件目录进行创建和修改，其中os.mkdir()方法可以使用数字权限模式创建目录，默认的权限模式为777。其示例代码如下。

```python
# 引入模块
import os


# 新建目录
print("新建目录！")
os.mkdir('demo')
# 通过open()函数创建一个新的文件
f = open("demo/DelTest", "w")
# 写入文件内容
f.write("HelloWorld!")
# 关闭文件
f.close()
print("写入文件成功！")
```

首先在该目录中建立一个demo文件夹，之后使用open()函数在demo文件夹中新建一个文件并在其中写入内容。执行后的效果如图3-35所示。

注意

如果目录已经存在，则不能新建该目录。例如，第二次运行上述示例代码，会弹出一个文件已存在的错误信息，如图3-36所示。

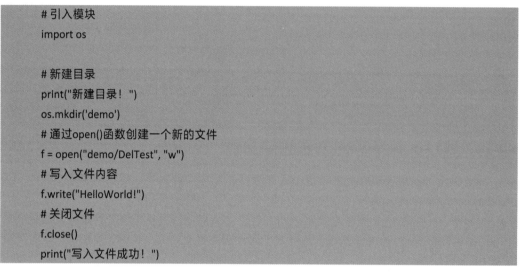

图3-35　新建文件目录和文件的执行效果　　　　图3-36　重复建立目录错误

数字权限通常用于Linux系统或者UNIX系统中，一般在Windows系统中该权限并不会以这样的方式展现在用户面前。

对系统而言，777权限是最开放的权限，该权限表示可以让任何用户访问写入并且执行该文件。

777在Linux中的表现为-rwxrwxrwx，其中第一组rwx意味着该文件的所有者权限；第二组rwx是群组中的用户权限；第三组rwx为除了所有者和所有者群组中的用户外剩余用户的权限。其中rwx的意义和代表数字如下所示。

* r：read，读取权限，可以用数字4（权限值）代替。
* w：write，写入权限，可以用数字2（权限值）代替。
* x：execute，执行权限，可以用数字1（权限值）代替。
* 无任何权限：数字0表示无任何权限。

数字7代表的意义就是可读4、可写2、可执行1的加和，即“4+2+1=7”，而777的权限意味着三种不同的用户均拥有所有权限。

在Linux系统中，一个目录中的权限可以用ll命令进行查看，ll命令的执行效果如图3-37所示。

```
st@st-VirtualBox:~$ ll
总用量 448
drwxr-xr-x 20 st   st    4096 10月 11 15:37 ./
drwxr-xr-x  3 root root  4096 5月  21 15:52 ../
drwxr-xr-x  2 st   st    4096 5月  21 16:00 公共的/
drwxr-xr-x  2 st   st    4096 5月  21 15:52 模板/
drwxr-xr-x  2 st   st    4096 5月  21 16:00 视频/
drwxr-xr-x  2 st   st    4096 5月  21 16:00 图片/
drwxr-xr-x  2 st   st    4096 5月  21 16:00 文档/
drwxr-xr-x  2 st   st    4096 5月  21 16:00 下载/
drwxr-xr-x  2 st   st    4096 5月  21 16:00 音乐/
drwxr-xr-x  3 st   st    4096 8月  29 17:47 桌面/
-rw-rw-r--  1 st   st      40 5月  21 16:00 .applet
-rw-------  1 st   st      87 8月  27 15:41 .bash_history
-rw-r--r--  1 st   st     220 5月  21 15:52 .bash_logout
-rw-r--r--  1 st   st    3771 5月  21 15:52 .bashrc
drwxrwxr-x 11 st   st    4096 10月 11 15:37 .cache/
drwx------ 14 st   st    4096 8月  27 14:56 .config/
```

图3-37　查看文件权限值

在上述权限中，首位为d的代表其为目录，首位为-则代表其为普通文件。例如，-rw-rw-r--意味着所有者拥有读写权限，群组用户拥有读写权限，其他用户仅拥有读权限。所以-rw-rw-r--这个权限的数字表达应当是所有者（3+2）、群组（3+2）、其他用户（3），则权限为663。

3.5.4 通过os.chdir()方法改变当前目录

在Python中用到脚本功能时不可避免地需要改变当前的工作目录，这时就需要用到os.chdir()方法。

该方法用于改变当前工作目录到指定的路径，其基本的语法格式如下。

```
os.chdir(path)
```

其中path参数为任意已经存在的文件目录，如果path为一个不存在的目录则会抛出错误，如图3-38所示。

```
F:\anaconda\python.exe H:/book/book/pyhton/python-code/3-5/chdir.py
Traceback (most recent call last):
  File "H:/book/book/pyhton/python-code/3-5/chdir.py", line 3, in <module>
    os.chdir('d')
FileNotFoundError: [WinError 2] 系统找不到指定的文件。: 'd'

Process finished with exit code 1
```

图3-38　访问不存在的路径时的错误信息

结合os模块中提供的查看当前工作目录的os.getcwd()方法，可以对os.chdir()方法进行测试。其基本的示例代码如下。

```
# 引入模块
import os


# 打印当前的工作目录
work_path = os.getcwd()
print("当前工作目录为：", work_path)
# 新建目录
print("新建目录！")
os.mkdir('chdirDemo')
# 通过os.chdir()方法更改其工作的目录
os.chdir('chdirDemo')
# 打印更改后的工作目录
work_path = os.getcwd()
print("当前工作目录为：", work_path)


# 通过open()函数创建一个新的文件（该文件应当位于新建文件夹中）
f = open("test", "w")
# 写入文件内容
f.write("HelloWorld!")
# 关闭文件
f.close()
print("写入文件成功！")
```

（1）打印出代码所在的工作路径。

（2）通过os.mkdir()方法新建目录名称为chdirDemo的文件夹。

（3）通过os.getcwd()方法将当前目录更改到新文件夹中，并且再次打印工作目录。

（4）在工作目录中新建文件，该文件会在当前工作目录中。

最终执行效果如图3-39所示。

```
F:\anaconda\python.exe H:/book/book/pyhton/python-code/3-5/3-5-4.py
当前工作目录为： H:\book\book\pyhton\python-code\3-5
新建目录！
当前工作目录为： H:\book\book\pyhton\python-code\3-5\chdirDemo
写入文件成功！

Process finished with exit code 0
```

图3-39　更改工作目录的执行效果

3.5.5　通过os.rmdir()方法删除目录

在3.5.2小节中，使用os.remove()方法可以删除文件，但该方法对目录是无效的。os模块中提供了专门删除目录的方法，即os.rmdir()方法。

os.rmdir()方法专门用于删除指定路径的目录，但是只有当且仅当文件夹为空时才能成功删除，否则会抛出错误。

这也就意味着，删除该目录时首先需要保证该目录中不存在任何文件或目录，即首先需要使用删除文件的命令，只有保证删除文件的命令正常执行后，才可以通过该方法删除目录。其基本示例代码如下。

```python
# 引入模块
import os

# 通过os.chdir()方法更改其工作的目录
os.chdir('chdirDemo')
# 打印更改后的工作目录
work_path = os.getcwd()
print("当前工作目录为： ", work_path)

# 删除文件
os.remove('test')
print("删除文件成功")

# 通过os.chdir()方法更改其工作的目录
os.chdir('..')
# 打印更改后的工作目录
work_path = os.getcwd()
print("当前工作目录为： ", work_path)

# 删除目录
os.rmdir('chdirDemo')
```

（1）通过os.chdir()方法更改当前目录为3.5.4小节中建立的新目录chdirDemo文件夹。

（2）使用os.remove('test')删除文件。

（3）再次使用os.chdir('..')返回上级目录。

（4）此时文件已经被成功删除，即目录为空，再调用os.rmdir()方法删除chdirDemo文件夹。

最终执行效果如图3-40所示。

```
F:\anaconda\python.exe H:/book/book/pyhton/python-code/3 5/rmdir.py
新建目录！
当前工作目录为： H:\book\book\pyhton\python-code\3-5\chdirDemo
文件创建成功
删除文件成功
当前工作目录为： H:\book\book\pyhton\python-code\3-5

Process finished with exit code 0
```

图3-40 删除目录的执行效果

> **注意**
>
> 在os模块中，并不是只有os.rmdir()方法可以删除文件目录，os.removedirs() 方法也可以删除目录。

3.6 项目练习：文本截取脚本

本节介绍如何使用os模块进行文件或者目录的操作。本示例通过编写一个脚本实现对长文章内容（类似于小说）的分割。

3.6.1 项目设计

文本分割器的主要实现目标是将一段长文本进行分割，长文本以文件的形式存储在本地计算机中，运行脚本将该文本分成若干个小文本文件。

本项目需要实现的具体需求如下。

（1）输出文本的名称。

（2）输入需要分割的文本的路径和文本名称。

（3）输入需要分割的文本大小。

（4）输出目录为output文件夹，如果该文件夹不在脚本的当前目录下，则自动新建该文件夹，并且在文件夹中输出分割后的文件。

（5）在所有输出的文件名称后加序号作为区分。

（6）文件分割完成后，自动结束该脚本的全部流程，并且输出提示。

注 意

此需求仅作为练习使用，并非一个非常完善的项目需求。

根据上述项目需求，从脚本开始到完成，可以确定该脚本的执行流程如图3-41所示。

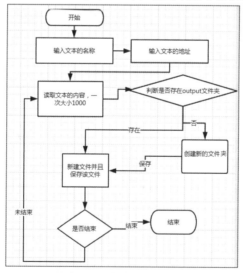

图3-41　文本分割流程

3.6.2 具体编码

在编码时首先需要引入os模块，因为该项目需求中涉及大量的文件及目录的操作。引入

os模块的代码如下。

```
import os
```

具体的编码过程如下：

（1）使用input()函数获得用户需要输出的文件名称，以及需要分割的文件的路径和文件名，并且赋值给相应的变量，其代码如下所示。

```
……
# 获得输出文本的名称
name = input("输入输出的文件名称：（会以数字作为序号）")
# 获得文件的路径和名称后缀
path = input("输出文本文件的地址，如果在脚本的同级目录则输入文本的名称（包括后缀）")
……
```

（2）使用open()函数打开上述输入的文件名称，为了防止编码产生错误，这里使用rb模式打开。文件打开成功后，给出提示信息，同时要求使用者输入需要分割的大小（整数），其代码如下。

```
……
# 需要根据文件的不同更改encoding
f = open(path, "rb")
print("文件打开完毕")
size = int(input("输入需要分割的大小"))
……
```

（3）使用os模块中path对象提供的os.path.exists()方法，判断输出的文件夹路径是否存在。如果存在，则使用os.chdir()方法进入该文件夹；如果不存在，则使用os.mkdir()方法新建该目录文件夹，然后使用os. chdir()方法进入该文件夹。其代码如下。

```
……
# 输出目录的判断
# 使用path对象的os.path.exists()方法判断目录是否存在
has = os.path.exists('output')
if has:
  # 进入该目录
  os.chdir('output')
……
else:
  # 如果不存在，则创建该输出目录
  os.mkdir('output')
  # 创建目录后进入该目录
  os.chdir('output')
……
```

（4）给定循环计数器i的初始值为1。

```
i = 1
```

（5）建立一个while循环，并且在这个循环中不断更改文件指针的位置，读取新的内容并且写入新的文件中，如果读取的内容为空的二进制（即b"），则认为文件已经读取完毕，打印完成提示并且结束脚本。其代码如下。

```
while True:
    # 获得该读取的内容
    print("当前指针位于: ", f.tell())
    text = f.read(size)
    # print(text)
    # 读取的内容为空字节时结束
    if text == b'':
        print("已经完成")
        break
        # 提示
    print("正在输出文件" + str(i))
    # 通过open()函数创建新的文件
    # 命名方式为"输入的名称+_序号"的格式
    # 需要根据文件的不同更改encoding
    f2 = open(name + "_" + str(i) , "wb")
    f2.write(text)
    f2.close()
    # 移动读取内容的指针
    # 从当前位置移动一个size
    f.seek(size * i)
    i = i + 1
```

其完整的项目代码如下。

```
import os

# 显示欢迎信息
print("欢迎使用文本分割工具")
# 获得输出文本的名称
name = input("输入输出的文件名称: （会以数字作为序号）")
# 获得文件的路径和名称后缀
path = input("输出文本文件的地址，如果在脚本同级目录则输入文本的名称（包括后缀）")
# 打开文件，采用open()函数打开文件，模式为只读
# 需要根据文件的不同更改encoding
f = open(path, "rb")
print("文件打开完毕")
```

```
size = int(input("输入需要分割的大小"))

# 输出目录的判断
# 使用path对象的os.path.exists()方法判断目录是否存在
has = os.path.exists('output')
if has:
    # 进入该目录
    os.chdir('output')
    print("输出目录以及存在")
else:
    # 如果不存在，则创建该输出目录
    os.mkdir('output')
    # 创建目录后进入该目录
    os.chdir('output')

i = 1
while True:
    # 获得该读取的内容
    print("当前指针位于：", f.tell())
    text = f.read(size)
    # print(text)
    # 读取的内容为空字节时结束
    if text == b'':
        print("已经完成")
        break
        # 提示
    print("正在输出文件" + str(i))
    # 通过open()函数创建新的文件
    # 命名方式为 "输入的名称+_序号" 的格式
    # 需要根据文件的不同更改encoding
    f2 = open(name + "_" + str(i) , "wb")
    f2.write(text)
    f2.close()
    # 移动读取内容的指针
    # 从当前位置移动一个size
    f.seek(size * i)
    i = i + 1
# 关闭文件1
f.close()
print("全部任务完成！")
```

3.6.3 执行测试

使用命令行工具进行代码的执行，测试时选择一段小说内容保存成test.txt文件进行测试。该文件编码为UTF-8编码，因为是使用二进制的方式进行读取输出，所以不用设置open()函数的encoding参数。

首先，该脚本会输入欢迎语，然后要求输入输出文件的名称，这里输入output。

然后，要求输入需要分割的文件路径和名称。该文件放置在同级目录下，所以直接输入名称test.txt，如图3-42所示。

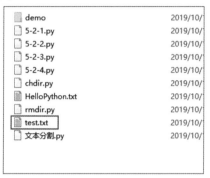

图3-42　测试文件位置

此时提示已经打开了该文件，并且要求输入需要的分割大小。这里输入3000，并按Enter键，该脚本会自动执行。其完整的执行过程如图3-43所示。

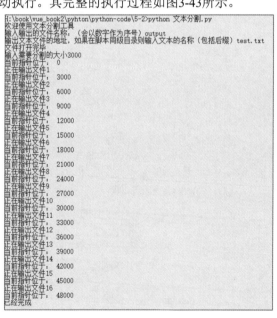

图3-43　执行过程

最终，会在该脚本代码所在的文件夹中新增一个output文件夹，并且在该文件夹中输出16个文件，如图3-44所示。

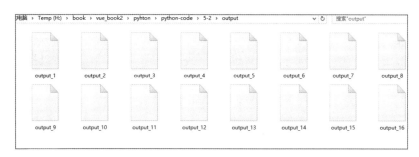

图3-44　输出文件

通过该脚本的成功执行，将需要分割的大文本文件切分成若干个小文本文件。

注　意

　　输出的文件没有后缀，不能直接双击打开，但是可以通过文本文档或者写字板的方式打开。打开过程中可能因为编码的问题出现乱码，可以根据分割文本文档的编码格式进行调整。

3.7 小结与练习

3.7.1 小结

　　通过本章的学习，读者可以掌握如何定义和使用函数，了解命名空间、模块等相关的概念，同时对os模块及文件I/O的学习，也就是对使用Python进行文件和目录等内容的操作有了初步了解与尝试。

　　在Python的开发中，无法避免地需要使用大量的模块和第三方库，本章对这些模块和包的使用进行了介绍。通过学习本章，可以对Python的开发有初步的认知，这样可以快速进入下一个阶段的学习。

　　对于一门脚本语言而言，Python自身非学易用，且功能强大，可以用于开发游戏、网页、服务器等。

　　通过对Python中os模块的介绍和示例，可以非常方便地开发出自动化的脚本，新建或者删除一些内容。除此之外，Python还可以用于更多的应用场合，并且支持更多更为强大的系统模块和文件操作。

　　对于一些常见的比较烦琐或者重复的文件操作，不妨试试用Python制作一个小的脚本，也许可以更快、更便捷地处理。

3.7.2 练习

　　通过本章的学习，希望读者可以完成以下练习。

（1）完成所有示例的编写，并且成功执行该示例。

（2）熟练掌握模块的使用和引入。

（3）练习本章的所有示例，加深对代码的理解。

（4）通过编写符合业务的函数，使代码结构更加合理，增加程序的可读性。

（5）掌握时间模块的使用和对计算机中时间的理解。

（6）完成文本截取脚本的编写，思考并尝试解决一些存在的问题，如分割出的文本内容为何会出现乱码。

（7）尝试对文本截取脚本进行改进，支持更多人性化的配置内容，并且输出文件时确定其编码和文件类型（添加后缀）。

（8）配合文档了解os模块中还有哪些方法，以及这些方法用于完成哪些操作。

（9）了解文件对象的其他操作。

第 4 章

Python中的面向对象

学习目标

Python是面向对象的编程语言。在Python中，所有内容都可以理解为一个对象，通过合理的封装，可以让工程具有更强的灵活性和扩展性。

如果读者觉得有关对象的概念较为抽象，可以暂时搁置，先理解类本身的概念及类的属性和方法的调用。

本章要点

通过学习本章，读者可以了解并掌握以下知识点：

◆ 什么是面向对象；

◆ 如何使用面向对象的方式开发程序；

◆ Python中类的应用、类的属性和方法；

◆ Python中类的静态方法；

◆ Python中的垃圾回收机制（GC）。

4.1 面向对象概述

面向对象编程（Object Oriented Programming，OOP）是一种封装代码的方法，而面向对象是一种软件开发方法，通过面向对象的方式编辑代码，可以提高整个工程的开发效率。

Python从设计之初就已经是一门面向对象的语言，所以Python中面向对象的写法非常多，在模块和工程开发中都有很多面向对象的开发。

4.1.1 什么是面向对象

在面向对象出现之前，编程中的主流解决方式是面向过程，面向过程的优点是执行效率和编码效率非常高，并且编程思想简单、直接。

早期的计算机编程是基于面向过程的方法，如实现算术运算，即直接通过两个数字相加的方式得出结果。

本书中大部分脚本类代码内容，除了那些使用了对象和方法等内容之外，主要逻辑执行和思想仍旧是面向过程的。

随着计算机技术的不断发展，计算机被用于解决越来越复杂的问题，加上哲学和科学技术的发展，越来越大型的需求和系统被提出，越来越多的开发者需要协同开发某一个项目，从而面向对象的方式被提出。

因为面向对象思想的提出，计算机编程发生了大规模改变，计算机世界逐渐和现实世界产生了连接。

面向对象的思想致力于将现实世界中的内容重新抽象成计算机世界中的对象，将现实中的关系抽象成类，相同的共性汇集成父类，而各自的特性则相当于从父类中继承的子类，如图4-1所示。

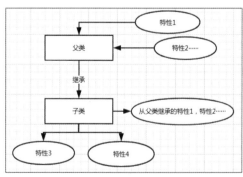

图4-1　父类和子类

例如，生物这个现实中的内容，在计算机中可以将其认作一个"生物"这样的对象，可以使用的技能有"进食""运动"等，是该"生物"对象的组成方法，而"人"可以从"生物"这个父类中继承，"人"属于生物但是又有自身的"语言""情感"等特殊方法。

起初面向对象仅仅是指在程序设计中采用"封装""继承""多态"等面向对象的特性，但是如今，面向对象思想已经涉及软件开发的各个方面，如面向对象的分析（Object Oriented Analysis，OOA）、面向对象的设计（Object Oriented Design，OOD）及面向对象的编程实现（Object Oriented Programming，OOP）等内容。

4.1.2 为什么使用面向对象

1. 面向对象的优点

虽然面向过程的编程更加简单，而且逻辑直接，甚至性能也超过面向对象，但是在大型系统方面，面向过程还是逐渐被面向对象的思想代替，这主要是因为面向对象的思想拥有如下一些优点。

（1）易维护性。设计整个项目工程时，如果仅仅使用面向过程，则在后期对项目进行修改或维护时，必须对所有的代码进行检查、重构，甚至可能因为一些小的改动要重新编写整个代码工程。如果是面向对象思想的代码，则只需要在对象中增加某些方法，或者更改该对象本身或父类等。

（2）代码效率高。这个优点是相对的，如果只是一个简单使用的脚本，不考虑扩展和通用性等，使用面向过程的思想，开发效率会更高。但是如果需要考虑复用性和扩展性，则使用面向对象的方式编写的代码会更好。

2. 面向对象的技术

面向对象的技术中包括但不仅限于以下技术。

（1）类（class）：面向对象技术的对象基础为属性和方法的对象集合，而对象为将此类实例化的产物。

（2）方法（function）：一个类中的方法，即该类中定义的函数，可以通过实例化这个类来使用这些方法。

（3）类变量：类中的变量，其定义在方法函数体之外，可以在整个实例化对象中使用。

（4）方法重写：涉及父类的继承时，子类中将父类的该方法重写，意味着实例化子类后调用子类对象方法为子类重写后的方法。

（5）数据成员：类变量或者实例中用于处理类或者对象的相关数据。

（6）继承：一个父类（基类），派生成其他的子类，称为子类对父类的继承。

4.2 Python中的类

Python中包括类的操作，不过不同于其他的编程语言，Python出现之初即为一门面向对象的语言，所以Python是在尽可能不增加新的语法和语义的情况下加入类机制。

4.2.1 什么是Python的类

Python中的类等同于其他语言中的类，通过描述一个Python类并且在其中设定属性和相应的方法，通过类名进行其属性的访问，或者是实例化该类进行类的使用。

Python中的类提供了面向对象编程的所有基本功能。

（1）类的继承机制允许多个父类。

（2）派生类可以覆盖基类中的任何方法。

（3）方法中可以调用基类中的同名方法。

如果需要建立一个Python中的类，则需要使用class关键字，类的语法结构代码如下所示。

```
class ClassName:
    # 类代码
```

其中，class为类的关键字，而ClassName是该类的名称，该名称也是在其他代码中应当引用的名称。

注　意

一个类的名称必须是一个合法的标志符，即每个单词的首字符需要大写，其余字符需要小写，且单词和单词之间不需要任何的连接符或分隔符，这样的类才是符合Python类名规范的。

包含在类中的成员一般分为两种：一种为属性，另一种为方法。在类中，属性和方法的前后顺序没有任何影响，不同于单一脚本中代码自上而下的执行方式，二者之间可以相互调用。

下方示例代码为一个完整的类。

```
class People:
    country = "中国"
    color="yellow"
    eye = "black"
    # 定义方法
    def say(self,word):
        print("说：",word)
    def walk(self):
        print("走路中……")
```

在上述代码完成的类中，类名为People，其拥有的属性为country、color、eye，拥有的方法为say()和walk()。

如果一个类不需要任何成员（即类中无任何方法和属性），则该类为一个空类。空类同样也是合法的类，需要使用pass语句作为占位符，如下代码所示。

```
class EmptyClass:
    pass
```

4.2.2　类的属性和方法

一个完整的类应当拥有其本身的属性和方法（除去空类），其属性为在class关键字中独立于方法定义的变量。

如下代码中，country、color、eye均为其属性，而由def关键字开始的内容均为该类中定义的方法。

```
class People:
    country = "中国"
    color = "yellow"
```

```
    eye = "black"


    # 定义方法
    def say(self, word):
        print("说: ", word)


    def walk(self):
        print("走路中……")
```

在上述代码中所有通过def关键词定义的方法均包含一个参数，这个参数在类中是必需的，按照惯例其名称为self。

但是该self参数并非代表该类本身，而是代表着开发者实例化时的对象本身，其类为self.class的指向。

在Python的类中，除了开发者定义的部分，其实还有一种类的方法名和属性名，其前后均添加了双下划线，如下代码中的__new__()和__init__()。这种方法或者属性均属于Python的特殊方法和属性，开发者可以重写这些方法名。

```
class People:
    def __new__(self):
            print("this is new")
    def __init__(self):
            print("this is init")
```

__new__()方法本身是在该类最早执行的内容，等同于其他语言中类的构造方法。

__init__()方法是一般用于类初始化时执行的方法，属于类方法。Python中的类专有方法如表4-1所示。

表4-1　Python中的类专有方法

类　方　法	说　　明
__init__	在生成对象时调用，是除了__new__之外最早执行的方法
__del__	在对象被销毁时调用，相当于析构函数
__repr__	打印"自我描述"对象，在打印对象内容时，会自动将对象转换为字符串，对于类对象，其格式为"类名+object at+内存地址"
__setitem__	当属性被赋值时，调用该方法
__getitem__	当访问不存在的属性时，调用该方法
__delitem__	当删除属性时，调用该方法
__len__	返回对象的长度
__cmp__	在比较时调用该方法

（续表）

类　方　法	说　　明
__call__	"调用"对象时调用该方法
__add__	实现数字加法运算
__sub__	实现数字减法运算
__mul__	实现数字乘法运算
__div__	实现数字除法运算
__mod__	实现取模算法
__pow__	实现使用 ** 的指数运算

注　意

这类以双下划线开头和结尾的方法也被称为魔术方法。使用魔术方法可以提高代码的效率，在Python中并不仅有这些魔术方法，还有更多逻辑、比较等魔术方法。

在Python中还有一些内置类属性，如表4-2所示。

表4-2　内置类属性

内　置　属　性	说　　明
__dict__	一个字典，包含类的属性
__doc__	字符串形式，类的文档
__name__	该类的类名
__module__	类定义所在的模块名称
__bases__	父类中的所有元素

具体的效果可以在代码中进行打印输出，其代码如下。

```python
# 类People
class People:
    """这是文档的注释"""

    # ……

    def __init__(self):
        print("初始化")


    # 定义一个私有方法
    def __walk(self):
        print("走路中……")
```

```
# 打印类的内置方法
print("__doc__:", People.__doc__)
print("__name__:", People.__name__)
print("__module__:", People.__module__)
print("__bases__:", People.__bases__)
print("__dict__:", People.__dict__)
```

执行效果如图4-2所示。

```
F:\anaconda\python.exe H:/book/book/pyhton/python-code/4-2/4-2-2-1.py
__doc__: 这是文档的注释
__name__: People
__module__: __main__
__bases__: (<class 'object'>,)
__dict__: {'__module__': '__main__', '__doc__': '这是文档的注释', '__init__':
<function People.__init__ at 0x000001E43BD480D8>, '_People__walk': <function
People.__walk at 0x000001E43BD4C558>, '__dict__': <attribute '__dict__' of 'People'
objects>, '__weakref__': <attribute '__weakref__' of 'People' objects>}

Process finished with exit code 0
```

图4-2 打印内置属性的执行效果

如果在一个类中存在一些属性不被允许在作用域使用或者直接访问，则可以使用两个下划线（__）开始进行声明的方式，这样可以使该属性成为一个私有属性。

对于类中的方法，同样可以以两个下划线（__）作为声明方法的开头，则方法成为一个类的私有方法。私有方法只能在类的内部调用，而不能在类的外部进行调用。其示例代码如下。

```
# 父类People
class People:
    # ……

    def __init__(self):
        print("初始化")

    # 定义一个私有方法
    def __walk(self):
        print("走路中……")

# 实例化
people = People()
# 调用
people.__walk()
```

若在类的外部调用了其私有方法，则该代码的执行会出现错误。最终执行效果如图4-3所示。

```
F:\anaconda\python.exe H:/book/book/pyhton/python-code/4-2/4-2-2.py
初始化
Traceback (most recent call last):
  File "H:/book/book/pyhton/python-code/4-2/4-2-2.py", line 16, in <module>
    people.__walk()
AttributeError: 'People' object has no attribute '__walk'

Process finished with exit code 1
```

图4-3　访问私有方法出错的执行效果

4.2.3　Python类的继承

如前所述，任何的Python类均可以继承。继承是面向对象的三大特征之一，也是实现代码复用的重要手段之一。

对于一个父类和子类而言，一般称为子类继承于父类，而父类派生出子类。

一般而言，一个类的继承父类拥有一些类的共同点，而子类是对父类这些共同点的具体实现且拥有某些特性的类。

子类可以继承现有父类中存在的属性和方法。从父类派生出的新的子类，即可使用父类的属性和方法，而不用再使用赋值语句。同样，子类也可以在现有父类的基础上添加或者重写一些新的成员和方法。

类的继承的基本语法格式如下。

```
# 已有父类
class 父类名称1:
    pass
class 父类名称2:
    pass
# 子类
class 子类名称1（父类名称1, 父类名称2）：
    pass
```

如上述代码所示，在子类名称后括号中的类即为需要继承的父类。从中可以看出Python的继承是一个多继承的机制，即一个子类可以同时拥有多个父类，也就是说该类可以从多个父类中继承所有的属性和方法。

如下示例代码中，People类为父类，Man类为继承于父类People的子类，在Man类中定义了一个man_say()方法。

```
# 父类People
class People:
    country = "中国"
    color = "yellow"
    eye = "black"
# ……
```

```
# 定义方法
# 子类
class Man(People):
    height = "170cm"

    def man_say(self, word):
        print("man say:",word)
```

接下来，实例化一个Man类，同时调用其say()方法（继承自People）和man_say()方法（来自自身）。

```
# 实例化
man = Man()
# man中定义的方法
man.man_say("我是中国人！")
man.say("我爱我的祖国！")
```

最终执行效果如图4-4所示。

```
F:\anaconda\python.exe H:/book/book/pyhton/python-code/4-2/4-2-3.py
man say: 我是中国人！
说： 我爱我的祖国！

Process finished with exit code 0
```

图4-4　继承的执行效果

如果一个子类继承于多个父类时，出现同名方法或者同名属性时，Python会按照子类继承时父类的顺序生成优先级，排在前面的父类中的方法会自动地代替排在后方的父类中的同名方法。其示例代码如下。

```
# 父类People
class People:
    # ……

    # 定义方法
    def walk(self):
        print("走路中……")

# 动物类
class Animal:
    def walk(self):
        print("运动中……")

    def alive(self):
        print("存活……")
```

```
# 子类
class Man(People, Animal):
    pass


# 实例化
man = Man()
# 调用第二继承位的独有方法
man.alive()
# 同名的定义的方法
man.walk()
```

在上述代码中，Man子类继承了两个不同的父类，使用了多继承的方式，但是在调用walk()方法后得到的结果是第一位的继承父类中的输出内容。最终的执行效果如图4-5所示。

```
F:\anaconda\python.exe H:/book/book/pyhton/python-code/4-2/4-2-3-2.py
存活……
走路中……

Process finished with exit code 0
```

图4-5　多继承的执行效果

> **注　意**
>
> Python虽然支持多继承的方式，但是在大型工程中并不推荐使用多继承的方式，因为这种方式容易造成结构混乱，甚至出现错误。

4.3 类的使用

在4.2节中介绍了如何建立并使用一个类，本节将会对类的使用进行详细剖析。

4.3.1 实例化对象

在Python中，允许通过对象访问类中的变量，而该类的属性只能通过实例化的对象方式进行访问，无法通过类名直接访问。

下方的示例代码实例化了People类，并且通过对象对变量进行了访问。

```
# 父类People
class People:
    # ……
    old = "20"
    def __init__(self):
        print("初始化")
```

```
# 定义一个walk()方法
def walk(self):
    print("走路中……")


# 实例化
people = People()
# 调用
people.walk()
```

通过对象访问的类变量无法通过对象修改其变量的值，其代码如下所示。

```
# 调用
print(people.old)
```

对属性的访问可以多样化，可以通过实例化的对象进行访问，也可以直接通过类名进行访问。需要注意的是，这两种方法访问的值虽然一样，但实际上访问的并非同样的对象。

如下方代码所示，直接通过更改类名修改其属性的值和通过实例化对象修改其属性的值，并不能得到同样的结果。

```
# 实例化
people = People()
people2 = People()
# 调用
people.walk()
# 调用
print("这是people实例1: ", people.old)
# 通过类名进行更改
People.old = "10"
print("通过类名进行更改")
print("这是people实例2: ", people2.old)
people.change("30")
# 通过实例进行更改
print("通过实例进行更改")
print("这是people实例1: ", people.old)
print("这是people实例2: ", people2.old)
```

第一处修改是直接通过其类名进行的修改，这种修改方式会直接影响该类中的属性值，即第二个实例是people访问该属性时，其值已经发生改变。

第二处修改使用的是实例化后的属性值，其修改后第二个实例people2访问该属性的值不会发生变化，但第一个实例people对象的属性发生了变化。

执行效果如图4-6所示。

在Python的类中，不仅可以对属性进行修改，也可以为类添加新的类变量。以下示例代码可以为People类增加新的类变量。

```python
# 父类People
class People:
    # ······
    old = "20"

    def __init__(self):
        print("初始化")


# 实例化
people = People()
people2 = People()
# 添加新的变量，使用类名
People.name = "中国人"
# 打印两个实例对象的新增属性
print("实例1的新增属性为： ", people.name)
print("实例2的新增属性为： ", people2.name)
# 使用实例对象添加属性
people.color = "黄种人"
# 打印两个实例对象的新增属性
print("实例1的新增属性为： ", people.color)
# 出现错误
print("实例2的新增属性为： ", people2.color)
```

以上代码中同样采用两种方式对类属性进行了添加，即通过类名添加和通过实例对象添加。首先使用了类名添加的形式，对于第一个实例进行了属性的添加，并且通过该实例调用属性是成功的，但是通过实例2调用属性时，出现了没有该属性的错误信息。

执行效果如图4-7所示。

```
F:\anaconda\python.exe H:/book/book/pyhton/python-code/4-3/4-3-1.py
初始化
初始化
走路中······
这是people实例1： 20
通过类名进行更改
这是people实例2： 10
通过实例进行更改
这是people实例1： 30
这是people实例2： 10

Process finished with exit code 0
```

图4-6 对象属性修改的执行效果

```
F:\anaconda\python.exe H:/book/book/pyhton/python-code/4-3/4-3-1-1.py
Traceback (most recent call last):
初始化
  File "H:/book/book/pyhton/python-code/4-3/4-3-1-1.py", line 30, in <module>
初始化
    print("实例2的新增属性为： ", people2.color)
实例1的新增属性为： 中国人
实例2的新增属性为： 中国人
实例1的新增属性为： 黄种人
AttributeError: 'People' object has no attribute 'color'

Process finished with exit code 1
```

图4-7 新增属性的执行效果

4.3.2 调用类中的方法

Python支持使用或调用类中的方法，通过类的实例化对象或者直接通过类名的形式，即可使用或调用定义的方法。

对Python中定义类方法的使用其实和使用该类中的属性并没有太大的不同。在定义的方法中使用self本身，如下方代码所示。

```
class People:
    # 打印self
    def walk(self):
        print(self)
```

使用下方的代码进行调用会出现问题。

```
People.walk()
```

这种情况下如果直接调用该对象的方法会出现错误信息，告知用户缺少walk()方法或者属性，如图4-8所示。

```
F:\anaconda\python.exe H:/book/book/pyhton/python-code/4-3/4-3-2.py
Traceback (most recent call last):
  File "H:/book/book/pyhton/python-code/4-3/4-3-2.py", line 13, in <module>
    People.walk()
TypeError: walk() missing 1 required positional argument: 'self'

Process finished with exit code 1
```

图4-8　不传入self的执行效果

这也就意味着对Python对象调用方法时虽然self参数是必需的，但是self本身并非一定是指代该类本身，而是需要传入该对象本身，如下方代码所示。

```
# 传入类本身
People.walk(People)
```

最终执行效果如图4-9所示。

```
F:\anaconda\python.exe H:/book/book/pyhton/python-code/4-3/4-3-2.py
<class '__main__.People'>

Process finished with exit code 0
```

图4-9　传入对象本身的执行效果

其实对Python类中的方法，如果使用了self参数，并不一定需要传入该类本身，传递一个字符串也可以获得执行结果，示例代码如下。

```
People.walk("测试！")
```

执行效果如图4-10所示。

```
F:\anaconda\python.exe H:/book/book/pyhton/python-code/4-3/4-3-2.py
测试

Process finished with exit code 0
```

图4-10　传递字符串的执行效果

当然还可以采用实例化对象的方式调用方法，该方式不需要传递任何参数即可调用方法，也不会出现任何错误，并且会执行得到该类本身的打印结果，如下方代码所示。

```
# 实例化对象
p = People()
p.walk()
```

执行效果如图4-11所示。

```
F:\anaconda\python.exe H:/book/book/pyhton/python-code/4-3/4-3-2.py
测试
<__main__.People object at 0x000001E775D090C8>

Process finished with exit code 0
```

图4-11　实例化对象的方式调用方法的执行效果

在Python中，除了普通的方法，还有一种特殊的方法，即该命名空间中的方法，也就是其他语言中的静态方法。

静态方法其实在之前的Python代码中经常使用，全局函数本身也是静态方法之一，不同的是，全局函数的命名在全局命名空间中，而类中定义的静态方法则是在类本身的命名空间中。

静态方法的基本格式和普通方法基本一致，但也存在两点不同：需要使用@staticmethod进行方法修饰；在方法的参数中不需要任何特殊参数（self等）。

静态方法的基本格式代码如下。

```
class People:
    # 打印self
    def walk(self):
        print(self)


    #静态方法
    @staticmethod
    def say(word):
        print(word)


    # 实例化的方式调用
p = People()
p.say("HelloWorld")
# 直接使用类本身调用
People.say("HelloPython")
```

在上述代码中，方法say()为一个静态方法，通过接收一个字符串并且打印该字符串，同样静态支持类名或者实例化对象的调用。最终执行效果如图4-12所示。

```
F:\anaconda\python.exe H:/book/book/pyhton/python-code/4-3/4-3-2-1.py
HelloWorld
HelloPython

Process finished with exit code 0
```

图4-12　调用类中的静态方法的执行效果

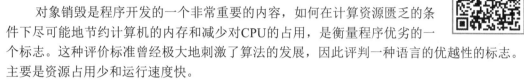

> **注 意**
>
> 如果需要调用的方法仅属于类中的私有方法，即使用双下划线（__）开头的
> 方法，则不可以在类的外部进行引用，否则会抛出该属性不存在的错误。

4.4 Python中的垃圾回收机制

对象销毁是程序开发的一个非常重要的内容，如何在计算资源匮乏的条件下尽可能地节约计算机的内存和减少对CPU的占用，是衡量程序优劣的一个标志。这种评价标准曾经极大地刺激了算法的发展，因此评判一种语言的优越性的标志。主要是资源占用少和运行速度快。

其中，影响语言性能的一个主要因素是语言中的内存管理。判断一个资源是否不再使用，及时并且迅速地释放该内容占用的资源，即为一门语言中的内存处理机制或者垃圾回收（Garbage Collector）机制。

在C语言或C++语言中，开发者可以对内存进行操作，其中指针的存在使得这类语言更加灵活强大，但是却难以管理动态存储。而且得益于指针的存在，C语言或C++语言将垃圾回收的操作交给开发者来完成。

C语言或C++语言中对垃圾回收的操作完全需要开发者自行完成，这是因为这类语言必须完成很多底层工作，通用的自动垃圾回收机制非常庞大，且会出现非常巨大的时间和空间复杂度，甚至会造成一些错误的后果。

Python作为一门脚本类语言，并不需要接近极限的性能，为开发者提供了非常好用的自动垃圾回收机制。该功能是由Python中的解析器CPython提供的，使用了三种垃圾回收机制，主要采用了引用计数的方式，作为是否为回收目标的确认标志。

引用计数法（Reference Counting）的基本原理是记录该对象被引用的次数，如果该对象被引用或者被创建等，则引用次数加1；如果该对象出现显式销毁或者被赋予新的对象等，则引用次数减1，直到该对象的引用计数器为0，则内容将会被销毁。

这意味着，任何的对象都需要一个维护自身的计数器，这种方式在执行大段的逻辑代码时会消耗非常大的系统资源。可以使用下方的代码查看对象被引用的次数。

```
import sys
# 查看对象被引用的次数
sys.getrefcount(ob_name)
```

示例代码如下。

```
import sys

text = "HelloWorld"
a = text
b = text
# 查看对象被引用的次数
```

```
num = sys.getrefcount(text)
print("text一共被引用了：", num)
num = sys.getrefcount(object())
print("新对象一共被引用了：", num)
```

其执行效果如图4-13所示。

```
F:\anaconda\python.exe H:/book/book/pyhton/python-code/4-4/GC.py
text一共被引用了： 6
新对象一共被引用了： 1

Process finished with exit code 0
```

图4-13　引用次数的执行效果

当然，上述垃圾回收机制也会出现一些问题，即当对象进行互相引用时，会出现循环引用的现象，即使使用del语句进行删除，也不会被回收。

为了解决这个问题，Python引入了标记清除的辅助机制，这种机制专门用于解决循环引用的问题，对所有活动的对象进行标记，即从根节点出发，循环遍历所有的对象，标记所有的可达对象，如果对象本身是不可达的，则对该对象进行回收清除。

4.5 小结与练习

4.5.1 小结

本章介绍了一部分简单的Python面向对象的内容，涉及具体的类、命名空间等。

面向对象的方法涉及的内容更为广泛和精彩，这不是仅仅几页书本知识可以涵盖的。从实际的编程到开发方式，甚至在某些方面，面向对象的方法更是哲学意义上的进步。

类、对象、继承、多态、接口、UML、设计模式等概念和理论构成了面向对象现在的知识体系，而且这个体系仍旧在不停地扩展和发展，更多的内容和知识需要读者自行进行研究和学习。

4.5.2 练习

通过本章的学习，希望读者完成以下练习。

（1）实现本章所有的实例。

（2）思考面向对象的使用和面向对象的意义。

（3）理解Python中的垃圾回收机制。

第 5 章

通过Python操作
数据库

学习目标

　　本章将会对Python中的数据库进行学习。其中介绍了如何安装、使用数据库，通过Python如何调用数据库，进一步介绍了数据库的增、删、改、查等操作。

通过学习本章，读者可以了解并掌握以下知识点：

本章要点

◆ 了解什么是数据库，数据库的基本分类；
◆ 如何安装MySQL数据库，以及如何使用Python连接数据库；
◆ 如何使用包含界面的数据库工具进行MySQL数据库的操作；
◆ 如何安装PostgreSQL数据库，以及如何使用Python连接数据库；
◆ 如何使用包含界面的数据库工具进行PostgreSQL数据库的操作；
◆ 如何使用代码对数据库进行增、删、改、查等操作；
◆ 学会基本的数据库登录注册流程。

5.1 数据库概述

本章将会对数据库进行介绍，并且对数据库的分类和几款极为常见的数据库进行说明和介绍。

5.1.1 什么是数据库

数据库是以一定方式存储在一起、能与多个用户共享、具有尽可能小的冗余度、与应用程序彼此独立的数据集合，可视为电子化的文件柜，用于存储各类不同的电子文件，用户可以对这个文件库中的内容进行增、删、改、查等操作。

在信息化社会，充分有效地管理和利用各类信息资源，是进行科学研究和决策管理的前提条件。数据库技术是管理信息系统、办公自动化系统、决策支持系统等各类信息系统的核心部分，是进行科学研究和决策管理的重要技术手段。

严格来说，数据库是长期存储在计算机内有组织的、可共享的数据集合。数据库中的数据是指以一定的数据模型组织、描述和存储在一起，具有尽可能小的冗余度、较高的数据独立性和易扩展性的特点，而且在一定范围内可为多个用户共享。

这种数据集合的数据尽可能不重复，以最优方式为某个特定组织的多种应用服务，其数据结构独立于使用它的应用程序，对数据的增、删、改、查由统一软件进行管理和控制。从发展的历史看，数据库是数据管理的高级阶段，是由文件管理系统发展起来的。

对于一个系统而言，数据库本身意味着对数据的持久化的一种实现方式，该实现方式是相对于通过文件等保存数据的方式来说的。通过数据库使数据管理更加便捷，且数据本身有迹可循，最终，大量的数据集合成一个仓库，称为数据库。

数据库与用户交互的示意图如图5-1所示。

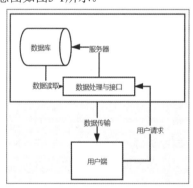

图5-1　数据库与用户交互的示意图

数据库本身不是一个硬件概念，而是运行在主机（服务器）上的一款软件，该软件中保存了大量有序或者逻辑化的数据，并且可以通过某些方式提供给服务器端的代码进行读取和修改。

随着网络技术和云端技术的发展，原来必须将数据库安装在本机的情况越来越少了，阿里云或者腾讯云为开发者提供了大量性能优秀的数据库，只需要通过简单的配置即可方便地使用阿里云数据库服务，如图5-2所示。

图5-2　阿里云数据库服务

　　数据库并不仅仅限于SQL数据库。一般而言，SQL（Structured Query Language，结构化查询语言）是具有数据操纵和数据定义等多种功能的数据库语言，这种语言具有交互性特点，能为用户提供极大的便利，数据库管理系统应充分利用SQL语言提高计算机应用系统的工作质量与效率。SQL语言不仅能独立应用于终端，还可以作为子语言为其他程序设计提供有效助力，与其他程序语言一起优化程序，进而为用户提供更多、更全面的信息。

注　意

　　本书中介绍的主要内容为SQL数据库，若非特别指出，数据库均为关系型数据库。

5.1.2　SQL数据库

　　在数据库的发展历史上，数据库先后经历了层次数据库、网状数据库和关系数据库等阶段的发展。数据库技术在各个方面都得到了快速的发展，特别是关系型数据库，已经成为目前数据库产品中最重要的一员。

　　在Web开发中，关系型数据库被大量使用，最为出名的是LAMP的组合（Linux+Apache+MySQL+PHP），其中MySQL为关系型数据库，这类数据库统称为SQL数据库。

　　SQL是一种特殊目的的编程语言，是一种数据库查询和程序设计语言，用于存取数据及查询、更新和管理关系数据库系统。sql是数据库脚本文件的扩展名。

　　结构化查询语言是高级非过程化的编程语言，允许用户在高层数据结构上工作。它不要求用户指定对数据的存放方法，也不需要用户了解具体的数据存放方式，所以具有完全不同底层结构的不同数据库系统,可以使用相同的结构化查询语言作为数据输入与管理的接口。结构化查询语言语句单独使用，也可以嵌套使用，这使它具有极大的灵活性和强大的功能。结构化查询语言的示例代码如下。

```
SELECT column_name,column_name FROM table_name;
SELECT DISTINCT column_name,column_name FROM table_name;
SELECT column_name,column_name
FROM table_name
WHERE column_name operator value;
SELECT column_name,column_name
FROM table_name
ORDER BY column_name,column_name ASC|DESC;
```

1986年10月，美国国家标准协会对SQL进行了规范，将SQL作为关系型数据库管理系统的标准语言（ANSI X3.135—1986），1987年得到国际标准化组织的支持成为国际标准。不过现在各种通用的数据库系统在其实践过程中都对SQL规范做了某些编改和扩充，所以，实际上不同数据库系统之间的SQL并不能完全相互通用。

SQL是最重要的关系型数据库操作语言，并且它的影响已经超出数据库领域，得到其他领域的重视和采用，如人工智能领域的数据检索、第四代软件开发工具中嵌入SQL的语言等。

关系型数据库是建立在关系数据库模型基础上的数据库，借助于集合代数等概念和方法处理数据库中的数据，同时是一个被组织成一组拥有正式描述性的表格，该形式的表格实质是装载着数据项的特殊收集体，这些表格中的数据能以不同的方式被存取或重新召集，而不需要重新组织数据库表格。关系型数据库的定义造成元数据的一张表格或造成表格、列、范围和约束的正式描述。每个表格（有时被称为一个关系）包含用列表示的一个或更多的数据种类。每行包含一个唯一的数据实体，这些数据是被列定义的种类。

创造一个关系型数据库时，我们能定义数据列的可能值的范围和可能应用于数据值的进一步约束。而SQL是标准用户和应用程序到关系数据库的接口。其优势是容易扩充，即在最初的数据库创造后，一个新的数据种类能被添加，而不需要修改所有现有的应用软件。主流的关系数据库有Oracle、DB2、SQL Server、Sybase、MySQL等。

简单来说，一个SQL类型的数据库便于理解和组织结构，通过对数据元与数据元之间的关系可以整理出对整套系统的数据处理逻辑，并且可以人为地精简数据，达到最优解或者较优解。

例如，一个学生和一个学校的关系，如果需要存储相关的SQL数据库文件，首先需要对学生和学校的关系进行建模。一个学生对应一个学校，但是一个学校中不仅有一个学生，对于这种关系而言，学生和学校的关系是n对1的。同时，学生本身和学校本身是不可分割的一个主体，学生拥有属于自己的姓名、性别、年龄等属性，而学校也包含着学校名、地址、等级、邮政编码等属性。

根据上述划分可以绘制一个简单的UML图，如图5-3所示。

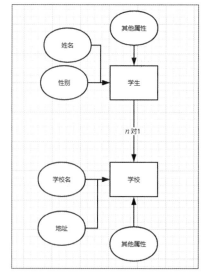

图5-3　学校与学生关系的UML图

5.1.3 NoSQL数据库

NoSQL（Not Only SQL），意即"不仅仅是SQL"，是一项全新的数据库革命性运动。NoSQL泛指非关系型数据库。随着互联网Web 2.0的兴起，传统的关系型数据库在Web 2.0网站，特别是超大规模和高并发的SNS类型的Web 2.0纯动态网站已经显得力不从心，暴露了很多难以克服的问题。而非关系型数据库，由于其本身的特点得到了非常迅速的发展。NoSQL数据库的产生就是为了解决大规模数据集合多重数据种类带来的挑战，尤其是大数据应用难题。

虽然NoSQL才流行了很短的时间，但是不可否认，现在已经开始了第二代运动。尽管早期的堆栈代码只能算是一种实验，然而现在的NoSQL系统已经更加成熟和稳定，不过它也面临着一个严酷的事实：技术越来越成熟，导致原来很好的NoSQL数据存储不得不进行重写。有少数人认为这就是所谓的2.0版本。该工具可以为大数据建立快速、可扩展的存储库。

NoSQL的拥护者提倡运用非关系型的数据存储，相对于铺天盖地的关系型数据库运用，这一概念无疑是一种全新的思维的注入。下面分别介绍常见的4种NoSQL数据库类型。

1. 键值（Key-Value）存储数据库

这类数据库会使用一个哈希表，这个表中有一个特定的键和一个指针指向特定的数据。Key-Value模型对IT系统来说，其优势在于简单和易部署。但是如果DBA只对部分值进行查询或更新时，Key-Value模型就显得效率低下了。该类型数据库有Tokyo Cabinet/Tyrant、Redis、Voldemort、Oracle DB。

2. 列存储数据库

这类数据库通常用于应对分布式存储的海量数据。键值仍然存在，但是它们指向多个列，这些列是由列家族来安排的。该类型数据库有Cassandra、HBase、Riak。

3. 文档型数据库

文档型数据库的灵感来自Lotus Notes办公软件，而且它与键值存储相类似。该类型的数据模型是版本化的文档，半结构化的文档以特定的格式存储，比如JSON。文档型数据库可以看作是键值存储数据库的升级版，允许嵌套键值。文档型数据库比键值存储数据库的查询效率更高。该类数据库有CouchDB、MongoDB，国内常用的文档型数据库SequoiaDB已经开源。

4. 图形（Graph）数据库

图形结构的数据库同其他行列及刚性结构的SQL数据库不同，它使用灵活的图形模型，并且能够扩展到多个服务器上。NoSQL数据库没有标准的查询语言，因此进行数据库查询需要指定数据模型。许多NoSQL数据库都有REST式的数据接口或者查询API。该类型数据库有Neo4J、InfoGrid、Infinite Graph。

综上所述，NoSQL数据库在以下几种情况下比较适用：数据模型比较简单；需要灵活性更强的IT系统；对数据库的性能要求较高；不需要高度的数据一致性；对于给定Key，比较容易映射复杂值的环境。

5.1.4 常用的数据库介绍

1. MySQL

提起数据库，在国内使用更为广泛的数据库为关系型数据库MySQL，其官方网站的网址为https://www.mysql.com/，如图5-4所示。

图5-4　MySQL官方网站

MySQL是一个关系型数据库管理系统，由瑞典MySQLAB公司开发，该公司于2008年被Sun公司收购。2009年4月20日，甲骨文（Oracle）公司并购了Sun公司，这也意味着MySQL归属到甲骨文公司的旗下。

MySQL可以说是最古老和使用范围最广泛的数据库之一，开源版本的MySQL曾经是众多公司使用的必备工具之一，甚至曾经的谷歌、淘宝、苹果、维基百科等大型计算机或者互联网公司均将MySQL作为主要数据库使用。

MySQL使用C语言和C++语言编写，并使用了多种编译器进行测试，保证了源代码的可移植性，支持多个平台和标准的SQL数据语言形式。在被甲骨文公司收购后，MySQL出现了两个版本，一个为开源版本，可免费使用；另一个为企业版，即收费版本。

2. MariaDB

MySQL被收购后，原来MySQL的开发者又开发出分支作品。MariaDB数据库管理系统是MySQL的一个分支，主要由开源社区维护，采用GPL授权许可。MariaDB的目的是完全兼容MySQL，包括API和命令行，使之能轻松成为MySQL的代替品。其官方网站的网址为https://mariadb.org/，如图5-5所示。

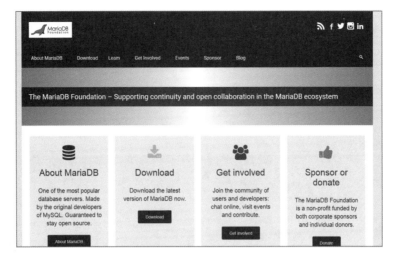

图5-5　MariaDB官方网站

MariaDB使用基于事务的Maria存储引擎，替换了MySQL的MyISAM存储引擎，它使用了Percona的XtraDB和InnoDB的变体。MySQL分支的开发者还希望提供访问即将到来的MySQL 5.4 InnoDB的功能。

在MySQL被收购后，大量使用MySQL的公司把服务迁移至MariaDB，如谷歌、RedHat等公司。

3. PostgreSQL

PostgreSQL是一种特性非常齐全的自由软件的对象-关系型数据库管理系统（ORDBMS），是以加州大学计算机系开发的POSTGRES 4.2版本为基础的对象-关系型数据库管理系统。其官方网站的网址为https://www.postgresql.org/，如图5-6所示。

图5-6　PostgreSQL官方网站

POSTGRES的许多领先概念出现在商业网站数据库中的时间比较晚。PostgreSQL支持大部分的SQL标准并且提供了很多其他的现代特性，如复杂查询、外键、触发器、视图、事务完整性、多版本并发控制等。

同样，PostgreSQL也可以进行扩展，如通过增加新的数据类型、函数、操作符、聚集函数、索引方法、过程语言等。另外，因为许可证的灵活性，任何人都可以免费使用、修改和分发PostgreSQL。

4. Oracle

Oracle数据库是甲骨文公司提供的商用关系型数据库管理系统，系统可移植性好，使用方便、功能强大，适用于各类大、中、小、微机环境。它是一种高效率、可靠性好、适应高吞吐量的数据库方案。其官方网站的网址为https://www.oracle.com/index.html，如图5-7所示。

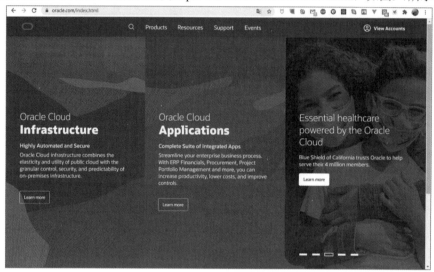

图5-7　Oracle官方网站

因为Oracle数据库的价格昂贵且非常臃肿，所以对中小企业而言，Oracle数据库并不是最好的选择，而对数据有特殊格式或处理方式的企业而言，Oracle数据库也并非一个好的选择。这是因为Oracle数据库并非开源软件，用户或开发者并不能对其进行修改，所以Oracle数据库一般广泛用在有大量数据需求的国企、银行等单位。

5. MongoDB

MongoDB是一个文档型数据库。与其他数据库不同的地方在于，其数据库本身属于NoSQL范畴，该数据库旨在为Web应用提供可扩展的高性能数据存储解决方案。MongoDB官方网站如图5-8所示。

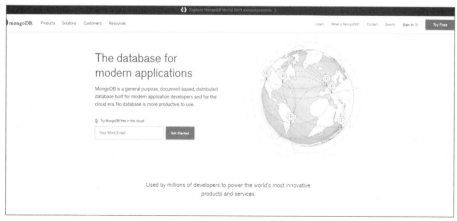

图5-8　MongoDB官方网站

从3.0版本开始，MongoDB开始提供异步方式的驱动(Java Async Driver)，这为应用提供了一种更高性能的选择。对MongoDB来说，最为方便的是它本身是介于关系型数据库和非关系型数据库之间的产品，不仅仅使用非关系型数据库，还可以采用类似于关系型数据库的存储关系和使用方法。

6. Redis

Redis（Remote Dictionary Server，远程字典服务）是一个开源的，使用ANSI C语言编写，支持网络，可基于内存也可持久化的日志型Key-Value数据库，提供多种语言的API，同样属于NoSQL范畴。其官方网站的网址为https://redis.io，如图5-9所示。

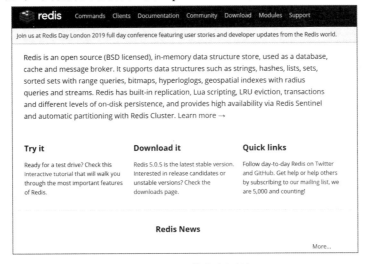

图5-9　Redis的官方网站

Redis数据库支持网络提供字符串、哈希、列表、队列、集合结构等的直接存取，基于内存，可持久化Redis数据库一般用作缓存内容的数据库，因为其提供了非常迅速的反应和查找时间等。

> **注 意**
>
> 本书主要介绍关系型数据库的安装和使用，与NoSQL相关的内容将介绍Redis。如果想要了解其他数据库的使用，请查阅相关资料自行学习。

5.2 数据库的基本操作方法

本节将介绍数据库的基本操作方法，包括使用SQL语句及图形化的工具进行数据库的操作，并且介绍关系型数据库的基本结构和内容。

5.2.1 通过可视化程序操作数据库

在关系型数据库中，最重要的一个内容是对数据库和表的建立，数据库的建立需要考虑到数据的编码，而表的建立则需要考虑整个数据的结构。

对于关系型数据库设计而言，数据表结构是项目开发中最需要考虑的部分。在项目开发中首先会使用SQL语句或者可视化的工具进行数据表的创建。

这里推荐一个非常好用的数据库管理工具Navicat，通过该软件可以建立与MySQL、PostgreSQL等数据库的连接，并且通过可视化的工具简单地使用键盘和鼠标进行表的创建或者数据的管理。

需要在Navicat中建立与MySQL的连接。双击打开该数据库连接，可以看到在数据库中已经存在一些已经建立的数据库，这些数据库保存着该数据库的用户、系统等信息。

在该数据库连接上方右击，选择"新建数据库"命令，建立一个名称为student的数据库，字符集选择UTF-8，如图5-10所示。

> **注 意**
>
> 在MySQL中除了UTF-8字符集外，还有一个utf8mb4的编码，mb4（most bytes 4）专门用于兼容4字节的Unicode。utf8mb4相当于UTF-8的超集，相对于UTF-8来说，其支持的字符集更多，但是相对也会占用更多的空间。

当然也可以使用SQL查询语句进行该数据库的创建，在图5-10的"新建数据库"对话框中，单击"SQL预览"选项卡，可以看到与该操作有同样效果的SQL语句，代码如下所示。

```
CREATE DATABASE 'student' CHARACTER SET 'utf8';
```

单击"确定"按钮后，可以看到界面左方该数据库连接下方出现了一个名称为student的数据库，如图5-11所示。

图5-10 "新建数据库"对话框

图5-11 建立student数据库

接下来在student数据库中建立一张表，右击"表"选项，选择"新建表"命令，会自动打开创建表的页面，如图5-12所示。

图5-12 新建表

在关系型数据库中，表的定义其实就是数据与数据之间的关系。本质上讲，数据库中的表只是一个类似于二维表的结构，在建立表时需要确定该表代表的某一个实体，而其中的每一列均为该实体的数据属性。

数据库本身具有自己的相关表示图，即实体-联系图（Entity Relationship Diagram，E-R图），它是描述现实世界关系概念模型的有效方法。

在E-R图中，用矩形框表示实体型，矩形框内写明实体名称；用椭圆图框或圆角矩形表示实体的属性，并用实心线段将其与相应关系的实体型连接起来；用菱形框表示实体型之间的联系，在菱形框内写明联系名。

例如，在student数据库中建立一张student数据表，用于存储"学生"这个实体信息，student数据表的E-R图如图5-13所示。

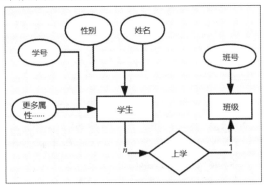

图5-13　student数据表的E-R图

图5-13涉及两个相关的实体，即"学生"实体和"班级"实体，其关系是学生在班级上学，并且多个学生属于一个班级，这个关系被称为多对一关系。

对于单一实体而言，学生实体拥有姓名、性别、学号、入学时间等属性，班级实体拥有班号、位置等属性。

如果对上述student数据表的E-R图进行建表，则需要建立两张实体表和一张关系中间表。首先可以建立一张学生实体表，命名为student，其字段如图5-14所示。

名	类型	长度	小数点	不是 null	虚拟	键	注释
▶ id	int	11	0	☑	☐	🔑1	默认自增标号非id
name	varchar	20	0	☐	☐		学生名称
sex	char	10	0	☐	☐		性别
s_id	int	11	0	☐	☐		学号id
birthday	timestamp	0	0	☐	☐		出生日期

默认:

☑ 自动递增

☐ 无符号

☐ 填充零

图5-14　student数据表字段

一般而言，一张数据表中会出现主键（primary key），它是表中的一个或多个字段，它的值用于唯一地标识表中的某一条记录。主键是表定义的一部分。一个表的主键可以由多个关键字共同组成，并且主键的列不能包含空值。

注 意

student数据表的id字段并不代表学生的学号信息，而是用于数据库的数据整理和主键（这只是一种习惯而非必要内容），因为学号信息并不是无意义递增的。设置主键为int型并且自动递增。

数据库设置自动递增的意义在于使用者在插入数据时不需要指定该数据中的id，其id会随着数据的插入自动增加。

建立完成后输入表的名称，单击"确定"按钮后该表会出现在左方的表区域内，如图5-15所示。

在已经建立的表中进行数据插入的操作非常简单，只需要双击该表即可打开，并进行数据的插入，如图5-16所示。

图5-15　student表

图5-16　在student表中插入数据

从图5-16可以看出，虽然该表已经建立了，但是数据依旧为空。此时可以直接输入数据，并使用组合键Ctrl+S进行数据的保存。插入数据后的数据表如图5-17所示。

图5-17　插入数据

数据表中数据的修改可以直接在数据表格中进行，如果想实现删除数据的操作，则可以在选定该数据段后，右击该字段，在快捷菜单中选择"删除"命令。

Navicat中提供了优秀的数据查看功能，可以单击表上方的工具进行数据内容的筛选和排序，同样单击该列最上方的列名，可以对该列的全部数据进行排序等操作。

5.2.2　使用SQL语句进行数据库的操作

当然，虽然使用GUI进行数据库的操作非常简单，但是SQL这样的数据库本身最直接的操作手段应当是使用SQL语句。GUI这样的可视化工具只是将可视化操作的内容自动转换成可以执行的SQL语句在数据库中运行。

使用GUI操作数据库虽然非常简单，但是也容易出现问题，对按钮的单击操作失误可能会导致数据库失去正常的功能或者误删数据等，使用SQL语句会避免这些失误。

本书并不是一本专业的数据库书籍，所以读者无须知道所有的SQL语句，只需熟练掌握下方基本的SQL语句即可。

1. 使用命令行执行数据库

```
mysql -u[root或者其他用户名] -h[数据库连接地址，无-h则默认本机]-p
```

根据提示输入密码后即可完成数据库的登录，如下方代码所示。执行效果如图5-18所示。

```
mysql -uroot -p
```

```
[root@izuf6eyrez0fo83ag2tg03z ~]# mysql -uroot -p
Enter password:
Welcome to the MySQL monitor.  Commands end with ; or \g.
Your MySQL connection id is 486
Server version: 5.5.58-log Source distribution

Copyright (c) 2000, 2017, Oracle and/or its affiliates. All rights reserved.

Oracle is a registered trademark of Oracle Corporation and/or its
affiliates. Other names may be trademarks of their respective
owners.

Type 'help;' or '\h' for help. Type '\c' to clear the current input statement.

mysql>
```

图5-18　MySQL数据库命令行

2. 查看所有数据库服务器中的数据库

```
show databases;
```

该命令可以自行打印出数据服务中的所有数据库。

3. 选择需要操作的数据库

```
use [数据库名称];
```

4. 查看选择的数据库表

```
show tables;
```

该命令需要在选择数据库之后执行，执行后会显示该数据库中的所有表，如图5-19所示。

```
mysql> use mysql
Database changed
mysql> show tables
    -> ;
+---------------------------+
| Tables_in_mysql           |
+---------------------------+
| columns_priv              |
| db                        |
| event                     |
| func                      |
| general_log               |
| help_category             |
| help_keyword              |
| help_relation             |
| help_topic                |
| host                      |
| ndb_binlog_index          |
| plugin                    |
| proc                      |
| procs_priv                |
| proxies_priv              |
| servers                   |
| slow_log                  |
| tables_priv               |
| time_zone                 |
| time_zone_leap_second     |
| time_zone_name            |
| time_zone_transition      |
| time_zone_transition_type |
| user                      |
+---------------------------+
24 rows in set (0.00 sec)

mysql>
```

图5-19　显示所有的表

5. 查询数据

```
select * from [表名];
```

6. 使用where条件进行数据库查询

```
select * from [表名] where [列名][条件];
```

7. 插入数据

insert into [表名] (列名1,2,3...) values (值1,2,3...)

8. 更新数据

update [表名] set [列名] = [新值] where [列名][条件]

9. 删除数据

delete from [表名] where [列名][条件]

> **注 意**
>
> 本书例图中采用的是命令行方式执行操作，其实在GUI工具中也提供了基本的SQL执行工具。可以使用SQL编写一些比较复杂的数据库命令或者进行联合查询等操作。

5.3 项目练习：使用Python操作MySQL数据库

在5.2节中详细介绍了MySQL数据库的基本操作方法，本节将会使用Python进行MySQL数据库的操作，即通过使用Python代码实现对MySQL的连接以及进行增、删、改、查操作。

5.3.1 PyMySQL模块

正如Python中的所有应用而言，如果需要在Python中进行数据库的操作，同样需要引入第三方的模块。Python 标准数据库接口为 Python DB-API。Python DB-API为开发人员提供了数据库应用编程接口。

对于MySQL数据库而言，MySQL官方为开发者提供了连接驱动器模块mysql-connector，该模块提供了基本的MySQL的连接和操作。

除官方提供的连接模块外，还有一个数据库连接模块，即PyMySQL，该模块在Python 3.x版本中用于连接MySQL服务器的一个库，PyMySQL本身遵循Python数据库API 2.0规范，并包含pure-Python MySQL客户端库。该模块是一个在GitHub中的代码开源模块，其开源地址为https://github.com/PyMySQL/PyMySQL。

在使用PyMySQL操作数据库之前，需要确保PyMySQL已安装，该模块并非是直接安装在Python中的，需要使用pip命令进行安装。在命令行工具中执行下方的命令即可进行安装：

pip install PyMySQL

执行上述命令后会显示下载速度和进度，完成后会提示该模块已经成功安装，如图5-20所示。

```
E:\JavaScript\vue_book2\pyhton\python-code\8-4>pip install PyMySQL
Collecting PyMySQL
  Downloading https://files.pythonhosted.org/packages/ed/39/15045ae46f2a123019aa968dfcba0396c161c20f855f11dea6796bcaae95
/PyMySQL-0.9.3-py2.py3-none-any.whl (47kB)
    |                                                        | 51kB 328kB/s
Installing collected packages: PyMySQL
Successfully installed PyMySQL-0.9.3
```

图5-20 安装PyMySQL

等待安装完成后，即可通过Python进行该模块的引入测试。测试代码如下所示，如果没有出现错误信息，则证明该模块已经安装成功。执行效果如图5-21所示。

```
import pymysql
```

```
E:\>python
Python 3.7.4 (default, Aug  9 2019, 18:34:13) [MSC v.1915 64 bit (AMD64)] :: Anaconda, Inc. on win32

Warning:
This Python interpreter is in a conda environment, but the environment has
not been activated.  Libraries may fail to load.  To activate this environment
please see https://conda.io/activation

Type "help", "copyright", "credits" or "license" for more information.
>>> import pymysql
>>>
```

图5-21　引入测试

5.3.2 数据库的连接

如果已经在Python中安装了PyMySQL包，则可以使用代码进行数据库的连接，实现5.2节中的student数据库的操作。

对该数据库而言，首先需要创建一个Python与MySQL之间的连接，在此连接的基础上才能对该数据库进行操作。

数据库使用Navicat创建连接时，需要指定该数据库的主机地址、用户名和密码。因为该工程本身仅针对一个数据库，所以需要指定该数据库的名称及其编码等内容，这些内容通过参数的形式传入连接中。

在本实例中，主机名称为localhost，也就是本地计算机（127.0.0.1同样也指本机），数据库名称为student，数据库的用户名和密码均为root，编码为utf8mb4。其代码如下所示。

```
host="localhost",
user='root',
db='student',
charset='utf8mb4',
passwd='root',
```

注 意

如果选择配置为远程的数据库，需要保证其支持远程连接，并且需要有足够权限的用户进行登录才能对其权限内容的库进行相关的操作。

使用下方的代码可以获取连接：

```
connection=pymysql.connect(上述参数)
```

该对象相当于MySQL与Python之间创建的唯一"桥梁"，所有对数据库的操作只能基于该连接，而对数据的操作需要通过cursor对象实现，该对象可以直接在connection对象中获取。

```
# 获取cursor，数据库执行对象
cursor = connection.cursor()
```

在本实例中使用了一个最基本的SQL语句：select * from student，其意义为在student表中获得所有的内容。

接下来就可以在cursor对象中通过其内部函数执行SQL语句，其支持执行命令的方法如下。

```
# 用来执行存储过程，接收的参数为存储过程名和参数列表
# 返回值为受影响的行数
cursor.callproc(self, procname, args)
# 执行单条SQL语句，接收的参数为SQL语句本身和使用的参数列表
# 返回值为受影响的行数
cursor.execute(self, query, args)
# 执行SQL语句，支持自动传入多次参数，执行效率比execute()方法高
# 返回值为受影响的行数
cursor.executemany(self, query, args)
# 移动到下一个结果集
cursor.nextset(self)
```

不同于那些直接返回MySQL的执行结果的函数，该包提供的方法的返回值为受影响的行数，获得的具体内容（返回值）则被cursor中的其他对象接收。其接收返回值的方法如下。

```
# 接收全部的返回结果行
cursor.fetchall(self)
# 接收size条返回结果行
cursor.fetchmany(self,size=None)
# 一条结果行
cursor.fetchone(self)
# 移动指针到某一行，可以进行数据的分页处理
cursor.scroll(self, value, mode='relative')
```

通过以上方法即可获得SQL语句执行后返回的数据内容，其完整的代码如下。

```
# 引入连接MySQL模块
import pymysql


# 编辑连接信息
# host信息为MySQL数据库所在的主机名称，user为用户名，passwd为密码
connection = pymysql.connect(host="localhost",
                user='root',
                db='student',
                charset='utf8',
                passwd='root',
                cursorclass=pymysql.cursors.DictCursor
                )
# 获取cursor，数据库执行对象
```

```
cursor = connection.cursor()
# 定义SQL
sql = "select * from student"
# 执行SQL语句
students = cursor.execute(sql)
# 通过fetchall获得所有的数据
result = cursor.fetchall()
print(result)
#
# 关闭连接
connection.close()
```

最终需要在使用完数据库后手动进行数据库连接的关闭，使用connection.close()方法可以关闭连接。以上代码的执行效果如图5-22所示。

```
F:\anaconda\python.exe H:/book/book/pyhton/python-code/5-3/5-3-2.py
[{'id': 1, 'name': 'test'}, {'id': 2, 'name': 'test2'}]

Process finished with exit code 0
```

图5-22 获取数据库的内容的执行效果

如果是对数据库进行带有条件的查询等操作，则需要对数据库传入带有参数的SQL语句。示例代码如下。

```
# 需要执行的SQL语句
sql="select * from student where name='%s'" %(user)
```

以上代码中，通过指定where语句将user作为参数传入该SQL语句进行条件查询。

5.3.3 为数据库创建表

对MySQL而言，仅仅对单张表中的数据进行插入和修改远不能满足需求，PyMySQL同样可以通过数据库连接进行数据表的创建。

可以使用execute()方法为数据库创建表，相当于执行创建表的SQL语句。execute()方法可以有针对性地对数据表进行操作。

如果需要使用SQL建立一张表，可以使用如下代码。

```
CREATE TABLE user (id int(11) NOT NULL AUTO_INCREMENT PRIMARY KEY COMMENT '默认自增标号非id',
    username char(20) NOT NULL COMMENT '用户名称',
    passwd varchar(20) NOT NULL COMMENT '用户密码')
```

以上代码创建了一张名称为user的MySQL表，其中有三个字段，分别是id、username和passwd，其字段后方的内容为该字段的定义，NOT NULL代表该字段不能为空，PRIMARY KEY代表该字段是主键，AUTO_INCREMENT意味着该键自增。其完整的代码如下。

```python
# 引入连接MySQL模块
import pymysql


# 编辑连接信息
# host信息为MySQL数据库所在的主机名称，user为用户名，passwd为密码
connection = pymysql.connect(host="localhost",
                user='root',
                db='student',
                charset='utf8mb4',
                passwd='root',
                cursorclass=pymysql.cursors.DictCursor
                )
# 获取cursor，数据库执行对象
cursor = connection.cursor()
# 定义SQL
sql = """CREATE TABLE user (id int(11) NOT NULL AUTO_INCREMENT PRIMARY KEY COMMENT '默认
自增标号非id',
    username char(20) NOT NULL COMMENT '用户名称',
    passwd varchar(20) NOT NULL COMMENT '用户密码')
    """
# 执行SQL语句
cursor.execute(sql)
# 关闭连接
connection.close()
```

其执行成功后会在MySQL中建立一张user表，其中有三个字段，如图5-23所示。

图5-23　创建表

5.4 项目练习：使用Python操作PostgreSQL数据库

本节介绍如何使用Python对PostgreSQL数据库进行插入数据、删除数据、修改和查询数据等操作。

5.4.1 数据表中的连接

首先通过pgAdmin建立一个数据库，将其命名为test。需要打开数据库连接，右击pgAdmin左侧，在弹出的快捷菜单中依次选择Create→Database选项，新建一个数据库并命名为test，如图5-24所示。

图5-24　新建数据库操作步骤

建立数据库后需要建立一张数据表，在pgAdmin左侧依次单击Databases→test→Schemas
→public→Tables，右击Tables，在弹出的菜单中选择Create-Table选项，新建一张表，如
图5-25所示。

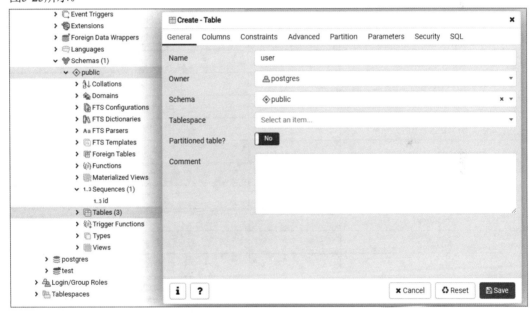

图5-25　建立表

PostgreSQL比MySQL支持的数据类型丰富得多。PostgreSQL常用的数据类型如表5-1
所示。

表5-1　PostgreSQL常用的数据类型

类型名称	对应其他名称	说　　明
bigint	int8	有符号8字节整数
bigserial	serial8	自动递增8字节整数
bit (n)		固定长度的bit字符串
bit varying (n)	varbit (n)	可变长度的bit字符串

（续表）

类型名称	对应其他名称	说　　明
boolean	bool	逻辑布尔值（true 或 false）
bytea		二进制数据（"字节数组"）
character (n)	char (n)	固定长度的字符串
character varying (n)	varchar (n)	可变长度的字符串
date		日历日期（年，月，日）
double precision	float8	双精度浮点数（8字节）
integer	int, int4	有符号的4字节整数
interval [fields] [(p)]		时间跨度
json		文本json数据
jsonb		二进制json数据
money		货币金额
real	float4	单精度浮点数（4字节）
smallint	int2	签名的双字节整数
smallserial	serial2	自动递增双字节的整数
serial	serial4	自动递增4字节的整数
text		可变长度的字符串
time (p) without time zone		一天中的时间（没有时区）
time (p) with time zone	timetz	一天中的时间，含时区
timestamp (p) without time zone		日期和时间（没有时区）
timestamp (p) with time zone	timestamptz	日期和时间，含时区
tsquery		文本搜索查询
tsvector		文本搜索文档
uuid		普遍唯一的标识符
xml		XML数据

　　建立的user表包括三个字段：id字段，设置为主键，类型是integer；username字段，类型为character varying；password字段，类型也为character varying。设置完成后单击Save按钮。此时可以看到在Tables列表中出现了一张user表，下方有三列，如图5-26所示。

　　接下来，右击id列，选择properties，在打开的对话框中设置其id的自增性。具体的设置如图5-27所示，设置完成后单击Save按钮，保存对该表进行的修改操作。

：注　意

　　PostgreSQL有多种实现数据自增的方案，可以使用上述方案，也可以通过新建序列的方式设置表中的某一列自增。自增并不一定每次加1，如果只是单纯地需要实现数字加1的自增，可以直接采用PostgreSQL提供的基础类型serial。

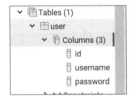

图5-26　user表的列　　　　　　　　图5-27　设置自增属性

在Python中进行PostgreSQL数据库的控制，仍然需要使用第三方提供的基本连接包，该包需要使用pip进行安装。安装该包的命令代码如下。

```
pip install psycopg2
```

其安装过程如图5-28所示，可以使用import psycopg2测试该包是否已成功安装。

图5-28　安装psycopg2

与MySQL的连接一样，使用PostgreSQL进行数据库连接时，同样需要指定其连接的用户名和密码。对于修改过默认端口和使用远程地址的用户而言，则需要指定其主机地址和相应的端口。

本示例的完整代码如下。

```python
# 引入数据库连接包
import psycopg2

# 建立一个数据库连接
conn = psycopg2.connect("dbname=test user=postgres password=root")

# 创建连接执行SQL的cursor实例
cur = conn.cursor()
# 打印该cursor
print(cur)
```

```
# 手动关闭数据库实例和连接
cur.close()
conn.close()
```

执行效果如图5-29所示。

```
F:\anaconda\python.exe H:/book/book/pyhton/python-code/5-4/pg.py
<cursor object at 0x0000022C64066E48; closed: 0>

Process finished with exit code 0
```

图5-29　连接创建完成后的执行效果

5.4.2　数据表中的数据插入

接下来介绍如何在数据表中进行数据的插入操作。与MySQL数据库一样，PostgreSQL是同样支持SQL语句的关系型数据库，使用相应的SQL语句即可完成该操作。

```
sql = "INSERT INTO public.user (username, password) VALUES ('admin','admin');"
```

> **注　意**
>
> 　这里需要确定表名称，5.4.1小节中创建的user表位于public节点下，所以此处需要指定其表名为public.user。

确定SQL语句后，需要通过cursor对象提交并且执行该语句，最终将整个事务进行提交。其示例代码如下。

```
# 执行SQL语句
cur.execute(sql)
# 提交事务连接
conn.commit()
```

通过数据库连接的提交方法commit()是必须执行的。对PostgreSQL数据库而言，所有的SQL执行都是以事务的方式进行提交，如果没有显式地执行提交事务方法，则不会有任何效果。

其完整的示例代码如下。

```
# 引入数据库连接包
import psycopg2

# 建立一个数据库连接
conn = psycopg2.connect("dbname=test user=postgres password=root")

# 创建连接执行SQL的cursor实例
cur = conn.cursor()
```

```
# SQL语句
sql = "INSERT INTO public.user (username, password) VALUES ('admin','admin');"
# sql = "select * from user;"
# 执行SQL语句
cur.execute(sql)
# 提交事务连接
# conn.commit()
# 手动关闭数据库实例和连接
cur.close()
conn.close()
```

通过命令行执行上述代码后，将会在user表中插入一条数据（admin,admin）。执行效果如图5-30所示。

图5-30　插入数据的执行效果

5.4.3 数据表中的删除操作

通过SQL进行数据表中的数据删除操作，基本SQL语句如下。

DELETE FROM table_name WHERE [condition]

其中WHERE后的condition为需要筛选的条件。例如，需要删除id为6的数据，其完整代码如下。

```
# 引入数据库连接包
import psycopg2

# 建立一个数据库连接
conn = psycopg2.connect("dbname=test user=postgres password=root")

# 创建连接执行SQL的cursor实例
cur = conn.cursor()
# SQL语句
sql = "DELETE FROM public.user WHERE id=6"
# 执行SQL语句
cur.execute(sql)
# 提交事务连接
conn.commit()
# 手动关闭数据库实例和连接
```

```
        cur.close()
        conn.close()
```

5.4.4 数据表中的修改操作

通过SQL进行数据表中的数据修改操作，基本SQL语句如下所示。

UPDATE table_name SET column1 = value1, column2 = value2...., columnN = valueN WHERE [condition]

其中WHERE后的condition为需要筛选的条件。例如，需要修改id为7的数据，将username修改为user，password修改为user，其完整代码如下。

```python
# 引入数据库连接包
import psycopg2

# 建立一个数据库连接
conn = psycopg2.connect("dbname=test user=postgres password=root")

# 创建连接执行SQL的cursor实例
cur = conn.cursor()
# SQL语句
sql = "UPDATE public.user  SET username = 'user', password = 'user'  WHERE id=7"
# 执行SQL语句
cur.execute(sql)
# 提交事务连接
conn.commit()
# 手动关闭数据库实例和连接
cur.close()
conn.close()
```

修改后的执行效果如图5-31所示。

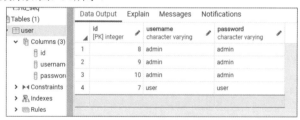

图5-31　修改后的表

5.4.5 数据表中的查询操作

对于PostgreSQL而言，可以使用SQL语句进行数据的查询操作，最常用的查询某一张表的内容的代码如下。

```
SELECT * FROM "table_name";
```

当然也可以通过条件进行筛选，有选择地查询符合条件的数据，而且可以只获取其需要的行列，其基本格式如下。

```
SELECT "column1", "column2".."column" FROM "table_name" WHERE [condition];
```

对于数据库的查询而言，其SQL语句的查询并不需要提交事务，直接执行该SQL语句即可获得数据，通过下方的方法可以获得查询到的数据。

```
rows = cur.fetchall()
```

通过该方法，获得的数据会自动转换为Python中支持的原生数据格式。完整的查询代码如下。

```python
# 引入数据库连接包
import psycopg2

# 建立一个数据库连接
conn = psycopg2.connect("dbname=test user=postgres password=root")

# 创建连接执行SQL的cursor实例
cur = conn.cursor()
# 打印该cursor实例
# SQL语句
sql = "SELECT * FROM public.user;"
# 执行SQL语句
cur.execute(sql)
# 获得所有的内容
rows = cur.fetchall()
print("user表的全部数据")
print(rows)
# 有条件的SQL语句
sql = "SELECT username FROM public.user WHERE id = 7;"
# 执行SQL语句
cur.execute(sql)
# 获得所有的内容
row = cur.fetchone()
print("带条件的查询")
print(row)
# 手动关闭数据库实例和连接
cur.close()
conn.close()
```

执行效果如图5-32所示。

```
F:\anaconda\python.exe H:/book/book/pyhton/python-code/5-4/5-4-5.py
user表的全部数据
[('admin', 'admin', 0), ('admin', 'admin', 1), ('admin', 'admin', 2)]
带条件的查询
('admin',)

Process finished with exit code 0
```

图5-32　查询结果

5.5 项目练习：用户登录和注册

　　所有应用中最常见的是用户的注册和登录，在2.6节中已经使用if…else语句实现过用户登录效果，但是其用户名和密码在代码中设定为在运行过程中不能修改，这并不符合真实的应用场景。

　　一般情况下，用户名和密码是存储在数据库中的。本节将实现现实场景中的用户登录和注册功能。用户登录流程如图5-33所示。

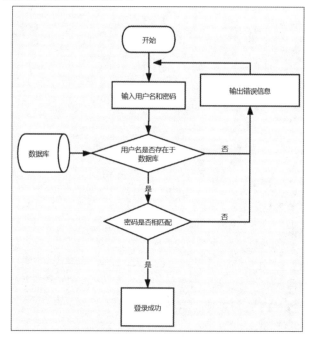

图5-33　用户登录流程

　　本示例将会增加一个用户自主注册的流程，当用户输入的用户名不存在于数据库中，即该用户名唯一时，则允许用户注册，并且提示其输入该用户名对应的密码。如果用户登录时输入的用户名不存在，也提示其注册。用户注册流程如图5-34所示。

　　本示例采用Python+PostgreSQL的形式，首先封装一个数据库的连接处理类，然后新建一个Python文件，命名为mydb.py，接着创建一个DB类，用于配置数据库连接，最后新建项目与数据库之间的连接并处理数据。其完整代码如下。

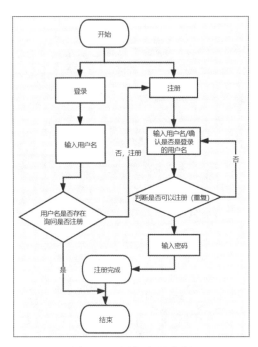

图5-34　用户注册流程

```
# 引入数据库连接包
import psycopg2


class DB:
    def __init__(self, dict):
        self.host = dict['host']
        self.db_name = dict['db_name']
        self.user = dict['user']
        self.pwd = dict['password']
        self.port = dict['port']
        # 获得连接和cursor对象
        self.__conn = self.get_connection()
        self.__cursor = self.__conn.cursor()


    # 实例化结束后关闭连接
    def __del__(self):
        # 关闭数据库连接等
        # print("最后一步，关闭数据库")
        self.close()


    # 获得连接
    def get_connection(self):
```

```
        try:
            # 返回连接的内容
            return psycopg2.connect(dbname=self.db_name, user=self.user, password=self.pwd, port=self.
port,host=self.host)
        except Exception as e:
            print("get error: %s" % e)


    # 通用查询方法
    def common(self, sql):
        try:
            # 统一执行除查询之外的所有操作
            self.__cursor.execute(sql)
        except Exception as e:
            print("get error: %s" % e)
            # 回滚整个事务
            self.__conn.rollback()
            self.__cursor.execute(sql)
        # 需要提交的事务
        self.__conn.commit()


    # 查询
    def select(self, sql):
        self.__cursor.execute(sql)
        return self.__cursor.fetchall()


    # 插入
    def insert(self, sql):
        self.common(sql)


    # 更新数据
    def update(self, sql):
        self.common(sql)


    # 删除数据
    def delete(self, sql):
        self.common(sql)


    # 关闭连接
    def close(self):
        # 关闭__cursor对象
```

```
            self.__cursor.close()
            self.__conn.close()
```

上述代码创建了一个数据库处理类。通过该数据库处理类，可以创建数据库连接，并且在该类中调用四个相应的方法，可以对数据库进行数据操作。

在该类初始化时，执行__init__()方法创建数据库的连接，并且在该对象被销毁后，自动执行__del__()方法关闭连接和cursor对象。

但是通过该类并不能非常方便地操作数据库，每次对数据库操作前必须先通过传入数据库的用户名、密码、地址等信息新建一个数据库，而这些数据库的信息最好不要写在代码中。本示例中新建一个config.json文件，用于添加这些数据库的相关配置信息，其内容如下。

```
{
 "db": {
        "host": "127.0.0.1",
        "port": "",
        "db_name": "test",
        "user": "postgres",
        "password": "root"
   }
}
```

如果要读取该文件，则需要引入os包获得该文件的绝对地址。同时，为了防止运行过程中出现错误，引入了json包，用于解析从该文件中读取的json数据内容。其代码如下所示。

```
def __get_config():
    f = open(os.path.abspath(os.path.dirname(__file__)) + "\\config.json", 'r')
    json_text = json.loads(f.read())
    return json_text['db']
```

在项目的基本逻辑中，对数据库的每一次操作必须要读取数据库的该文件，并且建立数据库连接。为了不用显式地调用这些烦琐的创建方法，可以在此数据库通用操作类的基础上进行二次封装，该类实现的操作为对某一张表进行数据的增、删、改、查操作，在该类中通过实例化传入表名的方式，指定需要操作数据表。

该类命名为T（table），通过传入表名的形式创建一个表操作的实例，需要引入上方建立的mydb.py文件中的DB类。

```
# 引入DB包
from mydb import DB
```

在该类中需要完成以下三项功能。

* 读取config.json中的DB配置，并且在每一次调用该类时通过实例化DB类创建一个数据库连接。
* 提供select()、insert()、update()、delete()四个方法，用于该类实例化的表操作方法。

    ＊ 该类中的数据处理方法采用参数的形式传递数据，并且在该类中提供统一的SQL语句，通过get_sql()方法获得SQL语句，并通过DB类中的相应方法执行。

    该类所在的Python文件命名为my_db_utils.py，该文件中首先需要引入三个包，分别是用于获得文件路径的os包，解析json的json包，以及数据库连接类DB包。具体代码如下。

```python
# 引入os包，获得文件的绝对地址
import os
# 引入json包，解析json
import json
# 引入DB包
from mydb import DB
```

    接着定义其处理表操作的类，将其命名为T，在__init__()方法中获得其目标表名，并且调用获得配置的方法__get__config()。具体代码如下。

```python
class T:


    def __init__(self, table):
        # 获得配置的数据库内容
        self.config = self.__get_config()
        print(self.config)
        self.__table = table


    # 获得配置的数据库内容
    @staticmethod
    def __get_config():
        f = open(os.path.abspath(os.path.dirname(__file__)) + "\\config.json", 'r')
        json_text = json.loads(f.read())
        return json_text['db']
```

    在该类中涉及对数据表的增、删、改、查，所以需要四个相对应的方法，这四个方法通过不同的参数传递，实现对数据表的操作。具体代码如下。

```python
# 查询数据，其中where为字典对象，而filed为list对象
def select(self, where, filed_key=[]):
    sql = self.get_sql(where=where, filed_key=filed_key, sql_type="select")
    db = DB(self.config)
    return db.select(sql)


# 插入数据
def insert(self, filed, filed_value):
    sql = self.get_sql(filed_key=filed, filed_value=filed_value, sql_type="insert")
    return DB(self.config).insert(sql)
```

```
# 更新数据
def update(self, set_text, where):
  sql = self.get_sql(where=where, set_text=set_text, sql_type="update")
  return DB(self.config).update(sql)


# 删除数据
def delete(self, where):
  sql = self.get_sql(where=where, sql_type="delete")
  return DB(self.config).delete(sql)
```

在上述代码中，where为一个字典对象，filed为一个list对象。定义的四个方法的参数具体说明如表5-2所示。

表5-2　参数说明

参　　数	类　型	说　　明
where	字典	SQL语句的where部分，{key:value}的形式
filed_key	列表	SQL语句列的筛选，[key,key1,key2]的形式
filed_value	列表	SQL语句列的值，用于插入SQL语句
set_text	字典	SQL更新语句的列名和值

在上述代码中，需要将获得的参数转换为SQL时，使用get_sql()方法获得该操作的SQL语句。get_sql()方法的具体定义代码如下。

：注　意

SQL语句的处理比较复杂，实现一个完善的面向对象的数据库处理类也非常复杂，在本示例中仅仅实现基本的处理和SQL字符串拼接。

```
# 通过调用get_sql()方法获得完整的SQL语句
def get_sql(self, **kwargs):
  # kwargs的数据类型为字典
  if self.__table is None:
    raise Exception("必须输入表名")
  # 用于字符串拼接的SQL语句
  if kwargs['sql_type'] == 'select':
    col = self.--get_col_sql(kwargs['filed_key'])
    screen = self.--get_where_sql(kwargs['where'])
    sql = "select " + col + " from " + self.--table + ' ' + screen
  elif kwargs['sql_type'] == 'insert':
    col = self.--get_col_sql(kwargs['filed_key'])
    col_value = self.--get_col_sql(kwargs['filed_value'], 'val')
```

```
        sql = "insert into " + self.__table + ' (' + col + ') values (' + col_value + ')'
    elif kwargs['sql_type'] == 'update':
        set_text = self.__get_where_sql(kwargs['set_text'], 'set_text')
        screen = self.__get_where_sql(kwargs['where'])
        sql = 'update ' + self.__table + ' set ' + set_text + ' ' + screen
    elif kwargs['sql_type'] == 'delete':
        screen = self.__get_where_sql(kwargs['where'])
        sql = 'delete from ' + self.__table + ' ' + screen
    print(sql)
    return sql


# 获得where参数（修改、查询、删除操作需要）
@staticmethod
def __get_where_sql(where, text_type='where'):
    screen = ""
    if len(where) > 0:
        if text_type == 'where':
            screen = 'where '
        # 参数类型判断，如果不是字典类型，则抛出异常，中断代码执行
        if type(where).__name__ != "dict":
            raise Exception("条件格式错误，必须为字典" + str(type(where)))
        for key in where:
            if text_type == 'where':
                if screen != 'where ':
                    screen = screen + ' and '
            #构造SQL条件
            #如果是update，则变成分割
            else:
                if screen != "":
                    screen = screen + ','
                    #构造SQL条件
            screen = screen + '"' + key + '"' + "='" + where[key] + "'"
    return screen


# 获得列参数（插入、查询、删除操作需要）
@staticmethod
def __get_col_sql(filed_key, text_type='key'):
    col = ""
    if len(filed_key) > 0:
        # 参数类型判断，如果不是列表类型，则抛出异常，中断代码执行
```

```
            if type(filed_key).__name__ != "list":
                raise Exception("筛选格式错误，必须为列表" + str(type(filed_key)))
            for item in filed_key:
                if col != '':
                    col = col + ','
                    # 构造SQL条件
                # 如果是key，则使用双引号
                if text_type == 'key':
                    col = col + '"' + item + '"'
                # 如果是值则使用单引号
                else:
                    col = col + "'" + item + "'"
        else:
            col = "*"
        return col
```

这样，完整的表操作类就完成了。通过实例化该类，可以对目标表进行增、删、改、查的操作。接下来，需要建立一个User类，用于用户相关的注册和登录的逻辑处理，其完整代码如下。

```
from my_db_utils import T

class User:
    def __init__(self, username, password):
        self.username = username
        self.password = password
        self.db_u = T('public.user')

    # 其他测试
    # def del_user(self):
    #......

    # def change_password(self):
    #......

    # 登录方法
    def login(self):
    # ......

    # 检测该用户名是否存在，如果不存在，则可以注册
    @staticmethod
```

```
    def check_user(self, username):
        # ……

        # 注册方法
        def register(self):
        # ……
```

该类用于实例化一个user对象，对于登录而言，其逻辑以username和password为基准查找是否有用户存在于数据库，如果找到，则返回"登录成功"。

```
    # 登录方法
    def login(self):
        data = self.db_u.select(where={'username': self.username, 'password': self.password},
                    filed_key=['id', 'username'])
        if data:
            return self.check_return_data(0, '登录成功', {'username': self.username})
        else:
            return self.check_return_data(1, '登录失败，用户不存在！')
```

其注册逻辑以username为检索条件，如果数据库中有该用户名，则返回"不能注册"；否则需要用户输入两次密码。如果两次密码一致，则通过insert()方法将用户数据插入user表中。注册流程的代码如下。

```
    # 检测该用户名是否存在，如果不存在，则可以注册
    @staticmethod
    def check_user(self, username):
        if T('public.user').select(where={'username': username}, filed_key=['id']):
            return self.check_return_data(1, "用户存在！不能注册")
        else:
            return self.check_return_data(0, '')
    # 注册方法
    def register(self):
         data = T('public.user').insert(filed=['username', 'password'], filed_value=[self.username, self.
password])
        if data is None:
            return self.check_return_data(0, '注册成功', {'username': self.username})
        else:
            return self.check_return_data(1, '注册失败！')
```

所有的方法最终通过数据整理方法check_return_data()统一格式后返回到调用处。其数据整理方法如下。

```
    # 整理数据
    @staticmethod
```

```
def check_return_data(code, message, data={}):
    return {'message': message, 'data': data, "code": code}
```

完成User类的建立后，只需要编写一个脚本对其进行调用测试即可。该脚本需要导入User类，并且通过input()方法获得用户的username和password的输入信息。其完整的代码如下。

```
from user import User

while True:
    choice = input("选择您需要的操作:\n1.登录 \n2.注册\n")
    # 登录流程
    if int(choice) == 1:
        username = input("输入用户名！ ")
        password = input("输入密码！ ")
        user = User(username, password)
        return_data = user.login()
        if return_data['code'] == 1:
            print(return_data['message'])
        else:
            print(return_data['message'])
            print("您登录的用户名为： ", return_data['data']['username'])


    # 注册流程
    elif int(choice) == 2:
        username = input("输入需要注册的用户名！ ")
        return_data = User.check_user(User, username)
        if return_data['code'] == 1:
            print(return_data['message'])
        else:
            password = input("输入密码！ ")
            password2 = input("再次输入密码！ ")
            if password == password2:
                user = User(username, password)
                return_data = user.register()
                if return_data['code'] == 1:
                    print(return_data['message'])
                else:
                    print(return_data['message'])
            else:
                print("两次密码输入不一致")
    # 错误提示
    else:
        print("选择错误！ ")
```

其注册的测试结果如图5-35所示，当用户输出一个数据库中已经存在的用户名后，会返回"用户存在！不能注册"，而用户输入数据库中没有的用户名和密码后，如果两次输入的密码一致，显示"注册成功"；如果两次密码的输入不同，则返回"两次密码输入不一致"。

```
E:\JavaScript\wue_book2\pyhton\python-code\8-7>python test.py
选择您需要的操作：
1.登录
2.注册
2
输入需要注册的用户名! admin
{'host': '127.0.0.1', 'port': '', 'db_name': 'test', 'user': 'postgres', 'password': 'root'}
select "id" from public.user where "username"='admin'
用户存在! 不能注册
选择您需要的操作：
1.登录
2.注册
2
输入需要注册的用户名! admin1
{'host': '127.0.0.1', 'port': '', 'db_name': 'test', 'user': 'postgres', 'password': 'root'}
select "id" from public.user where "username"='admin1'
用户存在! 不能注册
选择您需要的操作：
1.登录
2.注册
2
输入需要注册的用户名! admin2
{'host': '127.0.0.1', 'port': '', 'db_name': 'test', 'user': 'postgres', 'password': 'root'}
select "id" from public.user where "username"='admin2'
输入密码! admin
再次输入密码! admin1
两次密码输入不一致
选择您需要的操作：
1.登录
2.注册
2
输入需要注册的用户名! admin2
{'host': '127.0.0.1', 'port': '', 'db_name': 'test', 'user': 'postgres', 'password': 'root'}
select "id" from public.user where "username"='admin2'
输入密码! admin
再次输入密码! admin
{'host': '127.0.0.1', 'port': '', 'db_name': 'test', 'user': 'postgres', 'password': 'root'}
{'host': '127.0.0.1', 'port': '', 'db_name': 'test', 'user': 'postgres', 'password': 'root'}
insert into public.user ("username","password") values ('admin2','admin')
注册成功
```

图5-35　注册的测试结果

在登录流程中输入正确的用户名和密码后，提示"登录成功"；如果输入错误的用户名或密码，则显示"登录失败"。其执行效果如图5-36所示。

```
选择您需要的操作：
1.登录
2.注册
1
输入用户名! admin
输入密码! admin
{'host': '127.0.0.1', 'port': '', 'db_name': 'test', 'user': 'postgres', 'password': 'root'}
select "id","username" from public.user where "username"='admin' and "password"='admin'
登录成功
您登陆的用户名为： admin
选择您需要的操作：
1.登录
2.注册
1
输入用户名! admin1
输入密码! admin
{'host': '127.0.0.1', 'port': '', 'db_name': 'test', 'user': 'postgres', 'password': 'root'}
select "id","username" from public.user where "username"='admin1' and "password"='admin'
登录失败,用户不存在!
选择您需要的操作：
1.登录
2.注册
```

图5-36　登录流程的执行效果

5.6 项目练习：使用Redis实现简单的超市系统

　　本节介绍如何通过Python实现对NoSQL数据库Redis的使用。相对于需要逻辑和结构的SQL数据库而言，Redis这样的NoSQL数据库采用了更加便捷的方式，Redis并不会在意用户是否使用某些有逻辑的结构，只是单纯为了解决数据的读取和保存等问题，所以非常适合需要高速读取和频繁使用的数据。

5.6.1 系统说明与使用Python进行数据库连接

首先需要保证Redis已经运行，才可以使用Python进行连接。在Linux中可以使用下方的命令启动Redis。

> redis-server redis.conf

如果使用Windows平台，请先安装Windows版本的Redis，并且在"服务"中进行启动，或者使用下方的命令进行启动，如图5-37所示，表示启动成功。

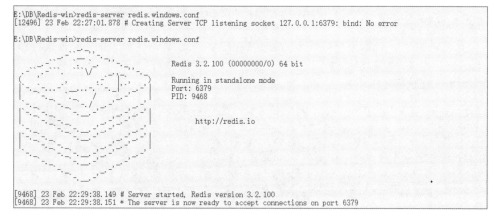

图5-37 Redis

需要注意的是，Redis的监听端口可能根据安装的不同而发生变化，所以需要读者了解本机的Redis监听端口号，这里是默认的6379端口。

> redis-server redis.windows.conf

在Python中有很多不同的包支持Redis连接，这里使用官方提供的Redis模块进行Python与Redis的连接。该模块需要使用下方的命令进行安装操作。

> pip install redis

安装完成后，使用import引入该包，就可以轻松地使用Redis作为Python项目的主数据库。引用Redis包并连接数据库的代码如下。

```
import redis

# 连接数据库
r = redis.Redis(host='localhost', port=6379, db=0)
r.set('10221_name', 'test_goods')
r.set('10221_ price, 10)
r.set('10221_num', 1)
# 打印测试结果
print(r.get('10221_name'))
```

本实例中使用最简单的键值（Key-Value）方式存储所有商品名称、价格及库存，以商品编号作为开头，并且使用"_"连接商品编号和该商品的属性，如"10221_price"是代表10221这件商品的价格。

商品编号被认为是商品的唯一识别码，该商品编号可以来自商品表面的条形码或者是该超市进货时的唯一编码。

该商品有四个主要属性：名称、价格、销售数和库存数。如果库存数小于等于0，则认为该商品出售失败。本系统有三个功能：进货（新增商品或者增加商品库存）、销售（减少库存并且计算价格）、统计（记录总销售单量及获得的销售额）。

5.6.2 系统实现

该系统采用一个while循环达到一致运行的状态，通过命令行输入数字的方式选择需要的操作。这个系统一共需要三种不同的操作，采用面向对象的方式编写，在shop类中需要实现四种方法。其具体代码如下。

```python
import redis
class shop:
    # 连接数据库
    r = redis.Redis(host='localhost', port=6379, db=0)
    # 一单的总价格
all_price = 0

    # 销售方法
    def sell(self, gid):
        pass


    # 销售一单完成，输出汇总的价格并且对于总销售量进行修改
    def sell_over(self, gid):
        pass


    # 进货方法
    def stock(self, gid, name, price, num):
        pass


    # 获得销售汇总
    def get_summary(self):
        pass
```

在进货方法中需要输入的是商品的价格、数目和商品唯一编号，在进货时需要考虑的问题是，首先对商品的编号进行查询，根据结果判断该商品是否有库存，如果有，则直接对价格进行覆写，对原本的库存数和这次进货的数字进行加和计算。如果商品没有库存或是新产品，则直接将商品的信息增加在数据库中，同时需要将销售量初始化为0。进货方法的代码如下。

```
#进货方法
def stock(self, gid, name, price, num):
  # 存在判断
  if self.r.get(gid + '_name'):
    self.r.set(gid + '_num', int(num) + int(self.r.get(gid + '_num')))
    print("已经增加了库存")
  else:
    #不存在，则执行初始化
    self.r.set(gid + '_sell_num', 0)
    self.r.set(gid + '_num', num)
    self.r.set(gid + '_name', name)
    print("已经新增了商品")
  # 无论哪种方法都需要对价格进行修改
  self.r.set(gid + '_price', price)
```

执行效果如图5-38所示。

```
H:\book\book\pyhton\python\python-code\5-6>python supermarket2.py
欢迎使用销售系统，请选择以下功能：
1、销售
2、入库
3、汇总
2
请输入商品id1000
请输入商品名称测试商品
请输入商品价格100
请输入买入数量5
已经新增了商品
欢迎使用销售系统，请选择以下功能：
1、销售
2、入库
3、汇总
```

图5-38　进货方法的执行效果

接下来需要编写销售方法，这里需要考虑三个方面，首先是对货品信息的更改（销售量和库存量），其次需要更改总销售量（summary_num），最后对总销售额（summary_money）进行总价计算。

一单销售可能会涉及多种商品，只有当完全结束这一单的销售后，才会对总销售量进行更改。这里商品通过扫描条形码按件销售，不存在手动修改销售数量的情况。其完整的实现代码如下。

```
#销售方法
def sell(self, gid):
  num = int(self.r.get(gid + '_num'))
  print(num)
  summary_money = self.r.get('summary_money')
  if not summary_money:
    # 初始化
    self.r.set('summary_money', 0)
    self.r.set('summary_num', 0)
    summary_money = 0
```

```
            print("初始化成功")
        if num:
            self.r.set(gid + '_num', num - 1)
            temp_price = self.r.get(gid + '_price')
            # 计算总数需要显示给用户看
            self.all_price = self.all_price + int(temp_price)
            self.r.set('summary_money', int(summary_money) + int(temp_price))
            print("记录完成，您当前的总价格为", self.all_price)
            return True
        else:
            print("没有足够的量，该商品统计出现问题")
            return False

    # 一单销售完成，输出汇总的价格并且对总销售量进行修改
    def sell_over(self):
        print("感谢您的光临！")
        print("您的商品总价格：", self.all_price)
        self.r.set('summary_num', int(self.r.get('summary_num')) + 1)
        print("完成！")
        # 重置方法
        self.all_price = 0
```

执行效果如图5-39所示。

```
欢迎使用销售系统，请选择以下功能：
1、销售
2、入库
3、汇总
1
开始进行商品购买！
请输入商品的id1000
5
记录完成，您当前的总价格为 100
是否结束购买？
1、继续
2、结束1
开始进行商品购买！
请输入商品的id1000
4
记录完成，您当前的总价格为 200
是否结束购买？
1、继续
2、结束2
感谢您的光临！
您的商品总价格： 200
完成！
欢迎下次光临！
```

图5-39　销售方法的执行效果

销售汇总方法只需要将当前的总销售量和总销售额进行显示即可完成。其完整的实现代码如下。

```
    # 获得销售汇总
    def get_summary(self):
        print("您总销售的单数为：", int(self.r.get('summary_num')))
        print("您的总流水为：", int(self.r.get('summary_money')))
```

执行效果如图5-40所示。

图5-40　销售汇总方法的执行效果

可以使用如下代码对该类的使用进行测试。

```python
shop = Shop()
while True:
    print("欢迎使用销售系统，请选择以下功能：\n1、销售\n2、入库\n3、汇总")
    choice = int(input())
    if choice == 1:
        while True:
            print("开始进行商品购买！")
            gid = input("请输入商品的id")
            shop.sell(gid)
            over_shopping = int(input("是否结束购买？\n1、继续\n2、结束"))
            if over_shopping == 2:
                shop.sell_over()
                print("欢迎下次光临！")
                break
    elif choice == 2:
        gid = input("请输入商品id")
        name = input("请输入商品名称")
        price = input("请输入商品价格")
        num = input("请输入买入数量")
        shop.stock(gid, name, price, num)
    elif choice == 3:
        shop.get_summary()
```

5.7　小结与练习

5.7.1　小结

本章涉及的知识点非常多，MySQL和PostgreSQL的知识点及SQL语句的使用对读者而言是重点和难点。现代开发的项目系统中，无论如何都无法避免使用数据库和SQL，所以本章的知识点非常重要。

本章同时对属于NoSQL系列的数据库Redis的连接和使用进行了介绍，让读者可以了解

SQL数据库与NoSQL数据库的不同，从而可以有针对性地选择不同的数据库。

本章的示例程序是对用户注册和登录系统流程的实现，对数据库连接和配置进行了多次封装，增加了配置文件的读取和使用，甚至涉及了简单的SQL拼接，难度较大，所以读者需要认真地学习和理解。

通过对本章的学习，读者可以了解数据库的发展历史及MySQL和PostgreSQL的使用。由于篇幅所限并没有对数据库进行更加深入的介绍，对SQL的介绍也没有按部就班。如果读者对数据库感兴趣，可以自行参阅相关书籍。

5.7.2 练习

通过本章的学习，希望读者可以完成以下练习。

（1）认识关系型数据库和NoSQL数据库的具体分类。

（2）了解更多MySQL和PostgreSQL的特点，同时深入了解这两款数据库的优点和缺点。

（3）练习MySQL和PostgreSQL的使用，以及对数据的增、删、改、查操作。

（4）自行完成并理解示例程序，对不完善的地方进行补充和修改。

（5）尝试实现更多的SQL语句，例如Order by语句等，尝试在登录流程中进行封装。

（6）尝试完善本章的实例内容，思考各个示例能否进行优化，在使用中存在哪些问题。

（7）尝试将PostgreSQL更换成MySQL，测试是否可以完成示例中的流程。

第 6 章

Python中的GUI编程

本章将会对如何使用Python开发一个可视化应用程序进行介绍。虽然GUI已经日渐式微，但是对任何开发者而言，学习GUI的相关知识仍非常必要。

通过学习GUI的编写，可以让开发者了解应该如何编写一个可以让用户接触到的、可以使用的UI。虽然GUI和HTML及其他写法不同，但是它们有共通性，都有助于开发者在将来学习其他知识时可以更快地入手。

通过学习本章，读者可以了解并掌握以下知识点：

◆ 可视化应用程序（GUI）是什么；
◆ 如何使用Python创建一个可视化应用程序；
◆ 使用Python中的tkinter包和Qt包进行应用开发。

6.1 GUI概述

自20世纪末以来，单纯地使用命令行进行系统交互的方式就逐渐被崭新的图形用户界面所替代。与早期计算机使用的命令行界面相比，图形用户界面在视觉上更易被用户接受。

6.1.1 什么是GUI

图形用户界面（Graphical User Interface，GUI），又称图形用户接口，是指采用图形方式显示的计算机操作用户界面。GUI是一种人与计算机通信的界面显示格式，允许用户使用鼠标、键盘等输入设备操纵屏幕上的图标或菜单选项，用以选择命令、调用文件、启动程序或执行其他一些日常任务。

GUI的广泛应用是当今计算机发展的重大成就之一，它极大地方便了非专业用户的使用。人们从此不再需要死记硬背大量的命令，而是可以通过窗口、菜单、按键等方式操作计算机。

在现在的计算机应用中，几乎所有的非专业操作都已经被GUI替代。也就是说，在如今的操作系统中，几乎所有的操作和可视化内容均可在GUI上实现并且进行操作、展示等。Windows系统中"计算机"硬盘空间展示的GUI如图6-1所示。

图6-1　"计算机"硬盘空间展示的GUI

也就是说，在计算机中的移动鼠标、单击、双击、右击，甚至包括手机端的手势操作都是基于GUI本身的，同样属于GUI的一部分。伴随着娱乐行业和智能手机的发展，近几年的GUI更是以极其迅速的势头发展，逐渐形成了不同的标准，越来越多的厂商开始考虑更加美观的UI和易用的UE。

正是因为图形化界面的发展，计算机、智能手机这样的终端才能逐渐推广至全世界人们的日常使用中。

广义上的GUI包括Web应用（浏览器），甚至也包括命令行。但是对开发而言，GUI和

Web是分开的。在本书中GUI特指不通过浏览器打开的应用，而对Web应用（B/S架构）相关的内容本书不进行介绍。

6.1.2 Python中常用的图形开发界面

对Python而言，图形开发界面并不是非常重要的内容。不同于Windows平台开发语言（.Net平台）提供了强大的MVC模式用于界面的开发，Python应用更多的是关于数据处理和命令及Web应用。但是对Python脚本而言，一个简单直观的GUI也远远要比命令行操作方便得多。

对GUI的使用而言，Python也需要引入第三方扩展包。Python中内置有tkinter包，也可以使用第三方库，如wxpython、pyqt、pygtk等。

本章将会对Python自带的tkinter包和最为流行的Qt包进行介绍，前者是Python中的标准GUI库，会在安装Python时自动安装；后者是跨平台C++图形用户界面应用程序开发框架的Python版本。

例如，暴雪公司开发的游戏对战平台Battle.net，即为通过Qt进行开发的GUI应用，如图6-2所示。

图6-2 游戏对战平台界面

> **注　意**
>
> 如果项目要求用GUI，并且是较为复杂的大型项目，推荐选择使用.net+Qt体系或者html+css+js体系。

6.2 项目练习：创建一个简单的GUI程序

tkinter包是Tk GUI图形包的标准Python版本。得益于Python的多平台特性，Tk GUI图形包和tkinter包在大多数UNIX系统或者Windows系统上都是可用的，这也就意味着，通过开发一套GUI界面，可以适用于多个系统。

使用tkinter模块，可以在命令行工具中运行下方的代码。

```
python -m tkinter
```

该命令会自动打开如图6-3所示的对话框和窗口，显示tk的版本，单击"[Click me!]"按钮可以增加[]的显示，单击QUIT按钮会关闭该应用。

如果使用的是低版本的Python，可能tk的版本较低，不能实现本地化的窗口风格（即自动在Windows 7和Windows 10显示不同的样式），但是在tk 8.0 的后续版本中可以实现本地窗口风格。

使用tkinter模块，依旧需要像使用其他模块库一样，使用import语句引入tkinter模块。其基本的使用代码如下。

```
# 引入包
import tkinter


# 实例化GUI界面
top = tkinter.Tk()
# 进入消息循环
top.mainloop()
```

运行上述语句后会自动打开一个GUI界面，其界面没有任何元素和内容，如图6-4所示。

图6-3　tkinter GUI界面

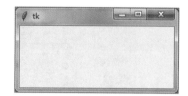
图6-4　tk窗口

对于引入的tkinter包，可以理解为通过对该包的实例化初始化了一个空白的窗口，所以可以通过一个定义的类配置该窗口的实例化。

新建一个名称为Application的类，其中需要传入的参数为tkinter包的实例内容，代码如下所示。

```
class Application(tk.Frame):
```

在该类中应指定需要添加在该窗口的各类组件。本例在窗口中添加两个按钮，一个按钮实现在命令行窗口中打印一条消息；另一个按钮实现对该窗口的退出操作。

添加按钮并对按钮进行实例化的代码如下。

```
hi_there = tk.Button(self)
```

该按钮对象可以进行相应的样式属性修改，按钮属性如表6-1所示。

表6-1 按钮属性

属 性 名 称	说 明
text	在该按钮上显示的文字
command	单击该按钮后执行的内容
default	常规状态为normal，需要单独设置事件绑定，如果是active，则会在用户单击返回时执行
image	值需要是一个tkinter支持的图片类型，并显示在按钮上的图片
compound	设置文字和图片的对齐方式

设置该按钮的显示文字和单击事件的代码如下。其中say_hi()方法为定义在类中的打印输出命令行的方法。

```python
# 创建窗口实例
def create_widgets(self):
    # 实例化第一个按钮
    self.hi_there = tk.Button(self)
    # 设定名称为HelloWorld
    self.hi_there["text"] = "Hello World\n(click me)"
    # 挂载按钮的监听事件
    self.hi_there["command"] = self.say_hi
        …
# 设置按钮单击事件
def say_hi(self):
    print("发生了按钮单击事件")
```

在界面上设置一个QUIT按钮，并且将这两个按钮均挂载在窗口上，项目的完整代码如下。

```python
# 引入包
import tkinter as tk

class Application(tk.Frame):
    def __init__(self, master=None):
        super().__init__(master)
        self.master = master
        # 执行窗口
        self.pack()
        # 执行窗口上的按钮等实例化方法
        self.create_widgets()

    # 创建窗口实例
    def create_widgets(self):
```

```
        # 实例化第一个按钮
        self.hi_there = tk.Button(self)
        # 设定名称为HelloWorld
        self.hi_there["text"] = "Hello World\n(click me)"
        # 挂载按钮的监听事件
        self.hi_there["command"] = self.say_hi
        # 挂载按钮在窗口的上部
        self.hi_there.pack(side="top")
        # 设定QUIT按钮
        self.quit = tk.Button(self, text="QUIT", fg="red",
                    command=self.master.destroy)
        # 将按钮挂载在窗口上（底部）
        self.quit.pack(side="bottom")

    # 设置按钮单击事件
    def say_hi(self):
        print("发生了按钮单击事件")


root = tk.Tk()
# 挂载窗口配置
app = Application(master=root)
# 显示窗口，循环监听
app.mainloop()
```

执行效果如图6-5所示。单击Hello World按钮后，执行该窗口代码的命令行工具，则会打印输出内容，如图6-6所示。

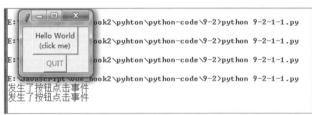

图6-5　执行效果　　　　　　　　　图6-6　按钮单击事件

单击QUIT按钮，会自动退出该窗口，同时该代码执行完成，退出执行内容。

tkinter模块提供了各式各样的组件，其完整的组件说明可以查看TkDocs网站中的组件文档，网址为https://tkdocs.com/tutorial/index.html，这里包含对不同语言和系统环境版本的tkinter包的安装方法及组件的介绍，如图6-7所示。

图6-7　tkinter包的使用文档

6.3 使用pyqt模块开发Qt应用

　　Qt是1991年由Qt Company开发的一个跨平台C++图形用户界面应用程序的开发框架。Qt
也为Python推出了相应的模块包，开发者可以通过Python开发基于Qt GUI的应用。

6.3.1　使用Qt开发GUI程序

　　Qt的官方网站的网址为https://www.qt.io/，如图6-8所示。

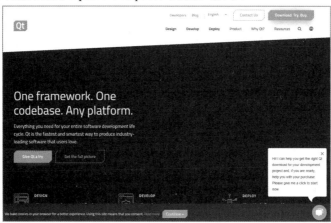

图6-8　Qt官方网站

　　相对于tkinter包只提供了基础组件，Qt组件更加完善，也更加符合现代应用程序的审美
和使用，而其丰富的平台支持更是成为跨平台GUI最好的选择之一。

　　挪威TrollTech公司于1995年年底发布了第一个Qt商业版本，作为一个C++图形用户界面
库，Qt于2008年1月被Nokia收购。2009年12月1日，Nokia发布了Qt 4.6，开启了Qt对跨平台应
用的支持。2019年7月发布的Qt 5.13版的功能更加强大。

如果需要在Python中使用Qt进行开发，则需要使用pip进行Qt包的安装，如下方的命令行所示：

```
pip install python-qt5
```

相对于其他的包而言，Qt包占用空间的较大，可能会因为网速差异导致安装速度有差别。Qt5安装完成后如图6-9所示。

```
E:\>pip install python-qt5
Looking in indexes: https://mirrors.aliyun.com/pypi/simple
Collecting python-qt5
  Downloading https://mirrors.aliyun.com/pypi/packages/b0/61/db81950cab71be1cce47c57e6662563b915799d1785ccfc78baf2ac4e53
6/python-qt5-0.1.10.zip (57.5 MB)
     |████████████████████████████████| 57.5 MB 2.2 MB/s
Building wheels for collected packages: python-qt5
  Building wheel for python-qt5 (setup.py) ... done
  Created wheel for python-qt5: filename=python_qt5-0.1.10-py3-none-any.whl size=57493211 sha256=a5ba1aa4f547b0c684ead32
12a5289777ee4de77d3eec02166b5f3836c355763
  Stored in directory: c:\users\q5754\appdata\local\pip\cache\wheels\a3\f3\f6\3e89c0292496a3c0badd908ffa289fb73e588e68f4
2344a2fc
Successfully built python-qt5
Installing collected packages: python-qt5
Successfully installed python-qt5-0.1.10
```

图6-9　安装Qt 5

根据上述步骤安装完成Qt包后，可以尝试通过如下代码实现一个最简单的Qt程序。

```python
import sys
from qtpy import QtWidgets


# 实例化APP
app = QtWidgets.QApplication(sys.argv)
# 设置按钮的文字
button = QtWidgets.QPushButton("Hello")
# 设置按钮的大小
button.setFixedSize(400, 400)
# 挂载按钮在界面上
button.show()
app.exec_()
```

上述代码中定义了Qt中的一个按钮，实例化了Qt组件中的QPushButton，在按钮中显示文字Hello，并设定其按钮大小为400×400，将该按钮挂载显示在Qt界面中，效果如图6-10所示。

如果在保证安装成功的情况下出现如图6-11所示的提示，可能是因为读者使用的Anaconda或者Python版本出现配置错误，请查看是否是由于不同的系统版本或者缺少相关的dll等其他原因导致的。

```
E:\JavaScript\vue_book2\pyhton\python-code\9-2>python qt.py
Traceback (most recent call last):
  File "qt.py", line 2, in <module>
    from PyQt5 import QtWidgets
ImportError: DLL load failed: 找不到指定的程序。
```

图6-10　Qt界面显示效果　　　　　　　　图6-11　运行出错

注意

如果读者使用的是Anaconda，可能部分版本对Qt 5的支持会出现问题，所以请使用Anaconda的安装命令（conda）或者GUI包管理工具进行Qt 5的安装，其结果如图6-12所示。

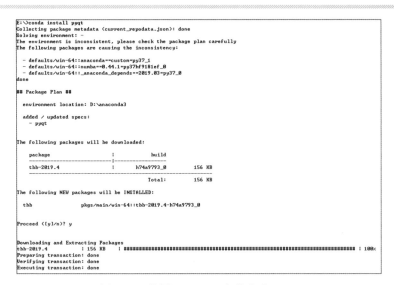

图6-12　使用Anaconda安装命令conda

6.3.2　项目练习：Qt Designer的使用和配置

对Qt的开发不同于之前对脚本的开发，其GUI界面开发的最佳实践是"可见即所得"。Qt也同样支持通过简单拖曳界面的方式完成一款简单的GUI程序的开发。很多插件或者编程IDE支持这种模式，其中PyCharm需要安装相关的插件才能对Qt界面的显示提供支持。

安装pyqt5-tools，如图6-13所示。

```
E:\JavaScript\vue_book2\pyhton\python-code\9-2>pip install pyqt5-tools
Requirement already satisfied: pyqt5-tools in d:\anaconda3\lib\site-packages (5.13.0.1.5)
Requirement already satisfied: python-dotenv in d:\anaconda3\lib\site-packages (from pyqt5-tools) (0.10.3)
Collecting pyqt5==5.13.0
  Using cached https://files.pythonhosted.org/packages/3b/d3/76670a331935f58f9a2ebd53c6e9b670bbf15c458fa6993500af5d32316
0/PyQt5-5.13.0-5.13.0-cp35.cp36.cp37.cp38-none-win_amd64.whl
Requirement already satisfied: click in d:\anaconda3\lib\site-packages (from pyqt5-tools) (7.0)
Requirement already satisfied: PyQt5_sip<13,>=4.19.14 in d:\anaconda3\lib\site-packages (from pyqt5==5.13.0->pyqt5-tools
) (12.7.0)
Installing collected packages: pyqt5
  Found existing installation: PyQt5 5.13.2
    Uninstalling PyQt5-5.13.2:
      Successfully uninstalled PyQt5-5.13.2
Successfully installed pyqt5-5.13.0

E:\JavaScript\vue_book2\pyhton\python-code\9-2>
```

图6-13　安装pyqt5-tool

首先在PyCharm中执行File→Settings命令，对PyCharm的所有内容进行配置，包括样式、编辑字体和相关的运行环境等，如图6-14所示。

打开Settings对话框后搜索Project Interpreter，可以看到该项目的运行环境和当前的Python包环境，相当于使用了pip list命令，如图6-15所示。需要注意的是，要保证python-qt5和pyqt5-tools两个包已经成功安装。

图6-14　PyCharm配置

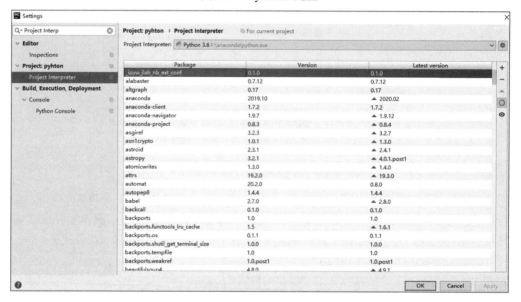

图6-15　Python包配置

　　Windows系统中的Qt的配置安装可能会受到其他包或者系统的影响，所以最好使用Python虚拟环境进行Qt程序的编写和安装。建立虚拟环境和更改Python版本的内容可以参考第11章。

　　接着需要配置External Tools。在Settings对话框中搜索External Tools，如图6-16所示，单击右侧面板的▣按钮。

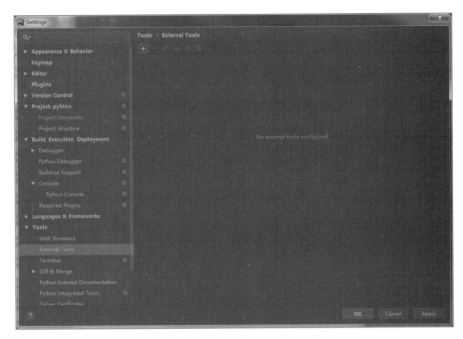

图6-16　配置External Tools

打开Create Tool对话框，如图6-17所示。参数Program为其工具程序的地址，本机的程序文件位于D:\anaconda3\Lib\site-packages\pyqt5_tools\Qt\bin\designer.exe；参数Arguments为$FileDir$\$FileName$；参数Working directory为$ProjectFileDir$。

单击OK按钮，再进行pyuic5的配置，参数Program为D:\anaconda3\Scripts\pyuic5.exe；参数Arguments为$FileName$-o$FileNameWithoutExtension$.py；参数Working directory为$ProjectFileDir$，如图6-18所示。

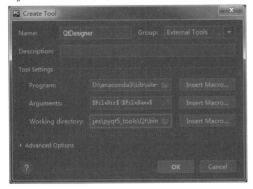　

图6-17　配置QtDesigner参数　　　图6-18　配置pyuic5参数

单击OK按钮就完成了Qt工具的配置，接着选择Tools→External Tools选项，可以看到之前加入的两个不同的工具，如图6-19所示。此时单击QtDesigner按钮可以打开UI设计页面。

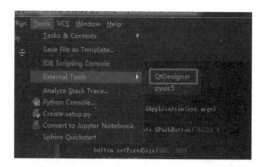

图6-19　QtDesigner按钮

打开的Qt Designer窗口如图6-20所示，在此可以通过拖曳和配置进行软件界面的设计，也可以在界面中增加文字和图片等。

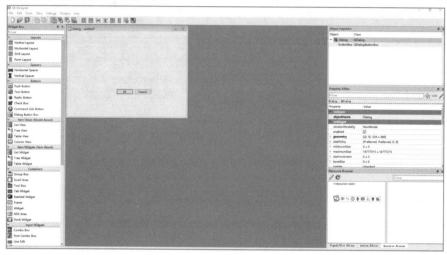

图6-20　Qt Designer设计界面

在该页面上进行设计后，单击工具栏中的保存图标或者使用组合键Ctrl+S可以保存该UI文件，将其保存在项目目录中，如图6-21所示。

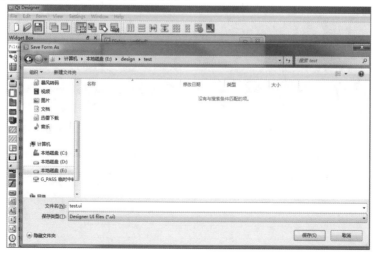

图6-21　保存UI文件

在PyCharm中选择该UI文件，选择Tools→External Tools→pyuic5选项，可以看到在PyCharm的命令行中开始执行下方的代码。如果不使用该工具，也可以直接使用以下命令代码进行UI文件的转换。

```
D:\anaconda3\Scripts\pyuic5.exe test.ui -o test.py
```

该命令会自动将绘制的UI界面转换为可以运行的Qt界面的代码，其转换的结果如下。

```python
# -*- coding: utf-8 -*-

# Form implementation generated from reading ui file 'test.ui'
#
# Created by: PyQt5 UI code generator 5.13.2
#
# WARNING! All changes made in this file will be lost!



from PyQt5 import QtCore, QtGui, QtWidgets



class Ui_Dialog(object):
    def setupUi(self, Dialog):
        Dialog.setObjectName("Dialog")
        Dialog.resize(430, 316)
        self.buttonBox = QtWidgets.QDialogButtonBox(Dialog)
        self.buttonBox.setGeometry(QtCore.QRect(30, 240, 341, 32))
        self.buttonBox.setOrientation(QtCore.Qt.Horizontal)
        self.buttonBox.setStandardButtons(QtWidgets.QDialogButtonBox.Cancel|QtWidgets.QDialogButtonBox.Ok)
        self.buttonBox.setObjectName("buttonBox")
        self.label = QtWidgets.QLabel(Dialog)
        self.label.setGeometry(QtCore.QRect(90, 110, 151, 51))
        self.label.setObjectName("label")

        self.retranslateUi(Dialog)
        self.buttonBox.accepted.connect(Dialog.accept)
        self.buttonBox.rejected.connect(Dialog.reject)
        QtCore.QMetaObject.connectSlotsByName(Dialog)

    def retranslateUi(self, Dialog):
        _translate = QtCore.QCoreApplication.translate
        Dialog.setWindowTitle(_translate("Dialog", "Dialog"))
        self.label.setText(_translate("Dialog", "HelloWorld"))
```

在执行以上代码之前需要编写一个main.py文件，并实例化该UI文件。其代码如下。

```
from test import Ui_Dialog
from PyQt5 import QtWidgets
import sys

# 实例化APP
app = QtWidgets.QApplication(sys.argv)
# 实例化Dialog
add_dlg = QtWidgets.QDialog()
# 实例化编译的UI文件
ui = Ui_Dialog()
ui.setupUi(add_dlg)
# 显示该Dialog
add_dlg.show()
app.exec_()
```

执行该main.py文件，界面如图6-22所示。

图6-22　UI界面

6.4 项目练习：计算器的GUI化

本节将会设计一个简单的GUI界面，用于实现计算器的四则运算及相关的运算内容和结果的显示。

6.4.1 项目说明和界面编辑

本项目需要实现一个简单的计算器程序，其基本的功能和界面类似于Windows中的计算器程序的简化版本。Windows中的计算器界面如图6-23所示。

本程序需要设置用于单击的10个数字按键，用于输入数学符号的运算符号按钮，以及"="按钮。用户依照数学表达式顺序输入数字和运算符之后，单击"="按钮，输出运算结果。项目流程如图6-24所示。

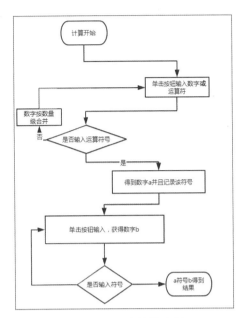

图6-23　计算器示例　　　　　　　　　　图6-24　计算器流程

使用Qt Designer设计该界面，拉取15个基础的Push Button控件和一个用于显示内容和计算结果的lineEdit控件，双击按钮更改其名称显示并排列控件，如图6-25所示。

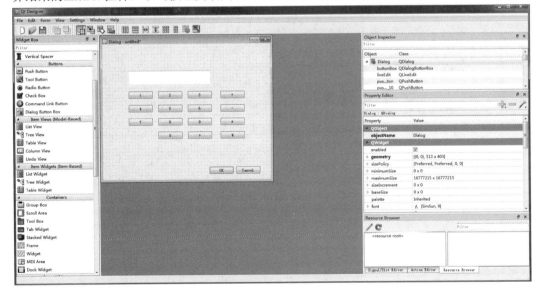

图6-25　UI界面

为了方便编写代码，需要对这些按钮和文本框名称进行更改，而不采用其默认生成的pushButton_序号的形式。数字键的名称采用btnNum0~btnNum9的形式，功能键分别命名为btnFuncAdd、btnFuncEqu、btnFuncSub、btnFuncMult、btnFuncDiv，用于表示对应的功能。

修改控件名称在该控件的Property Editor面板中进行，单击QObject列表中的objectName选项，将objectName的值修改成该控件的名称即可，如图6-26所示。

最终更改完成后的对象名称列表如图6-27所示，将其保存在calculator.ui文件中，并且使用pyuic或者命令将其转换为相应的Python代码文件。其转换后生成的代码如下。

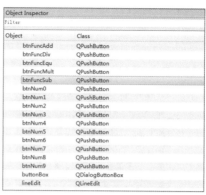

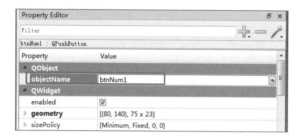

图6-26　更改对象名称　　　　　　　　图6-27　对象名称列表

```python
# -*- coding: utf-8 -*-

from PyQt5 import QtCore, QtGui, QtWidgets


class Ui_Dialog(object):
    def setupUi(self, Dialog):
        Dialog.setObjectName("Dialog")
        Dialog.resize(513, 403)
        self.buttonBox = QtWidgets.QDialogButtonBox(Dialog)
        self.buttonBox.setGeometry(QtCore.QRect(140, 360, 341, 32))
        self.buttonBox.setOrientation(QtCore.Qt.Horizontal)
        self.buttonBox.setStandardButtons(QtWidgets.QDialogButtonBox.Cancel|QtWidgets.QDialogButtonBox.Ok)
        self.buttonBox.setObjectName("buttonBox")
        self.btnNum1 = QtWidgets.QPushButton(Dialog)
        self.btnNum1.setGeometry(QtCore.QRect(80, 140, 75, 23))
        self.btnNum1.setObjectName("btnNum1")
        self.btnNum2 = QtWidgets.QPushButton(Dialog)
        self.btnNum2.setGeometry(QtCore.QRect(170, 140, 75, 23))
        self.btnNum2.setObjectName("btnNum2")
        self.btnNum3 = QtWidgets.QPushButton(Dialog)
        self.btnNum3.setGeometry(QtCore.QRect(260, 140, 75, 23))
        self.btnNum3.setObjectName("btnNum3")
        self.btnNum4 = QtWidgets.QPushButton(Dialog)
        self.btnNum4.setGeometry(QtCore.QRect(80, 180, 75, 23))
        self.btnNum4.setObjectName("btnNum4")
        self.btnNum5 = QtWidgets.QPushButton(Dialog)
        self.btnNum5.setGeometry(QtCore.QRect(170, 180, 75, 23))
        self.btnNum5.setObjectName("btnNum5")
        self.btnNum6 = QtWidgets.QPushButton(Dialog)
```

```
            self.btnNum6.setGeometry(QtCore.QRect(260, 180, 75, 23))
            self.btnNum6.setObjectName("btnNum6")
            self.btnNum7 = QtWidgets.QPushButton(Dialog)
            self.btnNum7.setGeometry(QtCore.QRect(80, 220, 75, 23))
            self.btnNum7.setObjectName("btnNum7")
            self.btnNum8 = QtWidgets.QPushButton(Dialog)
            self.btnNum8.setGeometry(QtCore.QRect(170, 220, 75, 23))
            self.btnNum8.setObjectName("btnNum8")
            self.btnNum9 = QtWidgets.QPushButton(Dialog)
            self.btnNum6.setGeometry(QtCore.QRect(260, 220, 75, 23))
            self.btnNum6.setObjectName("btnNum9")
            self.btnNum0 = QtWidgets.QPushButton(Dialog)
            self.btnNum0.setGeometry(QtCore.QRect(170, 260, 75, 23))
            self.btnNum0.setObjectName("btnNum0")
            self.btnFuncAdd = QtWidgets.QPushButton(Dialog)
            self.btnFuncAdd.setGeometry(QtCore.QRect(360, 140, 75, 23))
            self.btnFuncAdd.setObjectName("btnFuncAdd")
            self.btnFuncSub = QtWidgets.QPushButton(Dialog)
            self.btnFuncSub.setGeometry(QtCore.QRect(360, 180, 75, 23))
            self.btnFuncSub.setObjectName("btnFuncSub")
            self.btnFuncMult = QtWidgets.QPushButton(Dialog)
            self.btnFuncMult.setGeometry(QtCore.QRect(360, 220, 75, 23))
            self.btnFuncMult.setObjectName("btnFuncMult")
            self.btnFuncDiv = QtWidgets.QPushButton(Dialog)
            self.btnFuncDiv.setGeometry(QtCore.QRect(360, 260, 75, 23))
            self.btnFuncDiv.setObjectName("btnFuncDiv")
            self.btnFuncEqu = QtWidgets.QPushButton(Dialog)
            self.btnFuncEqu.setGeometry(QtCore.QRect(260, 260, 75, 23))
            self.btnFuncEqu.setObjectName("btnFuncEqu")
            self.lineEdit = QtWidgets.QLineEdit(Dialog)
            self.lineEdit.setGeometry(QtCore.QRect(80, 80, 251, 41))
            self.lineEdit.setObjectName("lineEdit")

            self.retranslateUi(Dialog)
            self.buttonBox.accepted.connect(Dialog.accept)
            self.buttonBox.rejected.connect(Dialog.reject)
            QtCore.QMetaObject.connectSlotsByName(Dialog)

        def retranslateUi(self, Dialog):
            _translate = QtCore.QCoreApplication.translate
```

```
Dialog.setWindowTitle(_translate("Dialog", "Dialog"))
self.btnNum1.setText(_translate("Dialog", "1"))
self.btnNum2.setText(_translate("Dialog", "2"))
self.btnNum3.setText(_translate("Dialog", "3"))
self.btnNum4.setText(_translate("Dialog", "4"))
self.btnNum5.setText(_translate("Dialog", "5"))
self.btnNum6.setText(_translate("Dialog", "6"))
self.btnNum7.setText(_translate("Dialog", "7"))
self.btnNum8.setText(_translate("Dialog", "8"))
self.btnNum6.setText(_translate("Dialog", "9"))
self.btnNum0.setText(_translate("Dialog", "0"))
self.btnFuncAdd.setText(_translate("Dialog", "+"))
self.btnFuncSub.setText(_translate("Dialog", "-"))
self.btnFuncMult.setText(_translate("Dialog", "*"))
self.btnFuncDiv.setText(_translate("Dialog", "%"))
self.btnFuncEqu.setText(_translate("Dialog", "="))
```

编写一个main.py文件用于运行该UI，通过实例化PyQt5的界面将UI代码中的Dialog挂载在界面中并显示，其代码如下。

```
from calculator import Ui_Dialog
from PyQt5 import QtWidgets
import sys
# 实例化APP
app = QtWidgets.QApplication(sys.argv)
add_dlg = QtWidgets.QDialog()
ui=Ui_Dialog()
ui.setupUi(add_dlg)
add_dlg.show()
app.exec_()
```

计算器UI界面如图6-28所示。

图6-28　计算器UI界面

此时单击任何按钮都是没有效果的，所有按钮都只是显示在界面中，而没有对按钮本身增加相应的单击事件。

6.4.2 具体编码

接下来需要对calculator.py中的控件编写监听事件和相应的代码。编写main.py文件对所有的按钮增加监听事件，在Qt中对所有的按钮都采用了信号的形式。其基本形式如下。

```
# 单击方法
btn = QtWidgets.QPushButton(Dialog)
btn.clicked.connect(self.click)


# 定义的执行方法
def click(self):
    …
```

为了保证UI生成代码的完整性和独立性，这里采用在其他Python文件中编写事件绑定的形式，在项目文件夹中建立main.py文件。首先在　main.py文件中引入需要的模块，接着建立一个名为MainFun的类，如下所示。

```
# 引入UI文件
from calculator import Ui_Dialog
from PyQt5 import QtWidgets
import sys


class MainFun:
```

在类中需要初始化一些类变量，用于记录数字1、数字2、运算符号和计算结果。

由于需要对UI文件中的所有按钮和文本框进行操作，所以需要将其设置为类变量，其代码如下。

```
num_a = ''
num_b = ''
result = None
type = None
ui = Ui_Dialog()
```

接下来编写能够让Qt程序运行并显示的__init__()方法，对6.4.1小节中的main.py进行改写，并且增加绑定按钮事件方法add_event()的调用，其代码如下。

```
# 实例化APP
def __init__(self):
    # 实例化app和相应的窗口框架
    app = QtWidgets.QApplication(sys.argv)
    add_dlg = QtWidgets.QDialog()
    # 初始化UI
```

```
        self.ui.setupUi(add_dlg)
        # 绑定全部的按钮事件
        self.add_event()
        add_dlg.show()
        app.exec_()
```

接下来对每一个UI中的按钮进行事件的绑定，这里发送的是clicked信号，而接收该信号的方法有两个，一个是单击数字按钮的set_num()方法，数字的不同以参数来判断；另一个是单击运算符号按钮响应的set_cal_func()方法，符号的不同以参数来判断。

这里涉及一个问题，在按钮接收信号时，需要的是一个函数对象本身，而不是一个可执行的方法，也就是说其方法不能采用直接调用该方法的形式，可以使用lambda函数进行转换。其完整代码如下。

```
        # 为所有的UI增加监听方法
        def add_event(self):
        # 增加数字键的监听方法
        # 需要参数传参，需要采用lambda形式
        self.ui.btnNum0.clicked.connect(lambda: self.set_num(0))
        self.ui.btnNum1.clicked.connect(lambda: self.set_num(1))
        self.ui.btnNum2.clicked.connect(lambda: self.set_num(2))
        self.ui.btnNum3.clicked.connect(lambda: self.set_num(3))
        self.ui.btnNum4.clicked.connect(lambda: self.set_num(4))
        self.ui.btnNum5.clicked.connect(lambda: self.set_num(5))
        self.ui.btnNum6.clicked.connect(lambda: self.set_num(6))
        self.ui.btnNum7.clicked.connect(lambda: self.set_num(7))
        self.ui.btnNum8.clicked.connect(lambda: self.set_num(8))
        self.ui.btnNum9.clicked.connect(lambda: self.set_num(9))
        # 增加功能键的监听方法
        # 参数是符号
        self.ui.btnFuncAdd.clicked.connect(lambda: self.set_cal_func('+'))
        self.ui.btnFuncSub.clicked.connect(lambda: self.set_cal_func('-'))
        self.ui.btnFuncMult.clicked.connect(lambda: self.set_cal_func('*'))
        self.ui.btnFuncDiv.clicked.connect(lambda: self.set_cal_func('/'))
        self.ui.btnFuncEqu.clicked.connect(lambda: self.set_cal_func('='))
```

接下来需要编写具体的计算方法，首先是记录数字的方法，基本逻辑为：在检测到单击运算符按钮之前全部的数字输入均以字符串拼接的方式赋予第一个数据，也就是num_a，并且使用self.ui.lineEdit.setText()方法显示在文本框中。在输入运算类型导致type不为None之后，输入的数字是第二个数据，也就是num_b，并且将整个运算式显示在文本框中。其完整的代码如下。

```
        # 数字键的监听方法
        def set_num(self, num):
```

```
        print(num)
        # 判断是第一个数据还是第二个数据
        if self.type is None:
            # 如果type为None；则认为这个数字是第一个数据的
            self.num_a = self.num_a + str(num)
            self.ui.lineEdit.setText(self.num_a)
        else:
            # 否则认为这个数字是第二个数据的
            self.num_b = self.num_b + str(num)
            # 在文本框中显示所有的式子
            show_str = self.num_a + self.type + self.num_b
            self.ui.lineEdit.setText(show_str)
```

接下来是对运算功能和等于功能按钮的监听方法set_cal_func()的编写。判定其是否为 "=" ，如果是，则需要结果的操作，则根据输入的运算符（type）进行结果的运算，并且将此结果输出在文本框中，然后对此次的类变量数字1（num_a）和数字2（num_b）以及运算符（type）进行复原初始化。

如果不是 "=" ，则对type进行赋值。需要注意的是，如果用户想对上次的运算结果直接进行运算，此时需要将之前得到的result值作为第一个数字（num_a），并且对运算符进行相应的赋值。

其代码如下所示，其中clear_data()方法为运算结束后重新初始化变量的方法。

```
    # 增加功能键的监听
    def set_cal_func(self, str_fuc):
        print(str_fuc)
        # 如果是 "=" ，则进行运算
        if str_fuc == '=':
            # 加法处理
            if self.type == '+':
                self.result = int(self.num_a) + int(self.num_b)
            # 减法处理
            elif self.type == '-':
                self.result = int(self.num_a) - int(self.num_b)
            # 乘法处理
            elif self.type == '*':
                self.result = int(self.num_a) * int(self.num_b)
            # 除法处理，需要进行保留小数位
            elif self.type == '/':
                self.result = int(self.num_a) / int(self.num_b)
            # 需要转换为字符串，因为Python3的除法会出现小数形式，所以保留两位小数
            # 如果是整数，则直接显示
            print(self.result)
```

```
        if type(self.result).__name__ != 'int':
            # 只显示2位
            self.ui.lineEdit.setText('%.2f' % self.result)
        else:
            self.ui.lineEdit.setText(str(self.result))
        # 清除所有的数据，进行下一次运算
        self.clear_data()
    else:
        print('输入其他内容')
        # 如果不是 "=" ，则直接赋值
        self.type = str_fuc
        # 注意，如果用户想要利用上次运算得到结果也是可行的
        # 其逻辑为，如果没有输入任何新的数字（num_a为' '），则a直接为结果
        if self.num_a == '':
            self.num_a = str(self.result)


# 清理所有的数据
def clear_data(self):
    self.num_a = ''
    self.num_b = ''
    self.type = None
```

上述代码可以通过直接实例化该类来运行，其代码如下。

```
if __name__=="__main__":
    # 运行该类
    MainFun()
```

使用Python运行该代码，其界面显示计算器，单击数字按钮可以在文本框中输入相应的数字，选择运算操作可以进行相应的运算，并且在输入第二个字符后将整个运算式显示在文本框中，如图6-29所示。

图6-29　运行结果

在输入完成第二个数字后，单击"="按钮，可以得到当前运算的相应结果，如图6-30所示。如果得到的结果为整数，则直接显示，当运行除法时出现多位小数的情况，则会保留两位小数。

图6-30　运算结果

6.5　小结与练习

6.5.1　小结

通过学习本章的内容，读者已经了解基本的GUI编辑和相关的开发。其实在Web技术高速发展的今日，桌面端程序的开发越来越少，越来越多的系统选择了Web作为客户端或者采用了移动的形式。而对Qt这样强大的图形用户界面应用程序开发框架来说，其使用者和热门度均减少了很多，甚至其并不是Python学习的必要内容。

但是对于学习和使用Python的开发者而言，简单的界面开发依旧是需要掌握的内容。Python作为一门好用的脚本语言，单一地通过命令行输入命令进行脚本运行并非是最好的方式，提供方便实用的GUI应用程序可以让更多没有编程基础的人使用开发者开发的软件。

6.5.2　练习

通过本章的学习，希望读者可以完成以下练习。

（1）理解并且分析计算机中的GUI程序。

（2）尝试使用Python自带的tkinter模块编写一个简单的HelloWorld程序。

（3）完成Qt的安装，并且对PyCharm进行相关的开发配置。

（4）尝试使用Qt Designer设计不同功能的界面，并转换为Python代码。

（5）使用Qt开发本章的计算器程序。

第 7 章

使用Python开发游戏

学习目标

    Python作为一门几乎全能的开发语言，自然可以用于开发游戏。通过Python开发的游戏虽然不如专业的游戏引擎制作的游戏简单和精美，但是可以成为小众精品，成为与朋友一起偶尔娱乐的小游戏。

    本章涉及的游戏并不是利用简单的Python代码和判断循环就可以完成的小游戏，而是使用Pygame或者其他模块开发的真正意义上的游戏程序。

本章要点

通过学习本章，读者可以了解并掌握以下知识点：

◆ 如何使用Python进行游戏的开发；
◆ 如何使用Pygame开发带有界面并且可以操作的游戏；
◆ 如何使用Ren'Py开发文字游戏。

7.1 如何使用Pygame开发游戏

Pygame是一个利用SDL（Simple DirectMedia Layer）库的游戏开发库，SDL可以使用C语言完成，也可以使用C++开发。Pygame就是Python中使用SDL的库，可以通过Python代码调用Pygame，以实现对SDL的调用。

7.1.1 Pygame模块

Pygame作为一款游戏开发库，与其他库相比虽然作用不同，但是其本质上也相当于Python中的一个第三方库，可以使用pip命令进行安装。

```
pip install pygame
```

安装过程如图7-1所示。本书安装的版本为1.9.6。

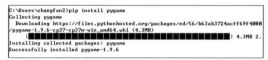

图7-1　Pygame的安装过程

可以通过import命令测试该包是否安装成功，如果正确且成功安装，则会自动打印Pygame的版本信息，如图7-2所示。

图7-2　安装测试信息

为了方便用户使用Python开发出可玩性强的游戏，并且降低开发的难度，Pygame提供了众多的其他工具用于游戏的开发，其官方网站的网址为https://www.pygame.org/news，可以在此网站中获得更多的帮助信息及Pygame的相关文档，如图7-3所示。

图7-3　Pygame官方网站

7.1.2 项目练习：使用Pygame初始化窗口

对于Pygame包而言，需要通过init()方法实现对该包的初始化，并通过pygame.display.
set_mode()函数进行窗口界面的显示。其基本示例代码如下。

```python
import pygame
from pygame.locals import *
import sys

# 初始化Pygame
pygame.init()
size = width, height = 500, 500  # 设置窗口大小
screen = pygame.display.set_mode(size)  # 显示窗口
# 窗口的名称
pygame.display.set_caption('游戏测试')
# 隐藏游戏时鼠标的不可见性
pygame.mouse.set_visible(0)
# 一直显示
while True:
    for event in pygame.event.get():  # 获得所有事件
        # 如果单击关闭窗口则退出
        if event.type == pygame.QUIT:
            print("单击关闭按钮")
            sys.exit()
# 关闭pygame
pygame.quit()
```

在上述代码中实现了对Pygame包的初始化，设定了窗口的大小为500×500，并且监听
Pygame中的事件。如果发生了QUIT事件类型，则通过sys包控制该窗口退出Python死循环进
程。执行效果如图7-4所示。

图7-4　初始化游戏

为了使得开发变得便捷，Pygame设置了大量的可监听事件，通过监听这些不同的事件
类型，可以对程序进行不同的操作。Pygame中常用的事件类型如表7-1所示。

表7-1　Pygame中常用的事件类型

事 件 类 型	值	说　　明
QUIT	none	退出事件
ACTIVEEVENT	gain,state	被激活事件
KEYDOWN	key,mod,unicode, scancode	键盘被按下
KEYUP	key,mod	键盘被放开
MOUSEMOTION	pos,rel,buttons	鼠标移动事件
MOUSEBUTTONUP	pos,button	鼠标按下被放开事件
MOUSEBUTTONDOWN	pos,button	鼠标被按下事件
JOYAXISMOTION	joy,axis,value	游戏手柄轴移动事件
JOYBALLMOTION	joy,ball,rel	游戏球手柄移动事件
JOYHATMOTION	joy,hat,value	游戏手柄十字方向键事件
JOYBUTTONUP	joy,button	游戏手柄按键被松开
JOYBUTTONDOWN	joy,button	游戏手柄按键被按下
VIDEORESIZE	size,w,h	Pygame窗口缩放
VIDEOEXPOSE	none	窗口部分显示
USEREVENT	code	用户事件

　　上述事件都可以通过一个实时的循环来获得，在上一个示例代码中，通过for循环获得所有的event事件，在while True的死循环中进行事件获取。

　　例如，下方的示例代码为在窗口开启时进行键盘的监听，并且将所有的键盘输入打印到控制台中。其完整代码如下。

```
import pygame
from pygame.locals import *
import sys

# 初始化pygame
pygame.init()
size = width, height = 200, 200  # 设置窗口大小
screen = pygame.display.set_mode(size)  # 显示窗口
# 窗口的名称
pygame.display.set_caption('键盘测试')
# 一直显示
while True:
    for event in pygame.event.get():  # 获得所有事件
        # 如果单击关闭窗口则退出
        if event.type == pygame.KEYDOWN:
```

```
        print("单击键盘输入")
        print("该键位的key为", event.key)
        print("该键位的Unicode为", event.unicode)
    if event.type == pygame.QUIT:
        sys.exit()
# 关闭pygame
pygame.quit()
```

运行结果如图7-5所示，可以看到其键位的key值和Unicode值，最后按下的是Ctrl键，没有Unicode值。

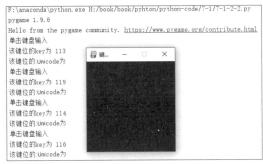

图7-5　键盘输入事件

7.2 项目练习：Pygame实现的FlappyBird

本节将会使用Pygame包开发一个形式简单的休闲类游戏——FlappyBird，重现这个曾经风靡世界的小游戏。

7.2.1 游戏设计和原理

这里首先需要明确一个概念，对于手机或者计算机屏幕而言，其拥有自身的平面坐标系，也就是说屏幕上的任何一个点都可以使用一个（x,y）的元组表示，屏幕左上角点的坐标为（0,0），如图7-6所示。

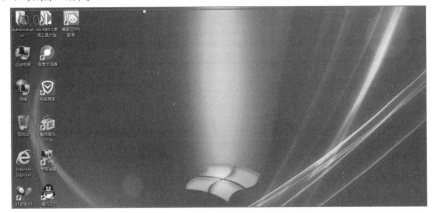

图7-6　屏幕坐标系

也就是说，在电子产品的屏幕上，x轴为横轴，y轴为纵轴。了解这个概念可以方便游戏中或者GUI显示中元素的定位操作。

在2D平面游戏中，任何元素都拥有自己的位置坐标，游戏软件中的坐标一般以该游戏软件显示窗口的左上角点为原点（0,0），x轴为横轴，y轴为纵轴。也就是说，如果要实现一个元素在游戏窗口中向下移动，应当加大其y坐标的值；向右移动，则应该加大其x坐标的值。

完整版本的FlappyBird中涉及大量的游戏环节，包括小鸟、障碍物、不同的奖品和小鸟的状态等内容。本书将该游戏进行简化，仅包括小鸟和障碍物，而分数的判定也仅设置为小鸟通过的障碍物的个数。

其基本的游戏逻辑是有小鸟和障碍物两个实体，其中小鸟会自动坠落（增加重力概念，不停增加小鸟的y轴数值），通过按下键盘或者单击可以让小鸟向上爬升（y轴的数值减小）。FlappyBird的位移如图7-7所示。

建立障碍物后，障碍物会自动地朝向小鸟左位移（x轴的数值减小），实现小鸟向右前进移动的状态（实际上是障碍物在移动）。

在游戏进行的过程中，需要监听用户按下键盘或者单击的事件，同时需要及时查看是否触发了游戏结束条件，导致游戏结束。

此外，还有其他几个注意事项。

（1）游戏结束的判断：一是小鸟撞到障碍物；二是小鸟出界。

（2）游戏中小鸟的下降和上升，以及障碍物的移动都应当是逐渐位移，而不能直接设定其坐标导致物体闪现。

（3）当一个障碍物的x轴移出屏幕时没有触发游戏结束，则获得一分，同时将这个障碍物的位置改为超过屏幕的部分，令其重新出现。

（4）第一次进入游戏，显示欢迎界面，在玩游戏时显示实时分数和fps信息；游戏结束后显示Game Over提示和获得的分数，但不返回欢迎界面；单击屏幕直接开始下一轮游戏。

根据上述要求可以绘制出流程图，如图7-8所示。

图7-7　FlappyBird位移

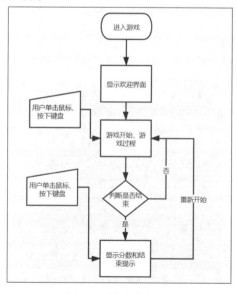

图7-8　游戏流程

7.2.2 游戏项目的编写

7.2.1小节中介绍了游戏相关的流程和操作的方法，但是并没有对游戏中的各类元素进行介绍。Python作为一门面向对象的编程语言，使用其开发的游戏程序自然也是面向对象的。本节将会对游戏中的各个元素进行介绍。

在FlappyBird游戏中存在三个元素，分别是小鸟、障碍物和开始/结束游戏提示。首先介绍最重要的游戏主角——小鸟，其对应一个类，基本的属性和逻辑如图7-9所示。

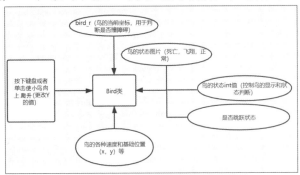

图7-9　鸟的属性

这里需要准备三种不同的小鸟状态（正常、飞翔和死亡）的图片资源，在相应状态时调用。

> **：注 意**
>
> 本示例中所有的图片资源都在assets文件夹中，需要的图片使用pygame.image.load()方法引入，该方法可以引入一张来自外部文件的图片，并且返回一个Surface对象。

Surface对象其实就是在Pygame中可以被操作的图片对象，可以对该对象进行拉伸、修改、复制等操作。如果不对该对象进行更改，则会使用图片本身的属性。例如，在Bird类中使用了直接引入图片的大小作为Surface对象的大小。编写的具体代码如下。

```python
import pygame


class Bird(object):
    # 小鸟的矩形框（撞击位置）
    bird_r = pygame.Rect(50, 50, 50, 50)
    # 定义小鸟的三种状态，并且载入这三种状态的图片
    birdStatus = [pygame.image.load("assets/bird/1.png"),
                  pygame.image.load("assets/bird/2.png"),
                  pygame.image.load("assets/bird/dead.png")]
    # 飞翔时的状态默认为0（0代表初始化状态，1代表扇动翅膀，2代表撞击障碍物显示的状态）
```

```
status = 0
# 小鸟所在X轴坐标，不变
birdX = 100
# 小鸟所在Y轴坐标，初始化
birdY = 400
# 默认情况下小鸟自动降落
jump = False
# 向上加速度为默认值
jumpSpeed = 10
# 默认向下重力
g = 2
# 默认游戏是否结束
dead = False

@staticmethod
def bird_update():
    # print(Bird.birdX, Bird.birdY)
    # 小鸟的跳跃显示
    if Bird.jump:
        # 加速度递减，上升变慢
        if Bird.jumpSpeed >= 0:
            # 不能让小鸟无止境地跳
            Bird.g = 2
            Bird.jumpSpeed = Bird.jumpSpeed - 0.5
            # Y轴坐标减小
            Bird.birdY = Bird.birdY - Bird.jumpSpeed
        else:
            # 结束跳的状态
            Bird.jump = False
    else:
        # Y轴向下（重力影响）
        Bird.birdY = Bird.birdY + Bird.g
    # 更改小鸟的撞击矩形Y轴位置
    Bird.bird_r[1] = Bird.birdY
```

在上述类中提供了一个小鸟跳跃的静态方法，可以通过外部类进行调用，调用一次则会让该鸟的坐标上升，完成跳跃的过程。

接下来编写Pipeline类，在该类中需要引入两种障碍物：一种是朝下方的，另一种是朝上方的，同样采用pygame.image.load()方法引入两张图片。方法类的完整代码如下。

```
import pygame
# 障碍物类
```

```
class Pipeline(object):
    # 障碍物所在X轴坐标
    wallx = 400
    # 在障碍物类记录分数
    score = 0
    # 载入障碍物图片
    pineUp = pygame.image.load("assets/pipe_up.png")
    pineDown = pygame.image.load("assets/pipe_down.png")

    @staticmethod
    def update_pipeline():
        Pipeline.wallx -= 1  # 障碍物X轴坐标递减，即障碍物向左移动
        # 当障碍物运行到一定位置，如果小鸟飞越障碍物，分数加1，并且重置障碍物
        if Pipeline.wallx < -0:
            Pipeline.score += 1
            Pipeline.wallx = 400
```

　　在以上Pipeline类代码中，同样向其他游戏脚本提供了一个调用方法，通过调用该方法可以实现对分数的计算和障碍物的左移，实现场景的移动。

　　编写完两个主体的游戏类，接下来就需要编写游戏的具体运行脚本。将该脚本也定义为一个类，需要在该文件中引入Bird类和Pipeline类，其代码如下。

```
from bird import Bird
from pipeline import Pipeline
import pygame
import sys

class gs:
    ...
```

　　在该运行脚本中需要初始化Pygame和字体等内容，同时需要在引入背景图片后执行开始游戏等操作，所以需要在__init__()方法中定义，其代码如下。

```
def __init__(self):
    # 初始化Pygame
    pygame.init()
    # 初始化字体
    pygame.font.init()
    # 设置全局默认的字体和大小
    self.font = pygame.font.SysFont("Arial", 20)
    # 设置颜色
    self.text_color = (255, 255, 255)
    # 设置窗口大小
```

```
        self.size = self.width, self.height = 400, 650
        # 显示窗口
        self.screen = pygame.display.set_mode(self.size)
        # 设置时钟和帧
        self.clock = pygame.time.Clock()
        # 设置背景图片获得一个Surface对象
        self.background = pygame.image.load("assets/background.png")
        # 使用transform函数对图片对象进行缩放，适应屏幕大小
        self.background = pygame.transform.scale(self.background, (400, 650))
        # 游戏是否开始
        self.start_status = False
        # 游戏结束的显示
        self.show_result = False
        # 开始运行游戏
        self.start_event()
    # 退出游戏
    def __del__(self):
        pygame.quit()
```

在上述代码中通过pygame.image.load()方法引入图片后，需要使用pygame.transform.scale()方法进行该对象的缩放。

同时，在上述代码中通过pygame.time.Clock()方法获得了一个clock对象，该对象可以用于对游戏帧数和时间的控制。

在初始化类的最后面调用了初始化游戏的方法，负责监听所有的事件及该游戏是否开始或者结束，其代码如下。

```
    # 初始化游戏
    def start_event(self):
        while True:
            for event in pygame.event.get():
                # 显示fps
                self.clock.tick(60)
                # 检测是否退出该循环
                if event.type == pygame.QUIT:
                    sys.exit()
                # 检测游戏单击事件是否游戏结束
                if (event.type == pygame.MOUSEBUTTONDOWN or event.type == pygame.KEYDOWN) and
not Bird.dead:
                    if self.start_status:
                        # 小鸟起飞，需要重置速度，必须在跳跃之前
                        Bird.jumpSpeed = 10
```

```
        # 跳跃状态
        Bird.jump = True
    else:
        # 游戏开始或者游戏重置
        self.show_result = False
        self.start_status = True
# 是否显示游戏结束内容
if self.show_result:
    pass
else:
    if self.start_status:
        if self.check_dead(): # 检测游戏状态
            # 游戏结束
            self.get_result()
        else:
            # 创建新的障碍物
            self.create_map() # 创建地图
    else:
        self.show_welcome()
```

在上述代码中，通过设定一个永久循环完成对事件的监听，并且一直检测游戏的开始状态（start_status），如果是开始状态，则查看是否需要创建新的地图或者显示游戏结束的画面（check_dead为True时）。

显示欢迎界面的方法为show.welcome()，其完整代码如下。

```
    # 创建游戏开始欢迎页面
    def show_welcome(self):
        # 设置欢迎图片获得一个Surface对象
        self.screen.blit(self.background, (0, 0)) # 填入背景
        welcome = pygame.image.load("assets/welcome.png")
        self.screen.blit(welcome, (150, 250)) # 填入图片
        title = pygame.image.load("assets/title.png")
        self.screen.blit(title, (120, 80)) # 填入图片
        pygame.display.update() # 更新显示
```

在上述代码中设置了两张图片作为欢迎界面的显示内容。在所有有关游戏界面的更新上，如果使用screen.blit()方法挂载对象（图片、文字等），则必须使用pygame.display.update()方法才能更新窗口的显示内容，否则挂载的内容不会绘制在窗口中。其显示效果如图7-10所示。

如果对鼠标的监听事件已经触发，则不会在欢迎界面停留，直接进入游戏开始的逻辑，也就是说游戏本身开始创建地图（新建障碍物并且一直改变其y轴，将Bird类挂载在窗

口上）。其代码如下。

```python
# 创建新的地图
def create_map(self):
    self.screen.blit(self.background, (0, 0))  # 填入背景
    # 显示障碍物
    # 上障碍物坐标位置
    self.screen.blit(Pipeline.pineUp, (Pipeline.wallx, -100))
    # 下障碍物坐标位置
    self.screen.blit(Pipeline.pineDown, (Pipeline.wallx, 500))
    # 障碍物移动
    Pipeline.update_pipeline()


    # 显示小鸟
    # 撞障碍物状态
    if Bird.dead:
        Bird.status = 2
    # 起飞状态
    elif Bird.jump:
        Bird.status = 1
    # 一般状态
    else:
        Bird.status = 0


    # 显示现在小鸟的位置
    self.screen.blit(Bird.birdStatus[Bird.status], (Bird.birdX, Bird.birdY))
    # 更新小鸟的位置
    Bird.bird_update()
    # 绘制fps
    self.screen.blit(self.font.render('fps:' + str(int(self.clock.get_fps())), True, (0, 0, 0)), (300, 10))
    # 显示分数
    self.screen.blit(self.font.render('Score:' + str(Pipeline.score), True, self.text_color), (50, 10))
    # 刷新更新显示
    pygame.display.update()
```

通过上述代码可以确定当前小鸟的状态，也就是说当用户按下键盘时，该小鸟的状态为1，则显示小鸟飞翔的图片，并且通过Bird中的bird_update()方法更新小鸟的当前位置，同时使用create_map()方法绘制分数和fps两个数值，显示在游戏界面上方。游戏运行过程的显示效果如图7-11所示。

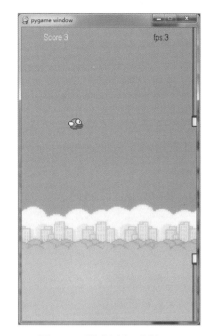

图7-10　欢迎界面　　　　　　　图7-11　游戏运行过程

　　在游戏的运行过程中，每次按键或单击都会对游戏结束状态进行判定，其判定依据为check_dead()方法的返回值。该方法会确定当前小鸟的碰撞矩形框是否与障碍物的矩形框重合，或者角色是否出界，从而导致游戏失败。其代码如下。

```python
# 碰撞检测
def check_dead(self):
    # 上方障碍物的矩形框（碰撞检测）
    up_r = pygame.Rect(Pipeline.wallx, -100,
                       Pipeline.pineUp.get_width() - 10,
                       Pipeline.pineUp.get_height())

    # 下方障碍物的矩形框（碰撞检测）
    down_r = pygame.Rect(Pipeline.wallx, 500,
                         Pipeline.pineDown.get_width() - 10,
                         Pipeline.pineDown.get_height())
    # 检测小鸟与上下方障碍物是否碰撞
    if up_r.colliderect(Bird.bird_r) or down_r.colliderect(Bird.bird_r):
        Bird.dead = True
        # 障碍物标识
        print("障碍物结束")
        return True
    # 检测小鸟是否飞出上下边界
    if not 0 < Bird.bird_r[1] < self.height:
```

```
        Bird.dead = True
        # 出界结束标识
        print("出界结束")
        return True
    else:
        return False
```

当小鸟飞出界或者撞击到障碍物时，则会触发游戏结束机制，即在游戏窗口上绘制分数和"Game Over!!!"字样，并且重置所有的游戏分数和内容。其代码如下。

```
def get_result(self):
    self.show_result = True
    # 记录用户的分数，该分数会在reset_game()方法中重置
    temp_score = Pipeline.score
    # 设定文字
    self.reset_game()
    text1 = "Game Over!!!"
    text2 = "YOUR SCORE: " + str(temp_score)
    # 设置第一行文字显示位置
    self.screen.blit(self.font.render(text1, True, self.text_color), [150, 100])
    # 设置第二行文字显示位置
    self.screen.blit(self.font.render(text2, True, self.text_color), [130, 200])
    # 更新整个待显示的Surface对象到屏幕上
    pygame.display.flip()
```

为了下一次单击屏幕时能自动重新开始游戏，需要在游戏结束时重置一些状态量，也就是在游戏结束时调用reset_game()方法。其完整代码如下。

```
def reset_game(self):
    # 重置游戏状态
    self.start_status = False
    # 重置分数和状态等
    Pipeline.score = 0
    Bird.status = 1
    Bird.dead = False
    # 小鸟所在Y轴坐标，重新初始化
    Bird.bird_r[1] = Bird.birdY = 400
```

游戏结束效果如图7-12所示。

这样，一个简单的游戏就完成了。在其他的文件中使用下方的代码引入该游戏脚本，并且实例化该游戏，该游戏会自动开始运行。

图7-12　游戏结束

```
# 引入游戏脚本
from gameScript import gs
# 实例化游戏脚本
gs()
```

注意

　　本实例中游戏资源图片根据网络资源进行了修改，读者可以找到适合的其他图片进行替换。如果需要实现相同的效果，则需要更改部分图片生成的Surface对象的大小或者更改代码中有关位置部分的代码。

7.3 使用Ren'Py开发文字游戏

　　在7.2节介绍了如何使用Pygame进行Python游戏的开发，本节将会通过Ren'Py包开发另外一款Python游戏。

　　本节涉及简单的游戏引擎类的开发，虽然使用的是Python语言，但是并不属于传统Python开发的一部分，读者可以按需选择阅读。

　　如果读者对游戏的开发兴趣浓厚，请自行学习Unity、Unreal或者Cocos的相关知识。相对于小众的Ren'Py来说，这些引擎更加强大且易于分享。

7.3.1 什么是Ren'Py

　　Ren'Py是一款非常流行的Python游戏引擎，与Pygame这样提供基础功能的游戏开发包相比，Ren'Py显得更专业，它可以用于创作通过计算机叙述故事的视觉小说。

这款游戏引擎的流行得益于动漫、游戏等二次元领域文化的崛起。这类游戏的用户群体较为小众，但是随着日式动漫在国际范围的流行，ACG文化圈逐渐成为一个极好的用户群体，而制作精良的视觉小说受到更多人的欢迎。

视觉小说是电子游戏的一种，是冒险游戏的分支游戏类型之一。视觉小说是有声读物（Audio book）的衍生产物，可以将视觉小说理解为电子书，但是视觉小说含有的声音和图片远比电子书丰富，即使声音和图片并不是视觉小说的核心。综上所述，视觉小说是介于冒险游戏和电子书的中间产物。

视觉小说游戏是日系的二次元文化中重要的组成部分，大部分的游戏制作引擎（如NScripter）都由日本开发。但是Ren'Py和开发者流行于英语文化圈，大部分的用户和开发者来自世界各地，因此，在该游戏引擎中可使用UTF-8编码。

Ren'Py的官方网址为https://www.renpy.org/，如图7-13所示，可以在该官方网站下载游戏引擎或者查看其他开发者开发的游戏内容。

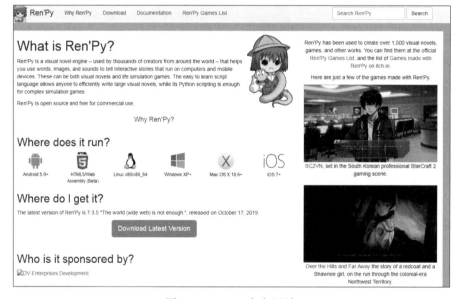

图7-13　Ren'Py官方网站

Ren'Py支持大部分视觉小说应具有的功能，其中包括分支故事、游戏存储（存档）和游戏加载（回档）、回退游戏存储点、多样性的场景和角色转换等特点。经过一些特别的处理，Ren'Py甚至可以开发视觉小说之外的游戏。

Ren'Py不仅仅支持2D版本游戏，在最新的Ren'Py中，已经支持3D加速，并且可以支持在Linux、Android、Windows等平台实现多端运行。

同时，Ren'Py内置了游戏发行工具，可以对游戏中的脚本进行压缩和加密，实现对游戏版权的保护，防止游戏盗版的传播。

与Pygame只能通过pip install命令进行安装不同，Ren'Py引擎相当于一个独立的软件包，需要下载新的软件安装包，其最新版下载网址为https://www.renpy.org/latest.html；也可以通过GitHub进行源码的下载，其网址为https://github.com/renpy/renpy。

Ren'Py安装SDK解压界面如图7-14所示。

AnsAnAns..

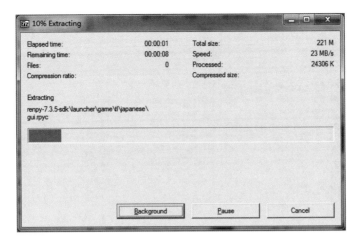

图7-14　Ren'Py安装SDK解压界面

　　解压完成后，在其解压的目录下双击renpy.exe，可以打开该项目工程，该引擎界面如图7-15所示。

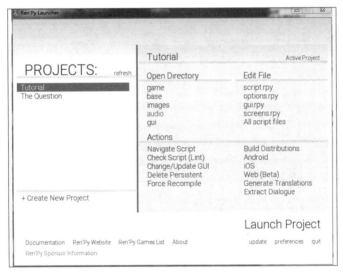

图7-15　引擎界面

7.3.2　项目练习：使用Ren'Py开发文字类游戏

　　在7.3.1小节中进行了Ren'Py的安装，本小节将会使用该引擎进行简单的开发。首先，打开其工程界面，单击Create New Project选项，选择保存该工程的具体路径，输入文件名并完成基础的配置后，该工程向导会自动创建该游戏并且将其加入文件列表中，如图7-16所示。

　　Ren'Py开发引擎会自动完成该游戏的内容，选择该游戏后，可以通过单击图7-16中的Launch Project选项启动游戏。游戏启动界面如图7-17所示。

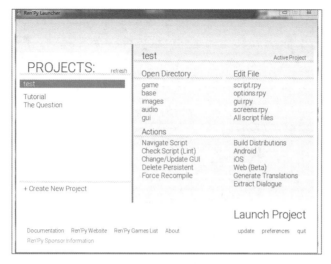

图7-16　新建游戏

图7-17　游戏启动界面

　　在上述游戏启动界面中，单击Start可以开始游戏，单击Load可以查看该游戏的存档，单击其他的内容可以看到基本功能的展示。

　　也就是说，通过Ren'Py，不用编写一行代码即可完成一款可以运行的游戏。但是如果要更改游戏中的内容，依旧需要对该工程文件中的代码进行修改。其工程中的文件结构如图7-18所示。

audio	2019/11/4 17:22	文件夹	
cache	2019/11/4 17:22	文件夹	
gui	2019/11/4 17:22	文件夹	
images	2019/11/4 17:22	文件夹	
saves	2019/11/4 17:25	文件夹	
tl	2019/11/4 17:22	文件夹	
gui.rpy	2019/11/4 17:22	RPY 文件	16 KB
gui.rpyc	2019/11/4 17:22	RPYC 文件	21 KB
options.rpy	2019/11/4 17:22	RPY 文件	7 KB
options.rpyc	2019/11/4 17:22	RPYC 文件	5 KB
screens.rpy	2019/11/4 17:22	RPY 文件	41 KB
screens.rpyc	2019/11/4 17:22	RPYC 文件	74 KB
script.rpy	2019/11/4 17:22	RPY 文件	1 KB
script.rpyc	2019/11/4 17:22	RPYC 文件	2 KB

图7-18　文件结构

对Ren'Py而言，其默认版本仅支持UTF-8中的英文相关字符，而不支持中文字符。不过只需要支持UTF-8的字体就可以扩展多语言，如果不增加字体，会导致中文字体解析错误，如图7-19所示。

图7-19　中文字体解析错误

本书采用开源的中文字体"思源黑体"，思源黑体是Adobe与Google历时三年于2014年7月推出的一款开源字体，这款新的供桌面使用的开源Pan-CJK字体家族有7种字体粗细（ExtraLight、Light、Normal、Regular、Medium、Bold 和 Heavy），完全支持繁体中文、简体中文、日文和韩文。

注 意

开发公开使用的游戏或者软件时，如果使用字体文件和图片，应当注意字体或者图片的版权问题，推荐使用开源和免费版权的图片或者字体，否则可能会造成版权纠纷。

在项目工程中新建lang文件夹用于存放字体文件，本例中放置下载的中文字体文件SourceHanSerifSC-Bold.otf，接下来更改gui.rpy中的配置内容。其代码如下。

```
## The font used for in-game text.
define gui.text_font = "lang/SourceHanSerifSC-Bold.otf"

## The font used for character names.
define gui.name_text_font = "lang/SourceHanSerifSC-Bold.otf"

## The font used for out-of-game text.
define gui.interface_text_font = "lang/SourceHanSerifSC-Bold.otf"
```

修改后，重新运行该游戏，可以看到修改后的中文菜单已经被正确识别，如图7-20所示。

图7-20　中文字符识别正确

其中文菜单的修改位于screens.rpy项目文件的screen navigation()方法中，其部分代码如下。

```
if main_menu:
    textbutton _("开始") action Start()
else:
    textbutton _("回档") action ShowMenu("history")
    textbutton _("保存") action ShowMenu("save")
textbutton _("载入") action ShowMenu("load")
textbutton _("收藏") action ShowMenu("preferences")
…
```

其基本的对话内容需要写在script.rpy文件中。以下代码实现了最基本的两个人之间的对话游戏。

```
define n = Character("你：")
define m = Character("我：")
# The game starts here.
label start:
    # Show a background. This uses a placeholder by default, but you can
    # add a file (named either "bg room.png" or "bg room.jpg") to the
    # images directory to show it.
    # 背景内容
scene bg
    show eileen happy
    # 对话开始
    m "哈哈你好，你支持中文吗？"
    n "支持呀"
    m "这是Python的教程！"
```

```
# This ends the game.

    return
```

执行效果如图7-21所示。

图7-21　游戏执行效果

7.4 小结与练习

7.4.1 小结

通过本章的学习，读者已经了解到可以使用Python进行游戏开发。虽然现在Python并不是游戏行业使用的主流开发语言，但是使用Python开发一些简单的小游戏也是非常好的选择。Python提供了简单易用的游戏开发工具包，并支持多平台运行。这对于非专业游戏程序员而言，意味着不需要学习其他的开发语言或者软件的使用，就可以开发简单的游戏程序。Python针对游戏的开发分为两种方式。

一种是通过纯代码实现的游戏编写，而不使用任何所谓的"游戏开发引擎"。这类游戏的开发难度大，但是性能良好且非常适合自定义的内容。

另一种就是使用引擎进行游戏的开发，现在的游戏开发引擎中添加了大量刚体、物理特性、粒子等内容。通过场景编辑器的方式进行游戏开发，可以迅速地开发出一款场景优秀、可玩性极佳的游戏，但是其性能和模型等也受限于引擎本身。所以在实际开发中，需要根据需求确定不同的开发方式。

对整个Python的学习而言，使用Pygame进行游戏开发尚属于Python开发的基础内容，而使用Ren'Py等引擎开发游戏只是作为开拓读者的视野和思路的内容，并不要求掌握。

7.4.2 练习

通过本章的学习，希望读者可以完成以下练习。

（1）学会使用Pygame进行游戏的基础开发，并且分析是否可以使用Pygame进行可视化应用的开发。

（2）尝试练习本章中的游戏开发示例，并对其中的参数和逻辑进行优化。

（3）复习并掌握Python面向对象的内容，并且尝试对经典的休闲小游戏进行复刻，思考如何能实现其游戏逻辑。

（4）感兴趣的读者可以自行了解各个游戏引擎的内容，以及大型游戏中使用了哪些游戏引擎。

第 8 章

使用Python进行Web开发

学习目标

从本章开始，将会介绍如何通过Python进行Web开发。这部分内容涉及的知识点很多，本章将会介绍与网站开发相关的基础知识，以及数据传输的基本流程和格式，最后将会介绍如何通过框架进行大型网站的开发。

通过学习本章，读者可以了解并掌握以下知识点：

本章要点

◆ 数据传输的基本流程和格式；

◆ 如何进行数据格式的基本解析；

◆ 什么是网站开发，什么是B/S架构，为什么需要开发网站；

◆ 基础的HTML标签和HTML的编写；

◆ 基础的CSS样式和一些常用样式的编写；

◆ 简单的JavaScript开发的使用；

◆ CGI和网站服务器等内容；

◆ URL的基础概念和HTTP请求的相关知识的扩充。

8.1 数据传输格式和解析

广义上的数据传输是指在整个世界和时代的发展中必备的一个需求，从人和人之间面对面的语言交流、电话交流，乃至书信文件的记录，都属于一种数据传输，而语言、文字则是传输过程中的中介物或者媒介。

狭义上的数据传输即为设备终端（计算机等）通过二进制的形式进行通信的整个过程，端与端的交流本质上相当于用户与服务器的交流，而用户需要用到服务器的内容，服务器需要获得并处理用户信息，从而形成了数据的传输过程。

8.1.1 为什么需要数据传输

在计算机世界中，数据传输（data transmission）是指依照适当的规程，经过一条或多条链路，在数据源和数据宿之间传送数据的过程，也可以理解为借助信道上的信号将数据从一处送往另一处的操作。

数据传输本质上是指端与端之间数据传输的通信过程，传输信道可以是一条专用的通信信道，也可以是由数据交换网、电话交换网或其他类型的交换网提供的临时信道。

> **注　意**
>
> 本书并非通信类的书籍，所以仅仅关注数据传输时的软件层面的传输结构和格式，不涉及端与端之间物理层的实现和具体的协议及二进制的数据格式等通信相关的内容。

由于单机应用的局限性和Internet与移动网络的发展，网络和交互型应用愈发常见，至今几乎已经没有单纯的单机应用，基本上所有的应用都需要互联网的支持，而这就涉及数据传输。

用户持有的手机等终端设备通过移动网络从相关的服务器中获得需要的数据，这样的应用场景可以说是目前最为常见的数据传输方式。阿里云的数据传输服务架构如图8-1所示。

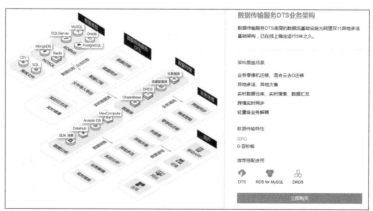

图8-1　阿里云的数据传输服务架构

本章介绍的数据传输也是基于这种数据传输的需求，即用户与服务器端之间的数据传输，如图8-2所示。

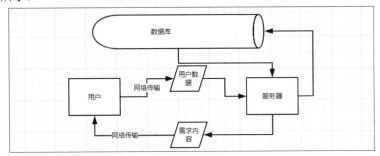

图8-2　用户与服务器端之间的数据传输

8.1.2　常见的数据传输方法HTTP

本书中的数据传输特指用户端和服务器端进行数据传输的过程，而用户和服务器作为单个独立的端，需要通过一定的格式才能通过网络进行数据的交换和状态的判定，此时就需要相关的传输协议。

常用的应用层协议有Telnet、FTP、SMTP、HTTP、DNS等。通过不同的格式确定客户端和服务器端的状态，本节介绍最常使用的HTTP。

HTTP(Hypertext Transfer Protocol)，即超文本传送协议。HTTP是TCP的上层协议，本身建立在TCP的基础上，是Web联网的基础，也是手机应用中常用的协议之一。HTTP服务如图8-3所示。

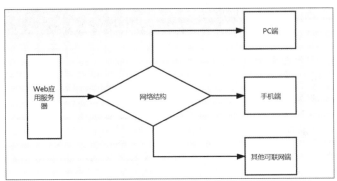

图8-3　HTTP服务

HTTP最早用于对网页的浏览，基于通过三次握手确定连接后获得服务器数据的内容，之后关闭连接，释放资源，保证了服务器端的资源不会被浪费，而用户端获得的数据内容则在用户端进行处理。

> **注　意**
>
> 具体的数据传输方式可以参考附录C中的OSI七层模型。

为了保证服务器端的可用性，HTTP不同于TCP保持连接的状态，而是及时结束当前的连接，所以其连接是一种无状态的模式，也就意味着服务器并不知道该客户端是否曾经连接过服务器。

为了解决这个问题，出现了cookie技术与session技术用于客户端识别，或者通过用户令牌（token）等方式用于用户的身份识别。

在移动互联网的极速发展过程中，移动应用如雨后春笋般出现在各大应用市场中，而除游戏等应用需要长连接的情况以外，几乎全部的应用都是建立在HTTP基础上的网络应用模式。

正是从此时开始，HTTP开始用于各类数据的传输，而并不再仅仅作为网站数据的传输而存在。2015年，HTTP更新至2.0版本，该版本引入二进制框架，支持全双工并可实现推送等功能。

8.1.3 比HTTP更加安全的数据传输方法HTTPS

在HTTP的传输过程中，有可能会出现一些安全问题，这是因为HTTP本身是无状态的，通过对数据的截获或者中间人攻击可以伪造用户的请求，盗取用户的数据。为了让HTTP更加安全，出现了新的协议HTTPS。

超文本传输安全协议（Hyper Text Transfer Protocol over Secure Socket Layer 或 Hypertext Transfer Protocol Secure，HTTPS）并不是对HTTP的升级，而是HTTP+SSL协议，如图8-4所示。

图8-4　HTTPS

安全套接层（Secure Sockets Layer，SSL）和传输层安全（Transport Layer Security，TLS）是为网络通信提供安全及数据完整性的一种安全协议。TLS与SSL在传输层与应用层之间对网络连接进行加密。

HTTPS代理本质上是隧道传输，通过转发TCP流量，以寻常的手段无法获取其中的GET/POST请求的具体内容，这也就保障了HTTPS传输的安全。在HTTP的基础上，HTTPS增加了四次握手，其流程如图8-5所示。

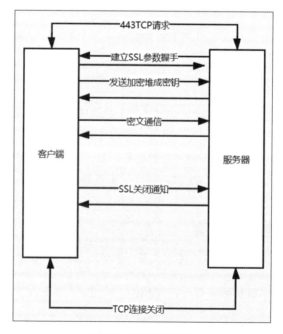

图8-5　HTTPS流程

8.2 XML格式和解析

在使用HTTP作为传输手段时，对应用程序而言，如何获取数据才是应当考虑的问题。以字符串的形式传递数据并不便于应用的数据解析，不同项目之间的数据更是难以通用，所以XML和JSON应运而生。

8.2.1 XML格式介绍

HTML在创始之初，是用于服务器端解决网页的显示和文档渲染的标记语言，通过一定的标签和格式代表一个标签，而该标签指定了一种专门的显示效果，其格式如下。

```
<p>这是一个p标签。</p>
```

上述HTML代码表现出一个文本段落的<p></p>标签，该标签经常用于文章中段落分类及文章的展示。

可扩展标记语言（Extensible Markup Language，XML）就是建立在HTML基础上的标记语言。XML是为了解决HTML的不足而诞生的。对HTML而言，并不要求强制性地闭合标签，如下方的代码，也可以被浏览器识别。

```
<!--这是一个image标签--!>
<img src="图片地址">
<p>这是一个段落
<p>这是另一个段落
```

在HTML标签中，只有被支持的标签可以正确显示，或者被浏览器支持，而XML语言要求其标签必须是闭合的，且任何标签都可以自定义，其代码如下。

```
<root>
 <child>
   <subchild>...</subchild>
 </child>
</root>
```

这种XML格式诞生的意义在于替代HTML用于Web的显示，但是其在网页代码的编写上没有HTML灵活和强大。然而，因为其强制的闭合标签和自定义标签的优点，XML在数据的传输和配置文件的应用上有了自己的一席之地。

XML比较简单，易于在任何应用程序中读写数据，这使XML很快成为数据交换的唯一公共语言。

一个标准的XML必须符合下列的语法要求。

（1）所有 XML 元素都必须有关闭标签。

（2）XML 标签对大小写敏感（这也就意味着如果以小写字符进行的标签定义，则闭合标签也一定要求是统一的小写内容）。

（3）XML标签一定需要有根元素，即所有的标签最终一定由某一个标签包括。

（4）XML必须正确地嵌套，即根元素本身对应的闭合标签一定是根元素。

（5）属性值必须加引号，在XML元素内部可以增加属性，该属性一定需要使用引号进行包裹。

> **注 意**
>
> XML中的空格将会被保留，而在XML中不允许出现&、<、>等特殊字符，这些必须分别写成&、 <、 >。

8.2.2 项目练习：使用Python进行XML解析

XML本身是一个树状的结构，所有的数据内容都被挂载在根节点之上。如下为一个标准的XML格式。

```
<collection shelf="New Arrivals">
<movie title="Enemy Behind">
  <type>War, Thriller</type>
  <format>DVD</format>
  <year>2003</year>
  <rating>PG</rating>
  <stars>10</stars>
  <description>Talk about a US-Japan war</description>
</movie>
<movie title="Transformers">
  <type>Anime, Science Fiction</type>
  <format>DVD</format>
  <year>1989</year>
  <rating>R</rating>
  <stars>8</stars>
  <description>A scientific fiction</description>
</movie>
</collection>
```

上述XML数据记录了一个电影的格式、年代、等级等信息，这些信息虽然是可读的，但是对于代码而言，并不能直接从中提取出相关的数据内容，必须对XML格式进行解析才能获得一个键对应值的格式。

使用Python进行XML格式的解析非常简单，有专门的第三方插件包可进行相关的解析。在Python的标准库中提供了多种解析方式。

1. xml.dom

该包提供了基本的XML解析和W3C标准的DOM API。对于DOM标准而言，解析XML时，必须将所有的XML内容一次性地读取到内存中，之后对该DOM进行相关的解析，获得数据内容。

　　DOM解析器的内存使用量完全由输入资料的大小决定，也就是说，当需要读取XML文件时，如果文件极大，则会占用大量的内存，导致系统卡顿甚至程序退出的情况发生。

2. xml.dom.minidom

　　XML包还有一个简化版本的XML解析器，即xml.dom.minidom，它是DOM解析器的极简化设计，其具体使用方式与xml.dom一致。

　　上述XML文件可以使用XML包进行解析，其具体代码如下。

```
from xml.dom.minidom import parse

# 该文件位于同文件夹的text.xml
doc = parse(r"text.xml")
# 获得根节点
root = doc.documentElement
print("该根目录节点为", root)
# 获得movies节点
movies = root.getElementsByTagName('movie')
# 获得movies的格式
print(type(movies))
# 循环movies，输出每一个电影显示的内容
for item in movies:
  print(item)
  # 循环整个目录
  for key in range(0, len(item.childNodes)):
    if key % 2 != 0:
      print(item.childNodes[key].tagName + "的值为" + item.childNodes[key].childNodes[0].data)
```

　　解析结果如图8-6所示。

```
F:\anaconda\python.exe H:/book/book/pyhton/python-code/8-2/xml_dom.py
该根目录节点为 <DOM Element: collection at 0x29a94669368>
<class 'xml.dom.minicompat.NodeList'>
<DOM Element: movie at 0x29a946697c8>
type的值为War, Thriller
format的值为DVD
year的值为2003
rating的值为PG
stars的值为10
description的值为Talk about a US-Japan war
<DOM Element: movie at 0x29a946cf048>
type的值为Anime, Science Fiction
format的值为DVD
year的值为1989
rating的值为R
stars的值为8
description的值为A schientific fiction

Process finished with exit code 0
```

图8-6　XML解析结果

3. xml.dom.pulldom

　　该模块的解析方式为pull，是指从XML流中pull事件，然后进行处理。使用pull解析器

时，使用者需要明确地从XML流中pull事件，并对这些事件遍历处理，直到处理完成或出现错误。这种解析方式属于事件驱动的一种。

该解析器中的事件如下所示。

（1）START_ELEMENT：读取XML中节点开始部分时触发该事件。

（2）END_ELEMENT：读取XML中节点结束部分时触发该事件。

（3）COMMENT：读取到注释时触发该事件。

（4）START_DOCUMENT：读取完整的XML文档开始时触发该事件。

（5）END_DOCUMENT：结束XML文档解析时触发该事件。

（6）CHARACTERS：解析这个标签内部的内容时触发该事件。

（7）PROCESSING_INSTRUCTION：遇到XML样式表时触发该事件。

（8）IGNORABLE_WHITESPACE：遇到可忽略的空白字段，可能出现在根元素的外面时。

其解析方式如下。

```
import xml.dom.pulldom as pulldom


# 获得xml文件
doc = pulldom.parse('text.xml')
# 打印事件和相应的节点
for event, node in doc:
    print(event)
    print(node)
```

最终解析结果如图8-7所示。

```
F:\anaconda\python.exe H:/book/book/pyhton/python-code/8-2/pulldom.py
START_DOCUMENT
<xml.dom.minidom.Document object at 0x000001573E1E81C8>
START_ELEMENT
<DOM Element: collection at 0x1573e1729a8>
CHARACTERS
<DOM Text node "'\n'">
CHARACTERS
<DOM Text node "'    '">
START_ELEMENT
<DOM Element: movie at 0x1573e172ae8>
CHARACTERS
<DOM Text node "'\n'">
CHARACTERS
<DOM Text node "'        '">
START_ELEMENT
<DOM Element: type at 0x1573e172ea8>
CHARACTERS
<DOM Text node "'War, Thril'...">
END_ELEMENT
<DOM Element: type at 0x1573e172ea8>
CHARACTERS
<DOM Text node "'\n'">
CHARACTERS
<DOM Text node "'        '">
START_ELEMENT
<DOM Element: format at 0x1573e216188>
CHARACTERS
```

图8-7 xml.dom.pulldown解析结果

4. xml.sax

xml.sax通过事件驱动的方式进行XML的读取，SAX方式进行XML解析是通过牺牲便捷性来换取速度和内存的，即不需要一次性将文件读入内存，而是通过文件读入的方式实时进行XML的解析。

　　SAX方式同样属于事件驱动的方式，即不会将整个文件进行解析，而是在解析文件的流程中设置多个事件（钩子）用于获得或者处理该节点的数据信息，如下所示。

　　（1）characters(content)方法：当解析器遇见XML文档标签中的字符串时，该字符串为content，但是在遇到两个结束标签或者两个起始标签时都会进行该方法的输出，所以需要判定content是否存在内容，而不是空字符串或者多个空格组成的无意义字符串。

　　（2）startDocument()方法：当文档启动时调用该方法。

　　（3）endDocument()方法：SAX解析器已经到达文档结尾时调用该方法。

　　（4）startElement(name, attrs)方法：SAX解析器已经开始解析某一个XML标签时调用该方法，可以在该方法中获得标签的内容，其中，参数name是标签的名字，attrs是标签的属性值字典。

　　（5）endElement(name)方法：当该XML解析完成，遇到XML结束标签时调用该方法。

　　对上述XML的解析代码如下。该代码设置了一个CHandler类，其继承自父类sax.ContentHandler。

```python
import xml.sax as sax


# 使用SAX进行解析时，必须建立一个CHandler对象
class CHandler(sax.ContentHandler):
    # 初始化函数
    def __init__(self):
        self.CurrentData = ""
        self.CurrentAttributes = ""


    # 提示解析器开始运行
    # 会在文档的起始阶段打印输出
    def startDocument(self):
        print("SAX解析开始！ ")


    # 开始对文档进行解析
    def startElement(self, name, attributes):
        self.CurrentData = name
        self.CurrentAttributes = attributes
        # 打印键内容
        print("该键为： ", str(self.CurrentData))


    # 内容事件处理
    def characters(self, content):
        # 判断是不是空格，如果不是空格，则输出
        if not content.isspace():
            # 打印值的内容
            print("该值为： ", str(content))
        else:
            # 如果是空格，则不变
            pass
```

```
    # 当遇见XML中的结束标签时
    def endElement(self, tag):
        pass


    # 解析文档结束
    def endDocument(self):
        print("SAX解析结束！")
if __name__== "__main__":
    # 可以通过解析器实例的方式进行调用
    # parser = sax.make_parser()
    # parser.setContentHandler( CHandler())
    # parser.parse("text.xml")
    # 可以直接进行调用，第二个参数需要传入一个处理类
    sax.parse("text.xml", CHandler())
```

通过XML文件开始解析会自动调用解析类，并且输出欢迎信息，并且遇到第一个标签时，直接输出该标签的信息，之后运行数据处理函数。如果该标签内部不是空格，则会输出该内容。最终解析结果如图8-8所示。

图8-8　xml.sax解析结果

5. xml.parser.expat

xml.parser.expat是C语言编写的expat解析器的底层API接口，通过该面向流的解析器，当解析器识别该文件的指定位置时，它会调用该部分相应的处理程序，将整个文件流进行分割，并且将所有的分割部分逐步放入内存中。

6. xml.etree.elementTree

这是一个轻量级的解析器，用到了Pythonic的API，同时还有一个高效的C语言实现，与xml.dom相比，其解析效果更快且更为直接。同时该包也提供了一个按需载入的功能，不需要一次性将所有的内容读入内存。

该包相对xml.sax解析而言，二者的性能相差不大，但是因为其本身提供的API更加高级，所以成为最常见的XML解析器，通过该方式进行XML解析最适合完成即拿即用的需求。

不同于其他解析器事件全部解析的运行方式，该包在解析XML文件时将解析的过程隐

藏，所有的元素可以通过find()函数直接进行查找，对于上述XML代码的解析如下。

```python
from xml.etree import ElementTree as ElementTree

# 获得整个XML文本树
tree = ElementTree.parse("text.xml")
# 获得根节点
root = tree.getroot()


# 可以直接遍历父元素来获取子元素
for i in root:
    print("其标签为: ", i.tag)
    # 因为该内容是双层的XML文档，循环Movie标签下的元素
    for j in i:
        print("子元素标签为: ", j.tag)
        print("其值为: ", j.text)
    # 也可以直接使用该包提供的find()函数
    print("使用查找，查找元素type", i.find("type").text)
```

最终解析结果如图8-9所示。

```
F:\anaconda\python.exe H:/book/book/pyhton/python-code/8-2/et.py
其标签为: movie
  子元素标签为: type
  其值为: War, Thriller
  子元素标签为: format
  其值为: DVD
  子元素标签为: year
  其值为: 2003
  子元素标签为: rating
  其值为: PG
  子元素标签为: stars
  其值为: 10
  子元素标签为: description
  其值为: Talk about a US-Japan war
使用查找，查找元素type War, Thriller

Process finished with exit code 0
```

图8-9   xml.etree.elementTree解析结果

8.3 ▶ JSON格式和解析

JSON（JavaScript Object Notation）格式是现在最为常见的数据传输格式之一，也是众多语言广泛支持的数据格式之一。本节将会介绍JSON格式及如何使用Python进行数据解析。

8.3.1 JSON格式介绍

简洁和清晰的层次结构使得JSON成为理想的数据交换语言。JSON易于阅读和编写，同时也易于机器解析和生成，并能有效地提升网络传输效率。通过JavaScript的语法对象进行数据的描述，可以在很多语言中轻松解析得到数据信息。

　　JSON格式在2001年开始推广，于2006年正式成为主流的数据格式。在XML格式成为数据交互主流时，网页应用和JavaScript语言的崛起意味着JSON这种来自JavaScript语言的格式迅速成为数据交互的主流格式。JSON格式基本格式如下。

```
{
    "employees": [
        {
            "firstName": "Bill",
            "lastName": "Gates"
        },
        {
            "firstName": "George",
            "lastName": "Bush"
        },
        {
            "firstName": "Thomas",
            "lastName": "Carter"
        }
    ]
}
```

　　JSON和XML有相似之处，其相同点如下。

　　（1）两者都是纯文本。

　　（2）两者都具有较高的可读性。

　　（3）两者都具有层级结构（值中存在值）。

　　与XML格式相比，JSON格式的可读性没有明显的优势，但其内容减少了非常多的不必要的部分，使得数据更加直观，内容也更为简练，且支持数组，不使用保留字。JSON非常迅速地替代了XML在数据传输方面的应用。

　　JSON采用完全独立于语言的文本格式，是一个无序的键值对集合，采用了以花括号为数据对象划分的方式。每个键值对均为数据本身，键与值之间的连接采用"："的形式，而数据和数据之间的划分采用"，"的形式。

8.3.2 项目练习：使用Python进行JSON解析

　　相对于XML数据解析而言，使用Python进行JSON字符串的解析更加简单易用，只需要引入JSON模块即可完成该功能。

　　JSON模块中存在两个经常使用的函数方法，其具体的说明如下。

　　（1）json.dumps()方法：对全部的Python对象数据进行编码。

　　（2）json.loads()方法：对符合JSON格式的数据进行解码。

　　这也就意味着，对于JSON字符串而言，如果需要转化成符合Python的原始类型，则直接调用json.loads()方法。通过Python载入该JSON字符串，该字符串会自动转换为Python中的原始数据类型。

　　JSON字符串的内容可以通过该模块进行读取并且转换成可以直接使用的Python基础格式，其代码如下。

```
{
  "sites": {
   "site": [
    {
     "id": "1",
     "name": "taobao",
     "url": "www.taobao.com"
    },
    {
     "id": "2",
     "name": "baidu",
     "url": "baidu.com"
    },
    {
     "id": "3",
     "name": "Google",
     "url": "www.google.com"
    }
   ]
  }
}
```

　　首先需要引入json包，再通过两种方法对JSON字符串进行解析，或者将Python对象转换为JSON字符串。其完整的解析代码如下。

```
import json

# JSON字符串
text = '{"sites":{"site":…'
# 解析内容
json_text = json.loads(text)
# 打印类型和解析后的结果
print(type(json_text))
print(json_text)
for item in json_text['sites']['site']:
    print("该内容id1为：", item['id'])
    print("该内容id1为：", item['name'])
    print("该内容id1为：", item['url'])
# Python数组对象转成JSON字符串
a = [{'a': 1, 'b': 2, 'c': 3, 'd': 4, 'e': 5}]
```

```
text = json.dumps(a)
# 打印类型和解析后的结果
print(type(text))
print("转换成JSON字符串" + text)
```

显示效果如图8-10所示。

```
F:\anaconda\python.exe H:/book/book/pyhton/python-code/8-3/json_handler.py
<class 'dict'>
{'sites': {'site': [{'id': '1', 'name': 'taobao', 'url': www.taobao.com}, {'id': '2', 'name': 'baidu', 'url':
'baidu.com'}, {'id': '3', 'name': 'Google', 'url': www.google.com}]}}
<class 'dict'>
该内容id1为: 1
该内容id1为: taobao
该内容id1为: www.taobao.com
该内容id1为: 2
该内容id1为: baidu
该内容id1为: baidu.com
该内容id1为: 3
该内容id1为: Google
该内容id1为: www.google.com
<class 'str'>
转换成JSON字符串[{"a": 1, "b": 2, "c": 3, "d": 4, "e": 5}]

Process finished with exit code 0
```

图8-10　将Python转换成JSON字符串

8.4 项目练习：使用Python获取ini配置文件

本节将会对编程中一些常用的特殊格式进行解析，获取其内容，并将其转化为Python可以直接读取的对象。

在实际的编程环境中，这类特殊格式非常多，有的已经形成了一些标准和规范。这类文件或者格式的解析一般使用官方或者第三方提供的解析器，但是属于框架或者模块要求的格式内容，需要自行编写相应的解析器。

对一个工程化的完整项目而言，其本身需要进行大量的本地化配置，因为不可能在每一处需要配置的代码中都使用字符串或者其他的形式进行更改，所以几乎所有成熟的项目采用的都是配置文件的形式。

配置文件可以让使用者更快地理解应当如何运行该项目的代码，而不需要阅读项目代码中的全部细节，同时可以对其中的一些变量或者常量进行更改，如成熟且广泛使用网站框架的Django框架中的setting.py文件，或者PHP语言的Laravel框架中的.env文件一样。

对于Python这种强大的脚本类语言而言，单个文件的读写非常容易。一般而言，Python中配置文件的编写分为两种方式：第一种是代码方式，即通过编写一个Config Class的方式，在其代码中进行配置文件的编写；第二种是格式文件，即采用一定格式的普通文件的方式进行配置文件的编写。

这两种方式各有优劣，虽然通过编写ConfigClass的方式可以在使用配置文件的任何地方方便地引入该值，但是使用该项目的人并不一定是开发者或者程序员，可能读不懂代码，所以很多项目采用格式文件的形式。

本节中介绍的JSON和XML也同样作为配置文件格式的一种被广泛采用，需要使用者理解其意义，否则在中文符号环境和不支持格式化的某些文本编辑器中非常容易出现错误。

以下格式则避免了上述问题。

```
[db]
db_host = 128.0.0.1
db_port = 3306
```

```
db_user = root
db_pass = root

[account]
username = admin
password = admin
```

上述格式简单地描述了两个配置项：db和account，其中db包括四对键值对，而account
包括两对键值对，上述内容用JSON表示如下。

```json
{
  "db": [{
      "db_host": "128.0.0.1"
  }, {
      "db_port": "3306"
  }, {
      "db_user": "root"
  }, {
      "db_pass": "root"
  }],
  "account": [{
      "username": "admin"
  }, {
      "password": "admin"
  }]
}
```

相对而言，用JSON表示的结构更加复杂，存在无意义的符号且数据格式的可读性也远
不如第一次的配置文件格式，该格式即为Linux代码中最常用的ini文件。例如，PHP中的php.
ini即为一个典型的ini文件，如图8-11所示。

```
[Syslog]
; Whether or not to define the various syslog variables (e.g. $LOG_PID,
; $LOG_CRON, etc.).  Turning it off is a good idea performance-wise.  In
; runtime, you can define these variables by calling define_syslog_variables().
define_syslog_variables  = Off

[mail function]
; For Win32 only.
SMTP = localhost
smtp_port = 25

; For Win32 only.
;sendmail_from = me@example.com

; For Unix only.  You may supply arguments as well (default: "sendmail -t -i").
sendmail_path =

; Force the addition of the specified parameters to be passed as extra parameters
; to the sendmail binary. These parameters will always replace the value of
; the 5th parameter to mail(), even in safe mode.
;mail.force_extra_parameters =

[SQL]
sql.safe_mode = Off

[ODBC]
;odbc.default_db    = Not yet implemented
;odbc.default_user  = Not yet implemented
;odbc.default_pw    = Not yet implemented

; Allow or prevent persistent links.
odbc.allow_persistent = On

; Check that a connection is still valid before reuse.
odbc.check_persistent = On

; Maximum number of persistent links.  -1 means no limit.
odbc.max_persistent = -1

; Maximum number of links (persistent + non-persistent).  -1 means no limit.
odbc.max_links = -1
```

图8-11   php.ini

  Python中的ConfigParser包可以解析该配置文件的格式，该包会将该文件读取为Python对象，其中"[]"中的部分将会作为sections，而其中的键值对也会被解析为sections中的options对象。

  其测试代码如下，通过解析ini文件，将其中的sections及options或者具体的值打印输出在命令行工具中。

```python
import configparser

# 实例化configparser
config = configparser.ConfigParser()
# 读取配置文件
file = config.read("my-d.ini", encoding="utf-8")
print("文件的全部内容")
print(file)
# 获得全部的sections
sec = config.sections()
print("获得全部section")
# 获得单一section中的options
opt = config.options("mysqld")
print("获得mysqld中的option")
print(opt)
# 获得单一section中的键值对
value = config.items("mysqld")
print("获得mysqld中的键值对")
print(value)
# 直接得到option的值
port = config.get("client", "port")
print("获得port值为:", port)
```

  解析对象为MySQL中的my-d.ini文件，其完整代码如下。

```ini
[client]
port=3306
[mysql]
default-character-set=utf-8

[mysqld]
port=3306
basedir="D:/MySQL/"
datadir="D:/MySQL/data/"
character-set-server=utf-8
default-storage-engine=INNODB
```

```
sql-mode="NO_AUTO_CREATE_USER,NO_ENGINE_SUBSTITUTION"
max_connections=512

query_cache_size=0
table_cache=256
tmp_table_size=18M

thread_cache_size=8
myisam_max_sort_file_size=64G
myisam_sort_buffer_size=35M
key_buffer_size=25M
read_buffer_size=64K
read_rnd_buffer_size=256K
sort_buffer_size=256K

innodb_additional_mem_pool_size=2M

innodb_flush_log_at_trx_commit=1
innodb_log_buffer_size=1M

innodb_buffer_pool_size=47M
innodb_log_file_size=24M
innodb_thread_concurrency=8
```

使用Python命令执行代码，通过输出的读取配置内容，可以看出其获得的配置文件均已转化为Python中可以读取和使用的标准对象，如图8-12所示。

```
F:\anaconda\python.exe H:/book/book/pyhton/python-code/8-4/cp.py
文件的全部内容
['my-d.ini']
获得全部section
['client', 'mysql', 'mysqld']
获得mysqld中的option
['port', 'basedir', 'datadir', 'character-set-server', 'default-storage-engine', 'sql-mode',
 'max_connections', 'query_cache_size', 'table_cache', 'tmp_table_size', 'thread_cache_size',
 'myisam_max_sort_file_size', 'myisam_sort_buffer_size', 'key_buffer_size', 'read_buffer_size',
 'read_rnd_buffer_size', 'sort_buffer_size', 'innodb_additional_mem_pool_size',
 'innodb_flush_log_at_trx_commit', 'innodb_log_buffer_size', 'innodb_buffer_pool_size',
 'innodb_log_file_size', 'innodb_thread_concurrency']
获得mysqld中的键值对
[('port', '3306'), ('basedir', '"D:/MySQL/"'), ('datadir', '"D:/MySQL/data/"'), ('character-set-server',
 'utf8'), ('default-storage-engine', 'INNODB'), ('sql-mode', '"NO_AUTO_CREATE_USER,
 NO_ENGINE_SUBSTITUTION"'), ('max_connections', '512'), ('query_cache_size', '0'), ('table_cache',
 '256'), ('tmp_table_size', '18M'), ('thread_cache_size', '8'), ('myisam_max_sort_file_size', '64G'),
 ('myisam_sort_buffer_size', '35M'), ('key_buffer_size', '25M'), ('read_buffer_size', '64K'),
 ('read_rnd_buffer_size', '256K'), ('sort_buffer_size', '256K'), ('innodb_additional_mem_pool_size',
 '2M'), ('innodb_flush_log_at_trx_commit', '1'), ('innodb_log_buffer_size', '1M'),
 ('innodb_buffer_pool_size', '47M'), ('innodb_log_file_size', '24M'), ('innodb_thread_concurrency', '8')]
获得port值为: 3306

Process finished with exit code 0
```

图8-12　代码执行结果

8.5 网站开发入门

　　在8.1节讲解传输数据处理时，曾经介绍过什么是HTTP，本节将会介绍HTTP请求的分类及网站开发的基础知识。

8.5.1 网站开发基础知识

　　广义上的网站开发是制作一些专业性强的网站，通过不同的网站开发语言和设计，完成一个在互联网中可访问的内容，通过浏览器进行内容的渲染，并最终呈现在用户面前的过程。在如今的互联网中，网站开发更是不可或缺的一部分。

　　网站开发过程中必须了解一些基础的概念，这些概念正是一个网站开发的基础，甚至是互联网的基础。

1. 域名

　　一般的网站开发均可以通过HTTP进行访问，通过一连串的固定格式字符串作为互联网上的识别标签，也就是常说的域名。

　　域名又被称为网域，是由一串用点分隔的字符串组成的Internet上某一台计算机或计算机组的名称。

> **注　意**
>
> HTTPS本质上属于HTTP的应用。

　　例如，百度的域名为https://www.baidu.com，它是百度这个网站的唯一识别符，在浏览器中输入该域名，可以访问该官方网站，如图8-13所示。

图8-13　百度页面

域名是由专门的机构确定且提供的，一般是由"."分隔的字符串。域名需要在相关的网站购买，在我国提供域名服务的有阿里云旗下的万网、腾讯云、新网等代理商。打开万网，如图8-14所示，可以在该页面搜索域名是否被注册过，是否即将到期，或者是否可以出售。

图8-14　万网

域名并不是直接指向该网站应用本身。那么，如何将一个域名指向一台服务器呢？这就需要每台服务器在互联网中有自己独特的标识符，这样才能将域名指向服务器，这就涉及IP地址的概念。

2. IP地址

网际互联协议（Internet Protocol，IP）是TCP/IP体系中的网络层协议，可解决互联网问题，实现大规模、异构网络的互联互通。

IP地址是有限的，在IPv4中可提供4 294 967 296个IP地址，其基本的格式为128.0.0.1。通过不同的网络范围相对性划分这些地址信息，虽然暂时足够使用，但是无法适应极速发展的互联网应用环境的需要，所以推出了IPv6。

IPv6的优势在于它大大地扩展了地址的可用空间，IPv6地址有128位，其基本的格式是2000:0:0:0:0:0:0:1。

上述以"."分隔或者以":"分隔的IP字段本质上是不同进制转化成十进制的写法，IP中涉及很多计算和不同网络的划分，就本书而言，只需要理解每一台计算机/可联网设备拥有其本身的IP地址即可。

可以通过命令行或者网络信息获得自己本机的IP地址，使用CMD命令打开命令行，输入下方的代码，并且按Enter键，就可以查看到当前的IP地址，如图8-15所示。

```
ipconfig
```

图8-15中的10.1.1.223即为本机的IPv4地址，当然因为本机的网络是通过路由器分配IP的局域网中的设备，所以其显示的地址也为本机在局域网中的唯一识别符，其他的IP地址和网关是本机中的虚拟网卡产生的IP地址，在没有配置虚拟网卡的设备上，一般终端仅拥有一个IP地址。

在互联网中，任意一台直接与互联网相连的设备都拥有其单独的IP。例如，手机使用的IP地址为一个A类地址，可以在范围内的任何网络中找到该机器，如图8-16所示。

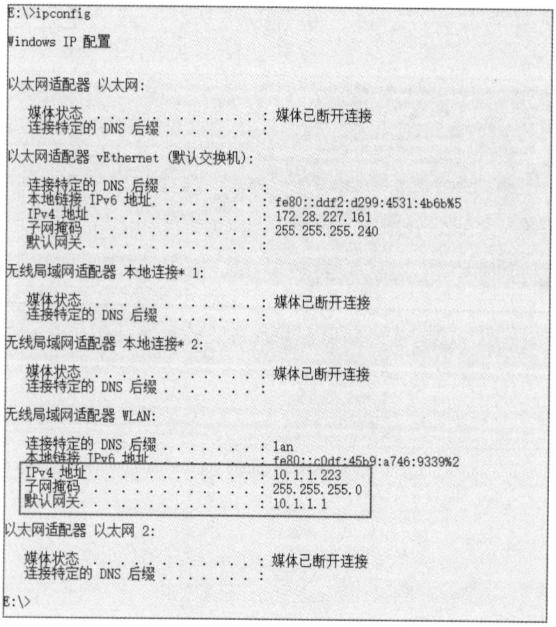

图8-15　IP地址

图8-16　手机IP地址

注 意

我国的网络运营商一般都使用弹性IP分配制度，也就是IP和机器是不绑定的状态，在关闭网络重新连接后，IP可能会发生改变。

为了解决IP不足问题，部分网络运营商甚至自行搭建了次级网络，即访问该IP并不一定指向设备本身。如果需要提供稳定的网站服务，则需要使用绑定IP的服务器，这样才能正确地将域名解析至该服务器。

3. DNS服务器

已经拥有了一台固定IP的服务器，那么如何将域名绑定至该服务器呢？此时需要给该域名添加一个网站解析（A解析等）。域名服务器（Domain Name Server，DNS）就是进行域名（domain name）和与之相对应的IP地址（IP address）转换的服务器。DNS中保存了一张域名和与之相对应的IP地址的表，以解析消息的域名。

DNS服务器在整个互联网中是由专门的企业或者组织个人维护的，其本身作为一台拥有固定IP的服务器，可以在计算机网络中进行配置。图8-17中指定了两个局域网中的设备为DNS服务器。

网络中有大量免费的DNS服务，理论上通过解析的域名指向的IP信息会在DNS服务器中进行传播，通常在世界各地的DNS服务器中缓存了很多域名的DNS记录，所以当解析成功一次之后，也就意味着这条信息将会同时存在多个DNS服务器中。

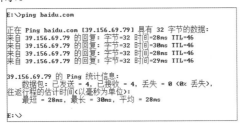

图8-17　DNS服务器

网络中常见的DNS服务器如表8-1所示。一般网络运营商本身也有自己的DNS服务器，用户也可以根据需要更换DNS服务商。

表8-1　DNS服务器

IP地址	说　　明
114.114.114.114	114 DNS服务器，老牌DNS服务商，国内最早提供绿色DNS的服务商之一
8.8.8.8	Google DNS服务器，全世界使用最广的DNS服务器
223.5.5.5	阿里DNS服务器
180.76.76.76	百度DNS服务器
101.226.4.5	360 DNS服务器

解析了服务器的域名，就相当于在DNS中建立了该域名和IP的绑定连接，在CMD命令行中使用下方的命令可以获得百度网站的域名绑定的IP地址。

```
ping baidu.com
```

执行效果如图8-18所示。

```
E:\>ping baidu.com

正在 Ping baidu.com [39.156.69.79] 具有 32 字节的数据:
来自 39.156.69.79 的回复: 字节=32 时间=28ms TTL=46
来自 39.156.69.79 的回复: 字节=32 时间=30ms TTL=46
来自 39.156.69.79 的回复: 字节=32 时间=28ms TTL=46
来自 39.156.69.79 的回复: 字节=32 时间=29ms TTL=46

39.156.69.79 的 Ping 统计信息:
    数据包: 已发送 = 4，已接收 = 4，丢失 = 0 (0% 丢失)，
往返行程的估计时间(以毫秒为单位):
    最短 = 28ms，最长 = 30ms，平均 = 28ms

E:\>
```

图8-18　获得域名的IP

如图8-18所示，对baidu.com的域名发起ping命令，其本身是由39.156.69.79这个IP的服务器接收的，所以通过访问该IP地址也可以进入百度网站。

注　意

对于百度这样的大型网站而言，其本身拥有大量的IP用于承载网站，所以每一次发起ping命令可能获得不同的IP。

8.5.2 网络服务器的远程登录

1.服务器

如果需要在互联网中运行一个网站，则必须使用一台拥有固定IP的设备作为该网站的服务器。虽然这里所说的服务器听上去很高端，但其本质与一台计算机差不多，也就是说，任何一台计算机均可以成为服务器。

在网络和宽带飞速发展的今天，云服务器出现在大众的视野中，不再需要自建服务器机房，只需要花费一年数百元的成本就可以获得一台性能还可以的云服务器，用于运行自己的程序或者搭建站点。

国内有非常多的厂商提供云主机的购买服务，其中比较推荐的是腾讯云，因为它价格便宜且性能稳定。其官方网址为https://cloud.tencent.com/，如图8-19所示。

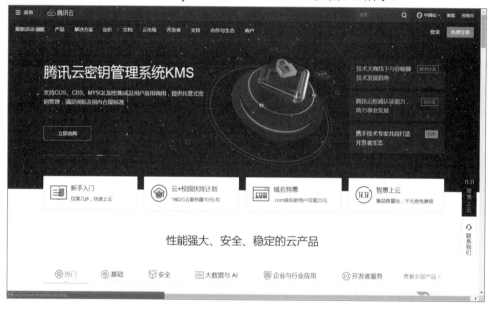

图8-19 腾讯云

当然也可以选择阿里云服务器。作为国内最早的云服务商，阿里云服务器的功能齐全，是目前国内服务器机房数量最多、应用范围最为广泛的产品。

> **注　意**
>
> 在选择搭建网站服务器时，除了可以选择虚拟主机或者实体主机类的产品，还可以选择网络空间，这类产品是已经设定好的，固定空间大小的网站空间不需要自行搭建服务器的配置，只需要将自己的代码通过FTP进行上传就可以运行。
>
> 但是这类空间存在无法扩展、与框架不一定兼容的缺点，如今已经逐渐被淘汰。但是对简单的静态网页而言，这种价格低廉的空间依旧是一个好的选择。

2.登录远程服务器

服务器和一般的计算机不一样，即使是本地的实体服务器也并不会时时刻刻在你的身边，一台服务器如果需要提供稳定且持续的运行，则需要适合的机房环境。

一般而言，大型的服务商的机房中均配备了众多的温度和湿度传感器，各类的容灾措施及24小时不间断的监控。如图8-20所示为谷歌机房。

与个人计算机提供一整套的操作和显示不同，虚拟主机并不会为所有的主机配备显示器、鼠标、键盘等，其本质上就是一台仅有CPU、内存、硬盘或显卡设备（用于渲染或计算）的计算机。

频繁去这样的机房更改服务器的内容是非常不现实的，可以选择购买云服务器或者虚拟主机，然后远程方式登录该服务器进行服务器中内容的修改。

3. Windows服务器

一般主机系统会选择Linux或者Windows两个平台的产品，其差别在于：Linux是免费的产品，但是大部分人并不是很熟悉它的操作；Windows是收费的产品，可以通过远程桌面的方式进行连接。

一般情况下，完整的Windows均会包含远程桌面应用，可以在"开始"菜单的搜索栏中进行"远程桌面"软件的搜索，其界面如图8-21所示。

8-20　谷歌机房　　　　　　　　　图8-21　远程桌面连接

输入该服务器的IP地址与其对应的用户名与密码后即可登录，如果成功地登录该远程Windows服务器，其使用效果在网络通畅的情况下和本地计算机并没有太大的区别。

4. Linux服务器

如果是Linux服务器，需要选择不同的发行版本进行系统的安装。不同版本的Linux虽然在使用相关的命令时有不太统一的部分，但是登录服务器时却没有区别，都需要通过专门的SSH协议进行连接，常用的软件有Xshell和SecureCRT等。

Xshell是一个强大的安全终端模拟软件，支持SSH1，SSH2，以及Microsoft Windows 平台的TELNET协议。同样地，指定服务器的IP和用户名、密码后可以访问该远程服务器。执行效果如图8-22所示。

> **注　意**
>
> 在此强烈推荐读者选择性地购买一台服务器作为实验使用，因为服务器本身绝不仅仅是在搭建网站中使用，之后介绍的爬虫等内容都可以在服务器中使用。如果是学生，还可以选择阿里云或者腾讯云的学生专享，价格低廉。

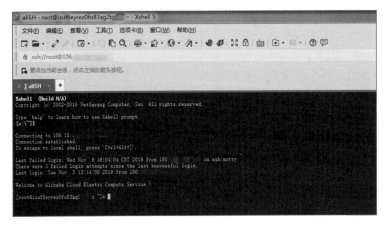

图8-22　使用Xshell登录Linux

8.5.3　网页开发者工具的使用

8.1节介绍了HTTP和HTTPS请求的基本知识，实际上，HTTP请求涉及的内容非常多。

任何网站的HTTP请求都可以通过浏览器中的"开发者工具"进行查看。例如，可以使用Chrome浏览器访问百度网站，在打开网页后按F12键，或者单击右上角的"自定义及控制Google Chrome"按钮，在下拉菜单中选择"更多工具"→"开发者工具"选项，打开"开发者工具"栏，如图8-23所示。

图8-23　"开发者工具"栏

> **注意**
>
> 很多互联网公司会在网站的"开发者工具"栏的Console选项卡下以打印内容的方式进行宣传或者招聘，偶尔查看"开发者工具"栏可能会有彩蛋。

"开发者工具"栏提供了网站开发中非常重要的调试工具。

本节需要使用"开发者工具"栏中的Network选项卡，它提供了所有由本机发起的HTTP请求信息，包含动态和静态文件及Ajax等异步请求记录，其显示效果如图8-24所示。该工具会记录打开"开发者工具"栏之后的所有请求信息，所以如果网站处于已经打开的状态则不会出现任何的信息，请刷新页面后查看。

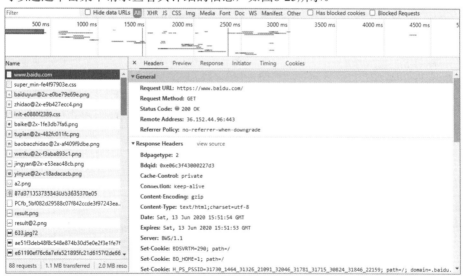

图8-24　浏览器请求记录

可以通过单击某个请求查看其详细的信息，如图8-25所示。

图8-25　查看某个请求的详细信息

需要了解的主要是其Headers部分，也就是说Headers定义了该请求为HTTP请求。完整的Headers分为三个不同的部分，分别是General Header、Request Header和Response Header。

首先介绍General部分，其代码如下。

Request URL: https://www.baidu.com/

Request Method: GET

Status Code: 200 OK

Remote Address: 180.101.49.12:443

Referrer Policy: no-referrer-when-downgrade

在Header中所有的值都是以Key-Value的形式显示的，其基本说明如表8-2所示。

表8-2　Header键值说明

键　　值	说　　明
Request URL	请求逻辑的地址或者API的地址
Request Method	请求的方法
Status Code	服务器的返回状态码
Remote Address	请求的远程服务器IP地址
Referrer Policy	指定该请求是从哪个页面跳转而来，即前导页面

其中需要注意的是Request Method和Status Code这两个键值对应的值，这两个值代表的概念是网站开发中非常重要的内容，其中Request Method是对该网站系统的请求方式，在RESTful设计风格流行的今天，其得到广泛使用。

RESTful是一种网络应用程序的设计风格和开发方式。RESTful适用于移动互联网厂商作为业务接口的场景，以实现第三方OTT调用移动网络资源的功能，其操作类型为查询、新增、变更、删除所调用资源等。

RESTful是目前最为流行的API设计规范，通过HTTP请求的几种不同方式进行数据接口的设计，本书就是使用这种设计思想。Request Method取值及对应RESTful设计的说明如表8-3所示。

表8-3　Request Method取值及对应RESTful设计的说明

Request Method取值	对应的RESTful风格的操作和说明
GET	读取操作，其传递参数的方式可以是存放在URL中的
POST	新建数据，或者用于对数据库的插入操作，数据一般通过请求体方式单独发送给服务器
PUT	对数据的更新操作
DELETE	删除操作，用于对数据库的删除操作

: 注　意

在很多参考资料和网络上的知识分享中，经常会出现GET请求和POST请求的对比与差别说明，有些资料中会提到参数存放位置的不同、大小限制、GET安全性等问题。例如，一部分GET请求会将参数写在URL中，而POST则不会。

实际上，在现在的HTTP中，这两种请求均属于TCP请求（GET是一个数据包，POST是两个数据包）。两者在安全性上并没有实际差别，传递参数的大小限制也是因为URL本身的限制导致的。所以在RESTful设计中，这两者最大的差别是规定的"行为"或称语义，即GET多次请求是返回一致，而POST语义不是幂等的，多次执行结果可能会出现不一样的情况。

在RESTful API中必须保证每一个请求都拥有正确的返回结果，而返回结果的首要标识即为Status Code，也就是请求返回的状态码。

在HTTP请求中，所有状态码都有自己独特的意义。HTTP状态码由一个三位数构成，按开头的数字分成五个类别，标志着当前请求的最终结果。基本的状态码说明如表8-4所示。

表8-4　状态码说明

状 态 码	实例和说明
1××	100、101等临时响应请求状态，需要继续进行操作
2××	200、201等，所有正确的请求都应当返回2××系列状态码
3××	300、304等重定向状态码
4××	401、404等请求发生错误的情况
5××	500、503等服务器端错误

通过上述各类状态码可以进行当前请求的状态判断，具体完整的HTTP状态码可以参考网址https://en.wikipedia.org/wiki/List_of_HTTP_status_codes的内容。

在General下方为请求该网页或者接口后返回的内容的头部信息，即为请求的响应头信息（Reponse Header），由服务器端返回给客户端的信息头部，其内容如下所示，其中大部分内容都可以由服务器确定并选择性返回。

```
Cache-Control: private
Connection: Keep-Alive
Content-Encoding: gzip
Content-Type: text/html
Date: Wed, 06 Nov 2019 08:20:54 GMT
Expires: Wed, 06 Nov 2019 08:20:06 GMT
Server: BWS/1.1
Set-Cookie: delPer=0; path=/; domain=.baidu.com
Strict-Transport-Security: max-age=172800
Transfer-Encoding: chunked
Vary: Accept-Encoding
```

一般常见的响应头说明如表8-5所示。其实大部分请求头的内容都不是必需的，所以如果需要对其中的一些内容进行处理或者读取时，需要判断其本身是否存在返回的响应头中。

表8-5　响应头

名　称	说　明
Cache-Control	返回响应头的Cache-Control字段，相当于缓存信息的标识
Connection	当Client和Server通信时，对于长连接如何进行处理，切断或者保持等
Content-Encoding	相应的压缩编码格式
Content-Type	响应的内容，包括相应的文档类型
Date	当前的日期和时间
Expires	用于控制缓存的失效时间
Server	指明HTTP服务器的软件信息
Set-Cookie	设置Cookie的值，用于识别该浏览器的状态
Transfer-Encoding	传输编码，用来改变报文格式
Vary	告知下游的代理服务器，应当如何对以后的请求协议头进行匹配

下方是请求的头部信息，说明了该次请求的理由，并且会通过请求头进行用户状态和身份的判定。

```
Accept: text/html,application/xhtml+xml,application/xml;q=0.9
Accept-Encoding: gzip, deflate, br
Accept-Language: zh-CN,zh;q=0.9
Cache-Control: no-cache
Connection: keep-alive
Cookie: BIDUPSID=4CE87539DA874C2BC1C263F4D3FBE944; …
Host: www.baidu.com
Pragma: no-cache
Upgrade-Insecure-Requests: 1
User-Agent: Mozilla/5.0 (Windows NT 6.1; Win64; x64) AppleWebKit/538.36 (KHTML, like Gecko) Chrome/70.0.3501.0 Safari/538.36
```

注　意

在不同网站的请求头中，除了一些必要的元素，并不一定所有的键是一致的，很多网站都会在请求头中增加一个Key-Value式的字段，用于实现某些特定的功能，也可能因为请求的不同而减少内容。

一般常见的请求头的说明如表8-6所示。

表8-6　请求头的说明

键　名	说　明
Accept	当前支持接收的信息数据类型
Accept-Encoding	当前支持的压缩编码操作

（续表）

键　　名	说　　明
Accept-Language	当前支持的语言
Cache-Control	缓存的控制，标识是否保持缓存等操作
Connection	长连接的情况，是否保持或者切断
Cookie	当前的浏览器记录Cookie值
Host	当前访问的站点地址信息
Pragma	缓存的老版本控制方法
Upgrade-Insecure-Requests	支持HTTPS，支持使用该操作
User-Agent	用户端标识符，可能会出现用户标识、操作系统标识或者浏览器类型、手机型号等

8.5.4　Cookie和Session

本小节将会对两个基础概念进行介绍，即Cookie和Session。这两个概念其实本质上是对用户登录态的实现方法。在网站中，HTTP请求是无状态的，也就是说即使第一次和服务器连接并登录成功后，第二次请求服务器依然不能知道当前请求的是哪一个用户。

而Cookie的出现就是为了解决这个问题，第一次登录后服务器返回一些Cookie数据给浏览器，然后浏览器保存在本地，当该用户发送第二次请求时，就会自动把上次请求存储的Cookie数据传递给服务器。收到此次请求的服务器通过该Cookie数据就能判断当前用户。这类的数据传递用户本身不能知晓也不需要进行操作，因为Cookie数据其实就是请求头中的Cookie键所对应的值。请求头中的键值为Cookie的组成部分。

Cookie存储的数据量根据不同的浏览器而有所不同，但一般不超过4KB。因此使用Cookie存储数据时需要考虑数据的长度，如果需要写入大量的缓存，可以通过Application Cache的形式进行缓存。

Cookie本身是存储在用户端的，这意味着可以被伪造或者查看。例如，在"开发者工具"栏中进行该数据的查看，如图8-26所示。因此不能将敏感的数据通过Cookie的形式存储，如果要存储可以对Cookie进行加密处理。

Session和Cookie的作用相似，都是为了保证用户相关的登录态信息。不同的是，Cookie存储在用户的本地浏览器中，而Session存储在服务器中，即用户无法获取登录态内容。

存储在服务器中的数据会更加安全，不容易被窃取，但会占用服务器的资源，并且在大量用户并发的情况下，存储用户信息的不断写入和读取会占用大量I/O资源，导致服务器运行问题。

为了优化Session的存储和性能，需要使用Session存储用户登录信息的使用场景，一般不再通过文件的形式进行存储，而是使用Redis等数据库将这类常用的信息写在服务器的内存中，获得较为优秀的性能和读取时间。

Name	Value	Dom...	Path	Expir...	Size	Http...	Secure	Same...	Priority
CNZZDATA1272960286	323984393-1585056258-https%253A%2...	.passp...	/	2020-...	93				Medi...
UBI	fi_PncwhpxZ%7ETaCBg3pJZm%7EEq3V7...	.pass...	/	2027-...	170	√			Medi...
Hm_lvt_d4a0e7c3cd16eb5...	1592035832	.huab...	/	2021-...	49				Medi...
HISTORY	7b2abcfd25c0326daf1573869096ce2231...	.pass...	/	2028-...	43	√			Medi...
CNZZDATA1256903590	534338769-1583300375-https%253A%2...	.huab...	/	2020-...	90				Medi...
_cnzz_CV1256903590	is-logon%7Clogged-out%7C1592035583...	.huab...	/	2020-...	55				Medi...
USERNAMETYPE	1	.pass...	/	2020-...	13	√			Medi...
_f	iVBORw0KGgoAAAANSUhEUgAAADIAA...	.huab...	/	Session	1105				Medi...
wft	1	.huab...	/	Session	4				Medi...
sid	s%3AaXeeUJTRPjKcuEkxUsJcr_8y9fHC2D...	.huab...	/	Session	83				Medi...
referer	https%3A%2F%2Fwww.processon.com...	.huab...	/	Session	49				Medi...
__auc	9a5f70b9170a41737b1e8e5d271	.huab...	/	2021-...	32				Medi...
SAVEUSERID	5fcB02521a2a921007b74bd108f0	.pass...	/	2028-...	38	√			Medi...
UM_distinctid	170a41732cf1e-0ca5964d9afa13-4313f6...	.huab...	/	2020-...	71				Medi...
cna	nBStE8bD9i0CAbfDHZM642vr	.cnzz...	/	2030-...	27				Medi...
PTOKEN	c2af067ad6ae22099ea40f8ff9c83fdd	.pass...	/	2028-...	38	√	√		Medi...

Select a cookie to preview its value

图8-26　查看浏览器Cookie

> **注　意**
>
> 　　服务器中的Session实现依旧是通过用户端的Cookie记录获得该用户Session对应ID进行的登录态的保存，这也就意味着在用户登录后再清除浏览器中所有的用户Cookie会导致服务器中的Session虽然存在，但是在浏览器端已经退出了登录状态。

　　通过学习网络请求头、Cookie和Session的相关内容可以逐渐明白浏览一个网站到底需要哪些信息和如何识别用户的登录情况，这对之后的网站编写及爬虫编写都是必需的基本知识。

8.6 Python中的CGI编程

　　本节将会使用Python编写一个简单的页面示例，进行Python CGI编程的实现。通过本节的学习，可以掌握如何使用Python编写出简单的网站服务，以及如何成功地运行相关的服务。

8.6.1 什么是CGI编程

　　通用网关接口(Common Gateway Interface，CGI)，是一个Web服务器主机提供信息服务的标准接口，也就是说，该接口运行在服务器中，通过该接口服务器可以获得客户端发送的请求和相关的数据信息，而客户端通过该接口发送请求后，可以获得由浏览器解析的HTML或者其他的相关内容。

　　简单来说，CGI就是我们即将编写的网站服务器程序本身，将网页和Web服务器中的执行过程打通，让网站不再只是静态的HTML，而是可以完成表格处理、数据库查询等操作的内容。当然，CGI可以用任何一种语言编写，只要这种语言具有标准输入、输出和环境变量。

这里需要说明的是，如果需要一个服务器程序稳定地运行在互联网中，那么需要使用一个Web服务器程序，知名的服务器程序有Nginx、Apache及Windows平台中的IIS等，但是这类Web服务器并非CGI程序，而是CGI程序的运行容器。本节开发Python的CGI程序，同样需要使用一个这样的容器。通过以下命令可以开启一个简单的Python Web服务器。

> python -m Web服务器模块 [端口号，默认8000]

其运行的目录会指定为该应用程序的根目录，运行效果如图8-27所示。

```
E:\JavaScript\vue_book2\pyhton\python-code\11-2>python -m http.server 5000
Serving HTTP on 0.0.0.0 port 5000 (http://0.0.0.0:5000/) ...
127.0.0.1 - - [26/Nov/2019 19:05:08] "GET / HTTP/1.1" 200 -
127.0.0.1 - - [26/Nov/2019 19:05:08] code 404, message File not found
127.0.0.1 - - [26/Nov/2019 19:05:08] "GET /favicon.ico HTTP/1.1" 404 -
127.0.0.1 - - [26/Nov/2019 19:05:11] "GET /HelloWorld.html HTTP/1.1" 200 -
```

图8-27 运行服务器

在目录中建立一个HTML文件，命名为HelloWorld.html，HTML代码如下。

```
<!DOCTYPE html>
<html lang="en">
<head>
  <meta charset="UTF-8">
  <title>Title</title>
</head>
<body>
  <h2>HelloWorld!!!</h2>
</body>
</html>
```

在浏览器中输入网址http://127.0.0.1:5000/HelloWorld.html进行访问，其访问效果如图8-28所示。

图8-28 输出"HelloWorld!!!"

8.6.2 项目练习：使用Python生成网页

在8.6.1小节中，通过启动服务器的形式成功地访问了HTML文件。在网页中正确地显示该HTML文件内容的原因是浏览器可以正确且直接地解析其本身的内容，即使存放的是一张图片或者一个文本文件，也可以实现这样的效果。

但是对浏览器而言，Python代码文件"*.py"不可以被直接读取，这也就意味着如果当前Web服务器不支持Python代码的解析，则会认为该文件是可下载的内容，并自动进行下载处理，如图8-29所示。

图8-29　不支持Python文件解析结果

　　这也就意味着，如果不在服务器中进行Python解析的配置，浏览器并不会识别这些Python文件中的代码内容。

> **注　意**
>
> 　　除了原生的HTML、JavaScript等代码文件，PHP、Java在没有进行相关Web服务器的配置时，其代码文件都是不可以直接访问的。这也就意味着如果读者需要使用Nginx等服务器应用时，需要进行相关的配置才可以正确地解析Python代码。

　　如果该Web服务器可以解析Python的原生代码，并且能将其转换为浏览器中可以解析的内容，不再启动下载任务，且可以显示正确的内容，则意味着该服务器成功编写了一个Python程序的网站。当然，Python中自带的Web服务器无须进行配置，因为其中已经内置了Python代码的解析功能。

　　可以将浏览器理解为一个处于用户端的命令行窗口，编写内容最简单的方法是将整个HTML文件的全部结构都通过print()方法进行输出。一个简单的页面输出逻辑如下方的代码所示。

> **注　意**
>
> 　　该代码一定要存放在Python服务器启动命令目录文件夹中新建的一个cgi-bin文件夹中，且启动服务器时需要指定以cgi方式启动。

```
html = '''
<!DOCTYPE html>
<html lang="en">
<head>
  <meta charset="UTF-8">
  <title>Title</title>
</head>
<body>
  <h2>HelloWorld!!!</h2>
</body>
</html>
'''
print(html)
```

　　上述代码其实非常容易理解，没有经过任何的逻辑判断，仅仅是将8.6.1小节中的HTML文件内容进行了输出。通过下方的代码进行服务器的启动，并且访问网址http://127.0.0.1:5000/cgi-bin/HelloWorld.py。

```
python –m http.server --cgi 5000
```

其访问效果如图8-30所示。

图8-30　访问效果

既然已经使用Python进行了网站代码的编写，自然也可以对数据进行处理，可以通过GET访问传递参数的方式进行参数的传递，这里在cgi-bin文件夹中编写一个新的Python文件，命名为Add.py。在该文件的代码中需要引入一个cgi包，其中提供的cgi.FieldStorage()方法用于获得用户输出的数据内容。其完整代码如下。

```python
import cgi

html = ''
<!DOCTYPE html>
<html lang="en">
<head>
    <meta charset="UTF-8">
    <title>Title</title>
</head>
<body>
    <h2>HelloWorld!!!</h2>
    <p>%s+%s=%s</p>
</body>
</html>
''
# 获得参数内容
form = cgi.FieldStorage()
# 得到a的值
a = form['a'].value
# 得到b的值
b = form['b'].value
print(html % (a, b, int(a) + int(b)))
```

上述代码完成了对两个参数内容的加法运算，并且将其显示在HTML中，最后通过print()方法进行输出。在访问路径（URL）中加入两个相应的参数a和b，GET方式传递参数需要以如下的形式进行。

```
http://URL?参数1=参数1值&参数2=参数2值&...
```

该代码的访问路径为http://127.0.0.1:5000/cgi-bin/add.py?a=1&b=2，完整的URL代表参数设定为a=1，b=2。执行效果如图8-31所示。

HelloWorld!!!

1+2=3

图8-31　执行效果

8.7 项目练习：Python网页编程之API编写和表单

本节将会介绍如何编写一个服务器API接口，通过本节的学习，可以理解如何编写一个接口，以及如何返回可以被解析的数据。

8.7.1　返回一个标准的JSON对象

正如8.6节中编写一个标准的界面一样，其实一个服务器对JSON数据返回的本质是将符合JSON格式的数据打印输出在网页上。

一般而言，使用接口的程序可以通过网络请求的方式请求一个给定的地址，并且可能在该地址中添加一些需要使用的参数或者用户识别信息，而发起请求地址的方式也不是固定不变的。

一个标准的JSON对象是可以被浏览器解析的，通过一些网页访问插件可以对这些内容进行格式化输出。在cgi-bin文件夹中新建一个API.py文件，其中包含一个简单的JSON内容，代码如下。

```python
# 引入JSON包
import json


# 数据对象内容（python）
text = {'message': '访问成功', 'code': 0, 'data': [{'data': '这是数据内容'}]}
# 转化为JSON字符串
text = json.dumps(text)
# 输出JSON头，需要让浏览器理解该请求返回为JSON
print("Content-Type: application/json")
print("")
print(text)
```

在上述代码中一定需要指明Content-Type:application/json，否则浏览器并不认为该请求体是一个返回的JSON数据内容。使用JSON包中的json.dumps()方法可以将Python中的对象转换为标准的JSON对象。

{'message': '访问成功', 'code': 0, 'data': [{'data': '这是数据内容'}]}是一个标准的返回内容，所有的返回将会通过该形式进行嵌套输出。本书将会使用这样的格式作为标准返回，其中返回值的说明如表8-7所示。

表8-7 API返回值说明

返 回 值	类 型	说 明
message	string	用于返回本次请求的提示或者错误信息
code	int	本次请求的返回情况，如果为0代表成功，其他数值为错误信息码或者需要提示的场景
data	object	需要返回数据时的数据集内容

8.7.2 表单传递实例

本节将会对一个简单的标准表单进行数据的获取和回显，用于展示一个标准的POST请求和如何获得表单的内容。首先在项目文件夹中新建一个HTML文件，并且命名为form.html，在其中编写一个表单，其代码如下。

```html
<!DOCTYPE html>
<html lang="en">
<head>
  <meta charset="UTF-8">
  <title>Title</title>
</head>
<body>
<!--表单内容-->
<form method="post" action="/cgi-bin/form.py">
  <table>
    <tr>
      <td>姓名: </td>
      <td><input type="text" name="name" placeholder="输入姓名"></td>
    </tr>
    <tr>
      <td>生日: </td>
      <td><input type="date" name="bir" placeholder="输入生日"></td>
    </tr>
    <tr>
      <td>输入电话: </td>
      <td><input type="tel" name="phone" placeholder="输入电话"></td>
    </tr>
    <tr>
```

```
        <td>输入邮箱: </td>
        <td><input type="email" name="email" placeholder="输入邮箱"></td>
      </tr>
      <tr>
        <td><input type="submit" value="提交"></td>
      </tr>
    </table>
  </form>
  </body>
  </html>
```

界面的显示效果如图8-32所示。

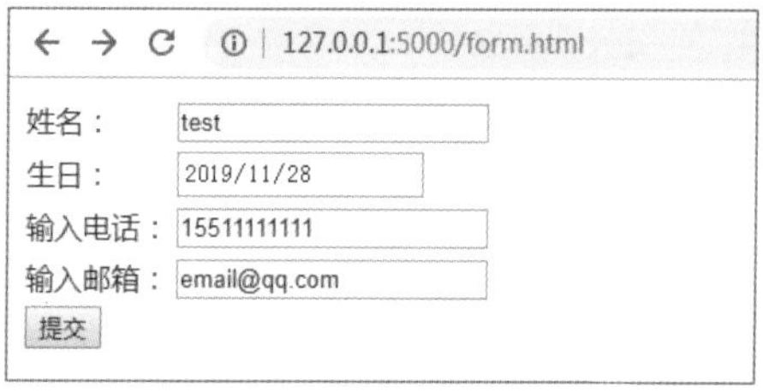

图8-32　提交表单界面

上述代码包括一个<form></form>组件且指定其发送数据的方式是POST，发送数据至路径/cgi-bin/form.py，接下来建立/cgi-bin/form.py文件，用于接收用户发送的相关数据，并且将输出打印在界面中，其代码如下。

```
import cgi

html = ''
<!DOCTYPE html>
<html lang="en">
<head>
  <title>Title</title>
</head>
<body>
  <h2>提交的表单内容</h2>
  <p>姓名: %s</p>
    <p>生日: %s</p>
      <p>电话: %s</p>
        <p>邮箱: %s</p>
</body>
</html>
''
# 获得参数内容
form = cgi.FieldStorage()
```

```
# 得到name的值
name = form['name'].value
bir = form['bir'].value
phone = form['phone'].value
email = form['email'].value
print(html % (name, bir, phone, email))
```

上述代码的效果是打印出用户传递的数据内容，通过提交图8-32的用户信息后，其回显结果如图8-33所示。

图8-33　回显结果

:注　意

　　在使用POST提交表单信息时，这些提交的内容并不会显示在URL后方，而是通过表单的形式发送。

但是这种传递表单的方式不可避免地会出现刷新页面的问题。该提交伴随着URL的更改及页面的刷新，该页面地址从http://127.0.0.1:5000/ form.html变更为http://127.0.0.1:5000/cgi-bin/form.py，也就意味着第二次显示的页面是由Python代码输出的。其实可以对上述代码进行优化，在HTML页面上通过请求Python接口的方式进行结果的显示。

这里需要更改HTML页面中的请求方式，采用Ajax的方式异步请求Python提供的内容，而Python也不再提供完整的HTML显示代码，而是返回一个可以解析的JSON结果。

Ajax是一种在无须重新加载整个网页的情况下就能够更新部分网页的技术。通过后台与服务器进行少量的数据交换，Ajax可以使网页实现异步更新。

这里直接使用第三方封装好的Ajax请求方法，使用全球网站开发中最为广泛使用的JavaScript代码库jQuery可以下载至本地项目，或者直接在可访问互联网的计算机中采用<script></script>标签的形式进行访问。更改后完整的HTML代码如下。

```
<!DOCTYPE html>
<html lang="en">
<head>
    <meta charset="UTF-8">
    <title>Title</title>
</head>
```

```
<body>
<!--表单内容-->
<form id="my-form" method="post" action="/cgi-bin/form.py">
  <table>
    <tr>
      <td>姓名：</td>
      <td><input type="text" name="name" placeholder="输入姓名"></td>
    </tr>
    <tr>
      <td>生日：</td>
      <td><input type="date" name="bir" placeholder="输入生日"></td>
    </tr>
    <tr>
      <td>输入电话：</td>
      <td><input type="tel" name="phone" placeholder="输入电话"></td>
    </tr>
    <tr>
      <td>输入邮箱：</td>
      <td><input type="email" name="email" placeholder="输入邮箱"></td>
    </tr>
  </table>
</form>
<input onclick="submit()" type="button" value="提交">
<script
    src="https://code.jquery.com/jquery-3.4.1.min.js"
    integrity="sha256-CSXorXvZcTkaix6Yvo6HppcZGetbYMGWSFlBw8HfCJo="
    crossorigin="anonymous"></script>
<!--编写JavaScript提交代码-->
<script>

  function submit(){
    var data = $("#my-form").serializeArray()
    $.ajax({
      type:"POST",
      url:"/cgi-bin/form-api.py",
      data:data,
      success:function(res){
        console.log(res)
      }
    })
```

```
        }

    </script>
    </body>
    </html>
```

这里使用jQuery中的Ajax方法，采用POST方式进行了表单数据的提交，并且将数据提交到后端由Python编写的form-api.py文件中。当填写完相关数据后，单击"提交"按钮会执行submit()方法请求/cgi-bin/form-api.py地址，可以在浏览器的"开发者工具"中查看，如图8-34所示。

图8-34　Ajax请求

其Python处理数据的完整代码如下，提交数据后通过JSON方式进行数据的返回。

```python
# 引入JSON包
import json
import cgi


# 获得参数内容
form = cgi.FieldStorage()
# 得到name的值
name = form['name'].value
phone = form['phone'].value
# 数据对象内容（python）
text = {'message': '请求成功', 'code': 0, 'data': [{'name': name, 'phone': phone}]}
# 转化为JSON字符串
text = json.dumps(text)
# 输出JSON头，需要让浏览器理解该请求返回为JSON
```

```
print("Content-Type: application/json")
print("")
print(text)
```

最终请求成功的返回效果如图8-35所示。

Name		× Headers Preview Response Cookies Timing
☐ form-ajax.html		▼{message: "请求成功", code: 0, data: [{name: "11111", phone: "1300000000"}]}
☐ jquery-3.4.1.min.js		code: 0
☐ form-api.py		▶ data: [{name: "11111", phone: "1300000000"}]
		message: "请求成功"

图8-35　请求成功

因为JSON对象是可以被JavaScript直接解析的，所以可以直接使用该返回结果进行判断或者显示等操作。

8.8　Python中的网页开发框架

如果想利用CGI程序开发比较大型的网页应用，无疑是非常困难的，因为这种方式不仅需要对所有的工作进行重新开发，而且为了把控项目的质量且简化开发流程，需要对大量的功能进行封装，这无疑是非常大的工作量。

这时具备基础开发功能的Web应用框架就应运而生，它可以让开发人员分工合作，短时间内就可以完成功能丰富的中小型网站的搭建或者Web服务的实现。

8.8.1　常用的网页开发框架介绍

任何可以用于开发网站的语言都有非常多的Web应用框架，这类应用框架本身可以视作语言的封装应用，即在原本简单且单一的语言基础上进行逻辑的封装，注入大量工程化的设计模式和编程思想，借用开源社区中好用的第三方库和开发工具，最后完成项目作品。

几乎所有的业务网站在开发过程中，都是基于这样的一种或者多种框架进行应用或者再开发工作，即使不使用社区中成熟且知名的Web应用框架，也会基于自身业务逻辑进行基层搭建，最终形成适合本业务的开发应用框架。

Web应用框架有助于减轻网页开发时共通性活动的工作负荷，如许多框架提供数据库访问接口、标准样板以及会话管理等，可以提升代码的可再用性。常见的Python应用框架有以下几种。

1. Django

Django的官方网址为https://www.djangoproject.com/。Django是Python开发框架中一个重量级的且知名的框架。它提供非常多的功能，是一个开放源代码的Web应用框架。使用Django进行网站的开发，可以以极快的速度完成一个项目的数据库搭建及后端增、删、改、查操作的实现。

Django的设计和使用非常标准，文档和教程也很丰富，使得初学者可以迅速地完成自己的网站作品，Django还提供了强大的对象关系映射、URL路由设计及模板语言的支持和内置缓存系统，另外，标准的MVC设计使其使用非常简单且专业。

2. Flask

Flask官方网站的产品页面为https://palletsprojects.com/p/flask/。相对于Django而言，Flask的设计模式是极简的，适合小型业务团队的网站或Web服务的开发，其本身非常灵活、轻便、安全且容易上手。Flask本身几乎没有提供多余的功能，仅以一个核心的形式进行代码的封装。

这也就意味着，不同于Django的强工程化思想，Flask的设计哲学认为一个基础的Web应用甚至可以通过一个单文件实现。不仅如此，与其他的轻量级框架相比较，Flask框架有更好的扩展性。

Flask的扩展性体现在Flask框架并不会强制要求开发者使用特别的工具或者包，选用何种模板引擎和数据库都交给开发者决定。Flask核心不包含任何的数据抽象层、表单验证等，当然Flask也提供了这样的功能，开发者可以选择安装。

3. Tornado

Tornado官方网址为http://www.tornadoweb.org/en/stable/。Tornado是一个开源的网络服务器框架，不同于Web开发框架，Tornado使用的是非阻塞式服务器设计，最初由FriendFeed开发。通过使用无阻塞网络I/O，Tornado可以维持数万个开放连接，适用于使用长轮询或者WebSocket等需要与用户建立长连接的应用场景。

与Flask和Django一样，Tornado也具备完整的Web框架，提供了完整的URL路由映射、Request上下文、模板等，但是其同时也是一个高效的网络库，提供支持异步I/O、超时事件处理等，这意味着其使用场景可以是爬虫应用、物联网网关甚至是游戏服务器等。

接下来，将会对上述三个框架进行入门讲解。

8.8.2 项目练习：使用Flask进行Web开发

Flask作为"微"框架中的一种，其本身涉及的内容非常少，所以非常适合轻量级或者注重性能和优化的开发者，其本身的开发分为两种模式。

（1）简单模式。可以非常迅速地完成一个项目需求的开发，代码文件精简，甚至可以存放在一个Python文件中。

（2）工程化模式。该开发模式需要采用工程化的思想进行代码和文件的分类和划分，相当于自己实现Django中的一些结构和模块的搭建。

本节将采用简单模式进行项目的开发工作。Flask并不是Python中的内置模块，需要使用如下pip命令进行安装。

```
pip install Flask
```

安装完成后的效果如图8-36所示。

```
E:\JavaScript\wue_book2\pyhton\python-code>pip install Flask
Collecting Flask
  Downloading https://files.pythonhosted.org/packages/9b/93/628509b8d5dc749656a9641f4caf13540e2cdec85276964ff8f43bbb1d3b
/Flask-1.1.1-py2.py3-none-any.whl (94kB)
    |████████████████████████████████| 102kB 656kB/s
Requirement already satisfied: itsdangerous>=0.24 in d:\anaconda3\lib\site-packages (from Flask) (1.1.0)
Requirement already satisfied: Jinja2>=2.10.1 in d:\anaconda3\lib\site-packages (from Flask) (2.10.1)
Requirement already satisfied: Werkzeug>=0.15 in d:\anaconda3\lib\site-packages (from Flask) (0.15.4)
Requirement already satisfied: click>=5.1 in d:\anaconda3\lib\site-packages (from Flask) (7.0)
Requirement already satisfied: MarkupSafe>=0.23 in d:\anaconda3\lib\site-packages (from Jinja2>=2.10.1->Flask) (1.1.1)
Installing collected packages: Flask
Successfully installed Flask-1.1.1

E:\JavaScript\wue_book2\pyhton\python-code>
```

图8-36　Flask安装完成

安装 Flask 时，以下配套软件会被自动安装。

* Werkzeug：用于实现WSGI（Web应用和服务之间的标准 Python 接口）。

* Jinja：用于Flask中渲染页面的模板。

* MarkupSafe：与Jinja模板共用，对于输入内容进行控制，防止提交内容出问题和常见的注入攻击。

* itsDangerous：数据完整性的安全标志数据和内容验证，用于保护Flask的数据内容安全以及Session和Cookie等。

* click：是一个命令行应用的框架，可以让用户在命令行汇总使用Flask提供的命令，并允许添加自定义和管理命令。

一个最小的Flask应用只需要一个文件的几行代码就可以完成显示，在项目文件夹中新建flask-index.py文件，其代码如下。

```python
# 引入Flask包
from flask import Flask

# 实例化该Flask应用
app = Flask(__name__)

# 定义该应用中的根路由，其对应的方法为hello_world
@app.route('/')
def hello_world():
    # 使用return进行内容的输出（这里不使用print）
    print("访问/地址")
    return 'Hello, World!'
```

> **注 意**
>
> 在Flask框架中，return相当于原生CGI编写内容时的print()，而这里的print()会在命令行中进行打印输出。

安装Flask时会自动安装用于命令行的工具，其本身可以启动一个适用于Flask的应用服务器，不过首先需要进行名称为Flask_APP的环境变量设定。在命令行工具中使用cd命令进入项目文件代码中，执行如下命令。

```
# 适用于Windows，Linux请使用export
set FLASK_APP=flask-index.py
flask run
```

效果如图8-37所示。

图8-37　运行服务器效果

成功启动服务器后，可以通过浏览器访问网址http://127.0.0.1:5000/进入该URL地址对应的页面，其页面显示效果如图8-38所示。

图8-38　页面显示效果

在访问该页面的同时，命令行中打印出提示，其效果如图8-39所示。

```
H:\book\book\pyhton\python-code\8-7>flask run
 * Serving Flask app "flask-index.py"
 * Environment: production
   WARNING: This is a development server. Do not use it in a production deployment.
   Use a production WSGI server instead.
 * Debug mode: off
 * Running on http://127.0.0.1:5000/ (Press CTRL+C to quit)
访问/地址
127.0.0.1 - - [03/Mar/2020 17:33:44] "GET / HTTP/1.1" 200 -
127.0.0.1 - - [03/Mar/2020 17:33:44] "GET /favicon.ico HTTP/1.1" 404 -
```

图8-39　命令行输出效果

Flask适合开发简单的Web API，其本身可以直接返回Python字典对象，并且在该路由中直接使用该对象作为返回值，Flask应用会自动将该对象加工为浏览器可以识别的JSON对象。编辑flask-index.py文件，为其添加新的路由和方法，其代码如下。

```
# 引入Flask包
from flask import Flask

# 实例化该Flask应用
app = Flask(__name__)

# 定义该应用中的根路由，并且其对应的方法为hello_world
@app.route('/')
def hello_world():
```

```
    # 使用return进行内容的输出（这里不使用print）
    …


    @app.route('/api')
    def hello_api():
        # 使用return进行内容的输出（这里不使用print）
        # print("访问/api地址")
        return_json = {'data': 'HelloWorld!'}
        return return_json
```

如果没有使用Flask的开发模式，则需要重启运行服务器才可以使修改后的代码生效，其访问网址为http://127.0.0.1:5000/api，其最终运行效果如图8-40所示。

图8-40　访问网页效果

8.8.3　项目练习：使用Django进行Web开发

在使用Django进行开发前，同样需要安装Django。这里依旧使用pip命令进行安装，其命令格式如下。

```
pip install Django
```

安装过程如图8-41所示。安装Django时代码包较大，所以可能时间较长。

```
E:\>pip install django
Looking in indexes: https://mirrors.aliyun.com/pypi/simple
Collecting django
  Downloading https://mirrors.aliyun.com/pypi/packages/c6/b7/63d23df1e311ca0d90f41352a9efe7389ba353df95deea5676652e61542
0/Django-3.0.3-py3-none-any.whl (7.5 MB)
     |████████████████████████████████| 7.5 MB 2.2 MB/s
Collecting asgiref =3.2
  Downloading https://mirrors.aliyun.com/pypi/packages/a5/cb/5a235b605a9753ebcb2730c75e610fb51c8cab3f01230080a8229fa36ad
b/asgiref-3.2.3-py2.py3-none-any.whl (18 kB)
Collecting sqlparse>=0.2.2
  Downloading https://mirrors.aliyun.com/pypi/packages/85/ee/6e821932f413a5c4b76be9c5936e313e4fc626b33f16e027866e1d60f58
8/sqlparse-0.3.1-py2.py3-none-any.whl (40 kB)
     |████████████████████████████████| 40 kB 650 kB/s
Requirement already satisfied: pytz in f:\anaconda\lib\site-packages (from django) (2019.3)
Installing collected packages: asgiref, sqlparse, django
Successfully installed asgiref-3.2.3 django-3.0.3 sqlparse-0.3.1
```

图8-41　安装Django

安装完成后，使用如下代码可以测试是否安装成功，并且可以打印出当前安装的Django的版本内容。

```
import django
print(django.get_version())
```

执行效果如图8-42所示。

```
E:\>python
Python 3.7.3 (default, Apr 24 2019, 15:29:51) [MSC v.1915 64 bit (AMD64)] :: Ana

Warning:
This Python interpreter is in a conda environment, but the environment has
not been activated.  Libraries may fail to load.  To activate this environment
please see https://conda.io/activation

Type "help", "copyright", "credits" or "license" for more information.
>>> import django
>>> print(django.get_version())
2.2.7
>>>
```

图8-42　成功安装Django

Django并不需要开发者手动构建项目结构，它提供了项目创建工具，通过Django可以方便地建立一个后台管理页面。在项目文件夹中使用下方的命令，可以创建一个空Django项目，其中包括Django自带的后台管理。

django-admin startproject 项目名称

其生成的项目文件结构如图8-43所示。

```
pyhton/python-code/11-4/django_index/manage.py
pyhton/python-code/11-4/django_index/django_index/__init__.py
pyhton/python-code/11-4/django_index/django_index/settings.py
pyhton/python-code/11-4/django_index/django_index/urls.py
pyhton/python-code/11-4/django_index/django_index/wsgi.py
```

图8-43　生成的项目文件结构

项目中的文件说明如下。

（1）目录为命令中创建输入的任何内容。

（2）项目根目录中的manage.py文件规定了项目的一些基础配置和启动配置等。

（3）项目中的文件夹为项目真实存放的位置，其中自动生成了四个Python文件。

（4）__init__.py文件定义了该项目真实目录为一个Python包，即任何的导入都应当是通过该项目包进行的导入。

（5）settings.py文件规定和声明了项目的配置以及中间件等内容。

（6）urls.py文件指定了项目中规划的路由地址以及与之相对的逻辑控制器。

（7）wsgi.py文件是wsgi兼容的Web服务器为该项目提供服务的入口文件。

使用如下命令可以启动服务器运行该Django项目。

python manage.py runserver

启动效果如图8-44所示。

```
E:\JavaScript\vue_book2\pyhton\python-code\11-4\django_index>python manage.py runserver
Watching for file changes with StatReloader
Performing system checks...

System check identified no issues (0 silenced).

You have 17 unapplied migration(s). Your project may not work properly until you apply the migrations for app(s): admin,
 auth, contenttypes, sessions.
Run 'python manage.py migrate' to apply them.
November 28, 2019 - 18:58:04
Django version 2.2.7, using settings 'django_index.settings'
Starting development server at http://127.0.0.1:8000/
Quit the server with CTRL-BREAK.
```

图8-44　启动效果

此时成功地启动了测试服务器，可以通过访问地址http://127.0.0.1:8000/进行查看，如图8-45所示。

图8-45　Django成功启动

urls.py文件的代码如下。

```
from django.contrib import admin
from django.urls import path


urlpatterns = [
    path('admin/', admin.site.urls),
]
```

这代表着该项目中提供了一个新的路由，即http://127.0.0.1:8000/admin/，该网址使用了引入的admin包中的路由，该后台管理由Django提供，路由由Django自动生成。部分路由的代码如下。

```
# Admin-site-wide views.
    urlpatterns = [
        path('', wrap(self.index), name='index'),
        path('login/', self.login, name='login'),
        path('logout/', wrap(self.logout), name='logout'),
        path('password_change/', wrap(self.password_change, cacheable=True), name='password_
change'),
        path(
            'password_change/done/',
            wrap(self.password_change_done, cacheable=True),
            name='password_change_done',
        ),
```

```
        path('jsi18n/', wrap(self.i18n_javascript, cacheable=True), name='jsi18n'),
        path(
            'r/<int:content_type_id>/<path:object_id>/',
                wrap(contenttype_views.shortcut),
                    name='view_on_site',
            ),
        ]
```

这也正是Django的强大之处，不需要编写任何代码，直接提供了完整的一套后台管理和用户验证等内容。

输入网址http://127.0.0.1:8000/admin/，可以进入管理页面，如图8-46所示，需要使用管理员身份进行登录才可以操作。

图8-46　管理页面

但是因为此时并没有配置相应的数据库和用户表，所以并不能正常使用。该管理工具是由Django提供的，所以无须手动建立表，只需要使用下方的初始化数据表建立命令，该命令会自动建立在mysite/settings.py文件中设置的需要数据库迁移的应用列表。

```
python manage.py migrate
```

其应用的列表位于mysite/settings.py文件中，定义为在整个网站系统中用到的组件化应用，代码如下。

```
# Application definition
INSTALLED_APPS = [
    'django.contrib.admin',
    'django.contrib.auth',
    'django.contrib.contenttypes',
    'django.contrib.sessions',
    'django.contrib.messages',
    'django.contrib.staticfiles',
]
```

由于没有更新settings.py中的数据库设置，Django会自动默认使用SQLite作为数据持久层，使用该命令会在项目文件根目录下的db.sqlite3中默认建立多张表，如图8-47所示。

```
E:\JavaScript\vue_book2\pyhton\python-code\11-4\django_index>python manage.py migrate
Operations to perform:
  Apply all migrations: admin, auth, contenttypes, sessions
Running migrations:
  Applying contenttypes.0001_initial... OK
  Applying auth.0001_initial... OK
  Applying admin.0001_initial... OK
  Applying admin.0002_logentry_remove_auto_add... OK
  Applying admin.0003_logentry_add_action_flag_choices... OK
  Applying contenttypes.0002_remove_content_type_name... OK
  Applying auth.0002_alter_permission_name_max_length... OK
  Applying auth.0003_alter_user_email_max_length... OK
  Applying auth.0004_alter_user_username_opts... OK
  Applying auth.0005_alter_user_last_login_null... OK
  Applying auth.0006_require_contenttypes_0002... OK
  Applying auth.0007_alter_validators_add_error_messages... OK
  Applying auth.0008_alter_user_username_max_length... OK
  Applying auth.0009_alter_user_last_name_max_length... OK
  Applying auth.0010_alter_group_name_max_length... OK
  Applying auth.0011_update_proxy_permissions... OK
  Applying sessions.0001_initial... OK
```

图8-47　建立表

执行该命令后，需要手动创建超级用户的账号和密码。使用下方的命令，根据提示可以完成超级用户的创建，如图8-48所示。

python manage.py createsuperuser

```
E:\JavaScript\vue_book2\pyhton\python-code\11-4\django_index>python manage.py createsuperuser
Username (leave blank to use 'zhangfan2'): admin
Email address: test@qq.com
Password:
Password (again):
The password is too similar to the username.
This password is too short. It must contain at least 8 characters.
This password is too common.
Bypass password validation and create user anyway? [y/N]: y
Superuser created successfully.
```

图8-48　创建新用户

注 意

在上述创建过程中，用户名为admin，密码为admin，被提示为不安全，但是可以强制创建。在真实的项目中创建后台管理员等需要验证的场景时，最好不要使用属于弱口令的密码。

提示创建成功后，可以通过输入该用户名和密码进行登录，登录成功后可以对用户和分组进行增加和修改，登录后的效果如图8-49所示。

Django administration

Site administration

AUTHENTICATION AND AUTHORIZATION			Recent actions
Groups	+ Add	✎ Change	My actions
Users	+ Add	✎ Change	None available

图8-49　后台管理

8.8.4 项目练习：使用Tornado编写WebSocket

Tornado和上述两种传统的Web开发框架不同，虽然其本身也可以完成Flask和Django提供的部分主要功能，但是Tornado的应用场景并不限于此。

Tornado使用非阻塞式的服务器，每秒可以处理数以千计的连接，对于实时连接数较多的Web服务而言，Tornado非常适合。Tornado和Node.js一样，采用的是单进程的异步I/O网络模型，非常适用于WebSocket等长连接的应用场景。

Tornado同样需要使用下方的pip命令进行安装。

```
pip install tornado
```

注 意

因为Tornado有很多UNIX系统的特性，所以它可以在UNIX平台或者Linux平台（带epoll）及其发行版本中达到最佳性能，而Windows平台对Tornado的部分特性和功能无法提供支持，所以仅可用于开发。

安装完成后，可以在Python命令中进行测试，如图8-50所示。引入成功，则代表安装成功。

```
E:\>python
Python 3.7.3 (default, Apr 24 2019, 15:29:51) [MSC v.1915 64 bit (AMD64)] :: Ana

Warning:
This Python interpreter is in a conda environment, but the environment has
not been activated.  Libraries may fail to load.  To activate this environment
please see https://conda.io/activation

Type "help", "copyright", "credits" or "license" for more information.
>>> import tornado
>>>
```

图8-50　安装成功

本小节将会编写一个简单的WebSocket服务器，用于接收来自客户端发送的数据，并且发送给客户端相应的消息。

WebSocket是一种在单个TCP连接上进行全双工通信的协议。WebSocket使得客户端和服务器之间的数据交换变得更加简单，允许服务器端主动向客户端推送数据。在WebSocket API中，浏览器和服务器只需要完成一次握手，两者之间就可以直接创建持久性的连接，并进行双向数据传输。

在WebSocket实现之前，Web与服务器之间的通信一般是HTTP，如果需要对服务器的消息进行实时显示或者接收服务器端的数据，则必须采用轮询的方式，不断地发起HTTP请求，获得当前服务器的状态。

然而HTTP请求中包含数据量极大的头部信息，数据本身的解析也是服务器压力的来源之一。而直接建立在传输层的Socket（套接字）在建立端到端的连接后，除非一方停止连接，否则永远处于连接状态。

也就是说，WebSocket将原本用于服务器和客户端通信的Socket进行了Web端的实现，使得浏览器和服务器也可以做到类似Socket的长连接服务，在HTML 5的标准下正式定义了WebSocket协议，可以更好地节省服务器资源和带宽。

> **注 意**
>
> 　　严格来说，并不能将Socket和WebSocket等同起来，WebSocket是一个完整的应用层协议，而Socket则是OSI模型会话层中为了方便使用传输层等存在的一个抽象层，或者说是一组API。

　　首先可以在项目文件目录中建立一个服务器端代码文件，命名为server.py，其完整代码如下。

```python
import tornado.web
import tornado.websocket
import tornado.httpserver
import tornado.ioloop

# WebSocket处理类，处于不同状态时的操作
class WSHandler(tornado.websocket.WebSocketHandler):
    # 判断源origin，解决跨域问题
    def check_origin(self, origin):
        return True

    # 当一个WebSocket连接建立后被调用
    def open(self):
        print("open websocket")

    # 当客户端发送消息message时被调用
    def on_message(self, message):
        print("client say:" + message)
        self.write_message(u"服务端已经收到：  " + "Hello Python")

    # 当WebSocket连接关闭后被调用
    def on_close(self):
        print("close websocket")

# 实例化的应用类
class Application(tornado.web.Application):
    # 初始化Tornado和处理类
    def __init__(self):
        # 指定相关的配置
        settings = {}
        # 指定WebSocket路由的处理类，该路由为test
        handlers = [
```

```
        (r'/test', WSHandler)
    ]
    tornado.web.Application.--init--(self, handlers, **settings)
    print("服务器正在监听")


if __name__== '__main__':
    # 实例化
    ws_app = Application()
    # 创建服务器
    server = tornado.httpserver.HTTPServer(ws_app)
    # 指定服务器的端口为8080
    server.listen(8080)
    print("服务器正在启动……")
    # 启动服务器
    tornado.ioloop.IOLoop.instance().start()
```

上述代码，生成了一台支持WebSocket的服务器，并且设置其访问路径为
ws://127.0.0.1:8080/test，并为该WebSocket的请求给予了一个监听处理类，该类中的方法会监
听WebSocket的不同状态，并且在接收到客户端发送的消息时，返回一条确认信息。

通过使用如下命令可以启动该服务器，服务器启动效果如图8-51所示。

```
python server.py
```

```
F:\anaconda\python. exe H:/book/book/pyhton/python-code/8-7/tornado_index/server.py
服务器正在监听
服务器正在启动……
```

图8-51 服务器启动效果

接下来需要编写一个客户端类，因为是WebSocket，所以编写一个HTML文件并用
JavaScript进行测试，其页面完整代码如下。

```html
<!DOCTYPE html>
<html lang="en">
<head>
  <meta charset="UTF-8">
  <title>Title</title>
</head>
<body>
<script>
<!--指定WebSocket的路径-->
var ws = new WebSocket("ws://128.0.0.1:8080/test");
<!--访问该WebSocket，打开连接时的操作-->
ws.onopen = function(evt) {
```

```
    console.log("打开连接");
    ws.send("来自客户端的信息！Hello Python");
};
<!--指定收到服务器端推送消息后的处理-->
ws.onmessage = function(evt) {
    console.log( "收到的内容: " + evt.data);
    //主动关闭连接
    ws.close();
};
<!--关闭连接时的响应操作-->
ws.onclose = function(evt) {
 console.log("连接关闭！！！");
};
</script>
</body>
</html>
```

其代码本身和服务器端的代码对应，HTML页面主体没有任何的内容显示，通过JavaScript代码实例化WebSocket对象，即发起了一个新的WebSocket请求，其地址为服务器端提供的ws://127.0.0.1:8080/test。

接下来对实例化的对象进行处理方法的编写，监听该对象的三个状态：打开（onopen）、关闭（onclose）、收到信息（onmessage）。并且在接收到服务器端返回的消息之后，关闭该WebSocket。

直接在浏览器中打开该HTML页面即可运行该客户端，其收到的结果和内容均打印在"开发者工具"中。在WebSocket服务器处于启动状态时，刷新该页面，结果如图8-52所示。

图8-52　WebSocket客户端的显示结果

如图8-52所示，客户端接收到服务器返回的消息，服务器端也收到了客户端发送的消息，并打印输出在控制台中，如图8-53所示。

```
F:\anaconda\python.exe H:/book/book/pyhton/python-code/8-7/tornado_index/server.py
服务器正在监听
服务器正在启动……
open websocket
client say:来自客户端的信息！Hello Python
close websocket
```

图8-53　服务器端的显示结果

8.8.5 项目练习：使用Pelican开发静态资源博客

如果想要快速拥有一个属于自己的个人博客管理系统网站，单纯地使用Flask或者Django就没有必要了。虽然使用框架开发博客系统，功能会更多，而且可以根据自己的需求进行开发，但是开发的工作量比较大。

Python和很多其他的语言提供了更加巧妙的方式，即使用专门的静态资源发布模块可以非常迅速地搭建好相关的资源环境，只需要在服务器中支持HTML文件的解析就可以完成自己的博客网站的开发。

通常这类工具或者模块采用的方式是，用户首先需要对自己要发布的文章用Markdown文件或者HTML文件等形式写好，再通过其脚本进行转化，将这类文章转化为可以被浏览器解析的HTML文件并且确定其文章名称（路由）和分类等项目，并且在这个转化过程中，如果该模块支持网站模板，则会自动将整个网站的样式赋予该文章内容。

这类转化出的HTML文件并不支持对后端的交互，也不需要数据库或者其他的方式进行数据的持久化，只是多了个静态页面，所以称为静态页面博客。

在Python中，最常使用的模块是Pelican，该模块需要使用如下的pip命令进行安装。

```
pip install pelican[Markdown]
```

如果安装失败，请查看提示来安装其他缺少的模块。安装完成后，可以使用如下命令运行快速开始工具，进行该项目的新建。

```
pelican-quickstart
```

注 意

Pelican工具的地址需要存在于全局变量中，可以直接使用。

项目快速开始工具会在指定的项目文件夹中生成文件内容以及文件夹，其文件框架如图8-54所示。需要在content文件夹中进行文章的编写，而最终生成的全部HTML均在output文件夹中，也就是说，需要在网站的根目录下设置output文件夹。

content	2020/2/24 10:38	文件夹	
output	2020/2/24 10:38	文件夹	
venv	2020/2/24 10:56	文件夹	
.gitignore	2020/2/24 10:38	GITIGNORE 文件	1 KB
get_sitemap.py	2020/2/24 10:38	PY 文件	1 KB
Makefile	2020/2/24 10:38	文件	3 KB
notmyidea.zip	2020/2/24 10:38	WinRAR ZIP 压缩...	143 KB
package.txt	2020/2/24 10:38	文本文档	1 KB
pelicanconf.py	2020/2/24 10:38	PY 文件	1 KB
publishconf.py	2020/2/24 10:38	PY 文件	1 KB
README.md	2020/2/24 10:38	MD 文件	1 KB
tasks.py	2020/2/24 10:38	PY 文件	4 KB

图8-54 博客文件框架

可以简单地编写一个Markdown文件，基本格式如下。

```
Title: My first post
Date: 2014-12-23 17:49
```

```
Modified: 2014-12-23 17:49
Category: misc
Tags: first, misc
Slug: My-first-post
Authors: Adrien Leger
Summary: Short version of my first blog post


This is my **first blog post with pelican**
```

该系统的一些通用配置位于文件pelicanconf.py中，可以通过编辑该文件对一些通用内容进行修改（如时区、超链接等），也可以进行一些基本常量的配置。在生成的HTML中会优先读取该文件内的常量配置。

```python
#!/usr/bin/env python
# -*- coding: utf-8 -*- #
from __future__ import unicode_literals


AUTHOR = 'stiller'
SITENAME = '博客名称'
# 如果存在二级域名
SITEURL = '


PATH = 'content'


TIMEZONE = 'Asia/Shanghai'


DEFAULT_LANG = 'en'
# 下方链接
LINKS = (('留言板', '/send-message/blog'),
    ('联系我', '/about-me.html'),        )


# 友情链接
# SOCIAL = (('You can add links in your config file', '#'),)


DEFAULT_PAGINATION = 10


# Uncomment following line if you want document-relative URLs when developing
# RELATIVE_URLS = True
# 配置显示相应的中文
LINKS_WIDGET_NAME = "链接"
SOCIAL_WIDGET_NAME = "联系方式"
SOCIAL = None
```

# 日期更改，使用该形式的时间格式
DATE_FORMATS = {'en': "%Y-%m-%d %H:%M:%S"}

编写完成Markdown文件以及对配置进行更改后，可以使用如下命令进行Markdown文件的HTML转换。

pelican content

其生成的所有的静态文件数据均位于output文件夹中，可以在该文件夹中运行一个简单的Web服务器，其最终生成的网站如图8-55所示。

图8-55　个人博客网站

8.9　小结与练习

8.9.1　小结

本章中涉及大量的网站开发知识，如果读者将来学习或者工作的目标是Web开发，那么可以说本章是非常重要的。不同于脚本开发或者编写底层代码，对Web开发而言，其本身最为困难的是对业务逻辑的理解，而技术或者框架本身并非特别重要。

通过对本章的学习，读者应当掌握最常使用的两种数据传输格式，即XML格式和JSON格式，对这两类字符串有相应的了解，并且可以使用Python进行字符串内容的解析。

JSON文件的解析比较简单和便捷，但是对XML文件的解析则涉及不同的文件或者数据量更优秀的解析方法。需要掌握并且理解这些解析包的优缺点以及适用的环境。

通过学习本章，读者可以形成对Web开发的初步认识，掌握其中代码和基础内容，并了解如何编写代码，着重了解HTTP请求的内容，这对于将来选择Python Web开发或者爬虫开发的开发者而言有非常重要的意义。

因为时间和内容有限，本书仅需要读者了解Python初始化编程的入门知识，并非着重于Web开发的内容。对于一个合格的Web开发者而言，应当了解的内容远远不止Python技术本身，HTML、JavaScript、CSS、数据库甚至是Nginx和Linux都是必须学习的内容。这些技术本身又是一个非常庞大的内容集合体。

8.9.2 练习

通过本章的学习，希望读者可以完成以下练习。

（1）熟悉并且熟练地读取XML文件和JSON文件。

（2）使用不同的方式解析XML文件，并且思考它们的区别和应用环境。

（3）自行编写不同的XML文件和JSON文件。

（4）解析下方的JSON内容。

```
{
  "isHidden": false,
  "bgColor": "#fff",
  "isLogin": false,
  "functionSwitch":
  {
      "showCartNum":true,
      "showNonPayment":true
  },
  "curtainVersion": "",
  "icons": [],
  "bgImage": "xxxxx",
  "activity": {},
  "curtainsInfo": {}
}
```

（5）尝试在本机开发并且运行本章中的CGI编程实例。

（6）在本机安装Flask或者Django等Web开发框架，实现本章的实例。感兴趣的读者可以参照文档或者数据库章节开发Web和数据库的应用。

（7）尝试开发基于Tornado框架的聊天应用，实现端与端的聊天。

（8）尝试在本机或者服务器中安装Nginx或者Apache等Web应用服务器，不采用测试服务器的方式进行Web程序的运行。

第 9 章

Python中的网络编程

学习目标

从本章开始将会对Python中的网络编程进行介绍。计算机互联网中传递的所有内容都离不开网络编程，网络编程是计算机与计算机、计算机与手机、端与端之间的通信。

网络编程中最重要的内容为Socket的使用，第10章介绍网络爬虫时会用到多线程的概念，所以本章引入多线程和协程的开发。

本章要点

通过学习本章，读者可以了解并掌握以下知识点：

- TCP/IP的相关知识；
- TCP和UDP的差别和联系；
- 如何通过Python编写一个服务器并且发起一个Socket；
- 如何通过Socket编写一个简单的聊天系统；
- 多线程概念和Python的多线程开发；
- 什么是协程和异步I/O的开发。

9.1 TCP/IP的基础知识

TCP/IP，即传输控制协议/网际协议，也叫作网络通信协议。在互联网协议中，TCP和IP是最重要的两个协议，互联网中的通信传输协议簇被称为TCP/IP协议簇。

也就是说，其实TCP/IP并非只代表TCP和IP两个协议本身，而是包括FTP、TCP、UDP、IP、SMTP等协议内容的集合体。本节中将会介绍其中的三个主要协议：IP、TCP和UDP。

9.1.1 什么是IP

IP又被称为网际协议，属于TCP/IP协议簇中的网络层协议，也是网络层中最重要的协议，所以网络层又被称为IP层。

IP是为了在分组交换(Packet-switched)计算机通信网络的互联系统中使用而设计的。IP层只负责数据的路由和传输，在源节点与目的节点之间传送数据报，但并不处理数据内容。数据报中有目的地址等必要内容，使每个数据报经过不同的路径也能准确地到达目的地，在目的地重新组合还原成原来发送的数据。

在互联网传输过程中，IP的两个功能分别为寻址（Addressing）和分片（Fragmentation）。

1. 寻址

Internet是许多物理网络的抽象，需要实现端对端的传输，以及确定数据的来源点和数据的传输点。例如，拨打电话时需要知道对方的手机号码，而对方也会知道是谁拨打了他的电话。

完成此功能的就是IP中的寻址部分，IP对互联网中的端赋予了唯一的标识符，这就是IP地址。例如，127.0.0.1就是访问本机的IP地址，当然此时访问的端是本机对本机的访问。

网络是一个端和端构成连接的网状结构，互联网是这些网络连接在一起的集合体，而IP地址保证在数据传输的过程中能够在网络中找到需要达到的目的地。网络结构如图9-1所示。

当然，IP是一个无连接不可靠的协议，在传输数据时并不能验证数据的完整性或者保证数据一定可以到达目标点，这时可以使用TCP保证数据的完整性和错误检测。同样，每一次通信在网络链路传输过程中的具体路径也无法完全一致。

2. 分片

IP还提供对数据大小的分片和重组，以适应不同网络对数据包大小的限制。也就是说，如果规定的网络只能传送较小的数据包，IP将对数据包进行分段并重新组成小块后再进行传送。

分片是将一个大的数据量的请求中的数据取出，并分割成小块，然后通过包的形式发送出去。由于数据包本身可能会出现网络问题或者其他不可预测的情况，造成发送失败，导致数据完整性遭到破坏。

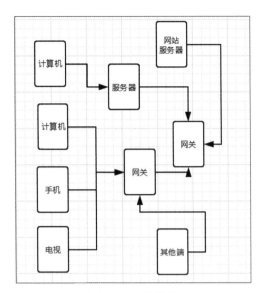

图9-1　网络结构

TCP与UDP

1. TCP

传输控制协议（Transmission Control Protocol，TCP）是建立在传输层的协议，是一种面向连接的、可靠的、基于字节流的传输层通信协议。这意味着符合TCP的传输是可靠的，而且数据是安全的。TCP的设计目的就是解决数据在复杂、不稳定的网络中进行传输时出现的一些导致数据缺失的问题。

在8.1节对HTTP进行了介绍，而HTTP为TCP的上层应用之一。

应用层向TCP层发送用于网间传输的、用8位字节表示的数据流，然后TCP把数据流分成适当长度的报文段，并且因为IP和网络要求的分片验证需要保证其数据包结构的顺序，所以TCP给予每一个包一个独立的序号。

在接收到数据包后，TCP需要对每一次发送的数据包进行完整验证，如果没有出现验证性的问题，则会向发送端返回一个相应的确认（ACK）；反之，或者超过了等待时间，则会认为此次传输失败，发送端没有收到确认信息，则会重新传递数据。

TCP的优点如下。

（1）传输是基于流的方式。

（2）传输是面向连接的。

（3）多次握手确认可靠通信方式。

（4）优化的传递方式和网络，在网络状况不佳时尽量降低系统由于重传带来的带宽消耗。

（5）通信连接维护是面向通信的两个端点的，而不考虑中间网段和节点。

在真实的网络连接环境中，大量的应用层协议是基于TCP连接的，如HTTP、SMTP、Telnet等。

2. UDP

用户数据报协议（User Datagram Protocol，UDP）是Internet协议簇中支持无连接的一个传输协议。UDP为应用程序提供了一种无须建立连接就可以发送封装的IP数据报的方法。相对于TCP的面向连接，UDP连接是无状态的。

在网络传输数据中，数据的传递并不是一定需要保证其绝对完成性和可靠性，当然这并不是说不需要保证，而是通过技术手段完成数据的验证分包甚至要求重发导致了数据量增大，大量的冗余数据保证了数据可靠，但是该验证数据并非用户想要的。

UDP提供了无连接的方式进行数据的发送和传输，且不对传送数据包进行可靠性保证，适用于一次传输少量数据，其协议的可靠性验证交给应用层负责。UDP报文没有可靠性保证、顺序保证和流量控制字段等，可靠性较差，但是速度快，延迟小，数据的传输效率高，数据包小，可以用于对数据可靠性不高的应用程序，如DNS协议等。

当然，这并不代表UDP中没有验证位，其完整的报头中依旧存在校验码，UDP使用报头中的校验值来保证数据的安全。但是其本身并不会对其验证进行强制性的验证要求，即使检测到错误，也不会对数据进行修复。TCP和UDP的比较如表9-1所示。

表9-1　TCP和UDP的比较

协 议 名 称	TCP	UDP
连接	面向连接的	无连接
数据可靠性	数据可靠	数据不一定可靠
数据包大小	数据包较大，冗余数据多	数据包小
传输速度	传输速度慢	传输速度快
上层协议应用	HTTP、FTP、SMTP、Telnet等	DNS、TFTP、NFS等

9.2　Python中网络编程的实现

本节将会使用Python进行TCP网络传输的发送和UDP网络请求的发送，通过Socket实现数据的传输。

9.2.1　项目练习：Python中的TCP

现代互联网中大多数的连接都是通过TCP的方式进行传递的。相对于数据而言，带宽性能的重要性逐渐下降，所以大部分的连接都采用TCP的方式。

Python中使用Socket包可以建立一个Socket请求及服务器，而该Socket可以基于TCP连接。

首先编写服务器端代码，新建一个Python文件，将其命名为server.py，其中需要使用Socket包。其完整代码如下。

```
# 引入Socket
import socket
```

```
# 实例化一个Socket
s = socket.socket(socket.AF_INET, socket.SOCK_STREAM)
# 获得IP主机名
host = socket.gethostname()
print("主机名为", host)
# 建立服务器的连接端口绑定，其中主机名为host，端口为888
s.bind((host, 888))
# 设置同时监听的Socket连接数量的最大值
print("服务器启动中……")
s.listen(5)
# 设置成无限循环，确保对连接的监听
print("服务器已经启动")
while True:
    # 建立客户端连接
    client, address = s.accept()
    print("连接地址: %s" % str(address))
    # 服务器端发送信息，支持转义字符
    msg = '欢迎新用户！' + "\r\n"
    # 发送信息
    client.send(msg.encode('utf-8'))
    # 由服务器端关闭该Socket连接
    client.close()
```

其中，通过Socket包实现了一个Socket服务器端，通过绑定本机的地址及888端口，启动了对Socket连接请求的监听。

在while实现的循环中，不断地监听Socket连接的客户端，并且将其地址打印在命令行中，当有一个新的连接接入时，将会向连接的客户端发送一条欢迎信息，发送完成后将会直接关闭该Socket连接。

使用如下命令可以启动该服务器。服务器端会打印输出提示，并且开始监听来自客户端的连接，如图9-2所示。

```
python server.py
```

```
F:\anaconda\python.exe H:/book/book/pyhton/python-code/9-2/TCP/server.py
主机名为 DESKTOP-QVTOKCA
服务器启动中……
服务器已经启动
```

图9-2　启动服务器

接下来编写测试用的客户端，命名为client.py，该客户端也需要引入Socket包发起一个Socket连接。其完整代码如下。

```
# 引入Socket
import socket
```

```
# 实例化一个Socket
s = socket.socket(socket.AF_INET, socket.SOCK_STREAM)
# 获得IP主机名
host = socket.gethostname()
print("主机名为", host)
# 建立连接，其中主机名为host，端口为888
# 注意，该方法实现的即为TCP连接
s.connect((host, 888))
# 获得服务器端发送的信息，需要指定大小
msg = s.recv(1024)
print("收到的信息为" + msg.decode('utf-8'))
s.close()
```

在客户端中实现的是TCP进行的连接，使用s.connect((host,888))获取连接。实际上是建立了一个Socket服务器的TCP连接，该服务器在此客户端连接时向客户端发送了一条信息。

使用如下命令启动客户端（需要在服务器启动的状态下），会输出从服务器返回的结果，如图9-3所示。

python client.py

```
F:\anaconda\python.exe H:/book/book/pyhton/python-code/9-2/TCP/client.py
主机名为 DESKTOP-QVTOKCA
收到的信息为欢迎新用户！


Process finished with exit code 0
```

图9-3　客户端收到的返回结果

与此同时，接收到客户端的连接后，服务器端会打印输出该连接客户端的IP和端口信息，如图9-4所示。

```
F:\anaconda\python.exe H:/book/book/pyhton/python-code/9-2/TCP/server.py
主机名为 DESKTOP-QVTOKCA
服务器启动中……
服务器已经启动
连接地址：('172.28.227.161', 62955)
```

图9-4　在服务器端输出客户端信息

9.2.2 项目练习：Python中的UDP

如果需要通过UDP建立Socket连接，则需要更改建立Socket时的参数。Python中的Socket包提供了多种不同的Socket类型。

（1）SOCK_STREAM：提供基于TCP的字节流，面向连接，通常用于资料的传输。

（2）SOCK_DGRAM：提供基于UDP的连接，专门用于局域网，经常用于网络广播。

（3）SOCK_RAW：底层原始Socket形式，可能在Windows平台中出现不支持的情况。

经常使用的有SOCK_STREAM和SOCK_DGRAM两种，本节介绍的UDP发送方式采用的是SOCK_DGRAM形式。

首先在项目文件夹中建立一个新的Python文件，将其命名为server.py，用于编写服务器端的代码。其完整代码如下。

```python
# 引入Socket
import socket

# 实例化一个Socket，SOCK_DGRAM为UDP模式
s = socket.socket(socket.AF_INET, socket.SOCK_DGRAM)
# 获得IP主机名
host = socket.gethostname()
print("主机名为", host)
# 建立服务器的连接端口绑定，其中主机名为host，端口为888
s.bind((host, 888))
print("服务器启动中……")
# 无限循环确保对连接的监听
print("服务器已经启动")
while True:
    # 无须建立客户端连接
    # 服务器端接收信息
    data = s.recv(1024)
    print("客户端说： " + str(data.decode('utf-8')))
```

与TCP方式相比，除了实例化Socket时的参数不同外，其余内容并没有特别大的差异，但是由于UDP的方式是无连接的，所以无须进行任何的连接建立和保持等操作即可完成对客户端的数据传输与获取。

使用如下命令启动服务器，服务器端的启动效果如图9-5所示。

```
python server.py
```

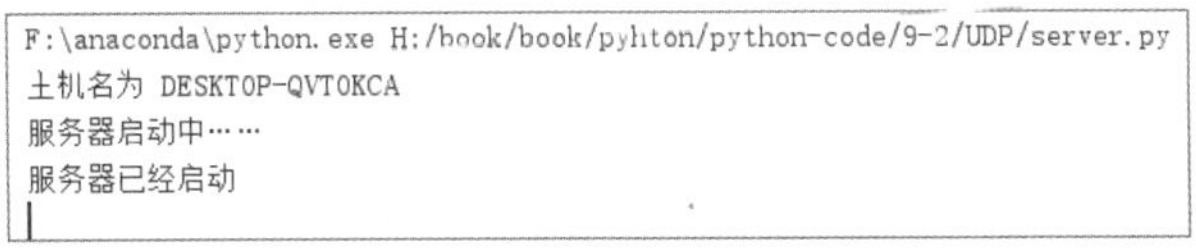

```
F:\anaconda\python.exe H:/book/book/pyhton/python-code/9-2/UDP/server.py
主机名为 DESKTOP-QVTOKCA
服务器启动中……
服务器已经启动
```

图9-5　服务器端的启动效果

接下来编写用于发送数据的客户端，其完整代码如下。

```python
# 引入Socket
import socket

# 实例化一个Socket，SOCK_DGRAM为UDP模式
s = socket.socket(socket.AF_INET, socket.SOCK_DGRAM)
# 获得IP主机名
```

```
host = socket.gethostname()
print("主机名为", host)
# 不需要使用connect建立连接
# 其中主机名为host，端口为888
# 在此实例中采用客户端发送消息给服务器端的方式
s.sendto("你好".encode('utf-8'), (host, 888))
```

在客户端代码中，不需要任何的connect操作，直接对相应的地址发送数据即可完成。

使用下方的命令启动客户端（需要在服务器启动的状态下）会输出从服务器的返回结果，如图9-6所示。

```
python client.py
```

```
F:\anaconda\python.exe H:/book/book/pyhton/python-code/9-2/UDP/client.py
主机名为 DESKTOP-QVTOKCA

Process finished with exit code 0
```

图9-6　客户端启动输出

此时客户端发送的消息会被服务器端获得，并且输出到服务器端，如图9-7所示。

```
F:\anaconda\python.exe H:/book/book/pyhton/python-code/9-2/UDP/server.py
主机名为 DESKTOP-QVTOKCA
服务器启动中……
服务器已经启动
客户端说：你好
```

图9-7　服务器端接收内容

9.3 项目练习：使用SMTP发送邮件

在TCP的应用中，SMTP是一种提供可靠且有效的电子邮件传输的协议。SMTP是建立在FTP文件传输服务上的一种邮件服务，主要用于系统之间的邮件信息传递，并提供有关来信的通知。

本节将会对SMTP进行介绍，并且使用Python编写一段脚本实现邮件发送。

9.3.1 什么是SMTP

简单邮件传输协议（Simple Mail Transfer Protocol，SMTP），主要用于传输系统之间的邮件内容和信息，其协议是建立在FTP文件传输服务上针对邮件内容的服务，使用的是TCP传输方式。

文件传输协议（File Transfer Protocol，FTP）是TCP/IP协议簇中的协议之一。FTP包括两个组成部分：FTP服务器和FTP客户端。

FTP服务器用于存储文件，用户可以使用FTP客户端通过FTP访问位于FTP服务器上的资源。在开发网站时，通常利用FTP把网页或程序传到Web服务器上。此外，FTP的传输效率非常高，在网络上传输大的文件时，一般也采用该协议。FTP示例如图9-8所示。

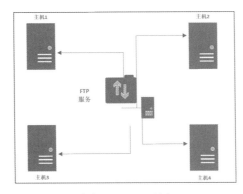

图9-8　FTP示例

使用SMTP可实现相同网络处理进程之间的邮件传输，也可通过中继器或网关实现某处理进程与其他网络之间的邮件传输。

SMTP是一个相对简单的、基于文本的协议。在SMTP上指定了一条消息的一个或多个接收者（在大多数情况下被确认是存在的），然后消息文本会被传输。简单地通过telnet程序来测试一个SMTP服务器，使用的默认TCP端口为25，则SMTP是一组用于从源地址到目的地址传送邮件的规则，并且由它控制信件的中转方式。

也就是说，SMTP可以用于电子邮件的发送与中转，同时其本身支持跨域网络传输邮件。通过具有域名服务系统（DNS）功能的邮件交换服务器，可以在不同的网络中进行邮件的传输。

通过代码的实现，使用SMTP可以发送纯文本邮件、HTML邮件和带附件的邮件，当然邮件接收方查看邮件时，使用的终端需要对HTML代码和附件提供支持才可以查看其具体的内容。

除SMTP外，用于邮件发送和读取的相关协议还有POP3、IMAP等，这类协议都有特殊的用处。其中POP3（Post Office Protocol 3）规定如何将个人计算机连接到Internet的邮件服务器和下载电子邮件的电子协议，是电子邮件的第一个离线协议标准。交互式邮件存取协议（Internet Mail Access Protocol，IMAP）是与POP3类似的邮件访问标准协议之一。对于用户在客户端进行的所有处理，都会直接反映在服务器中，如删除邮件、已读邮件等。

SMTP示例如图9-9所示。

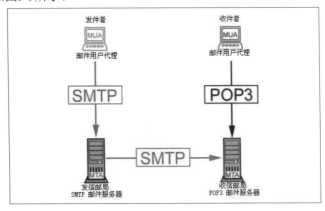

图9-9　SMTP示例

但是SMTP依旧存在一些问题，最初的SMTP的局限之一在于它没有对发送方进行身份验证的机制，这产生了大量的垃圾邮件，并且该类垃圾邮件可以伪装成由专门的机构或者个人发送的邮件。

注 意

使用某些协议或者邮件客户端时，需要查看该邮件服务器的安全选项中是否开启了对上述协议的支持。邮件设置如图9-10所示。

图9-10　邮件设置

9.3.2　代码编写

一封完整的电子邮件至少应包括电子邮件的主题、收件人、发件人以及邮件的内容，而使用SMTP也应当保证该电子邮件的完整性。例如，使用微软电子邮件软件Outlook发送邮件的页面如图9-11所示。

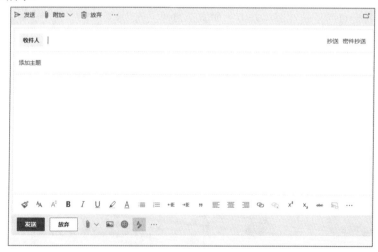

图9-11　用Outlook发送邮件

对SMTP而言，其发送时需要通过一个邮件服务器进行，如果是自行搭建的邮件服务器，需要支持该服务；如果是需要域名的方式，则需要保证在发送请求过程中一定会经过提供域名解析的DNS服务器。

成熟的邮件产品一般都会提供SMTP服务，不过其SMTP服务一般都是处于关闭状态，如图9-12所示的QQ邮箱，在需要使用该服务时可以在设置中找到其中的配置和服务器名称，并将其更新为开启状态。

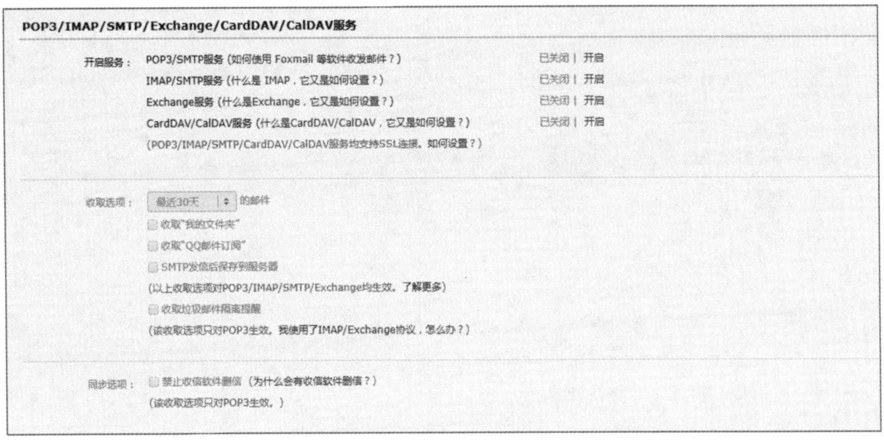

图9-12　QQ邮箱

SMTP需要配置四个必要参数才能通过邮件服务器：提供接收SMTP的服务器名称或地址；服务器提供服务的端口号；服务器需要验证的用户名；该用户名对应的密码。

例如，阿里云企业邮箱中的SMTP协议的使用，需要配置的SMTP服务器地址为smtp.mxhichina.com，端口号为25，如果使用SSL加密则端口号为465。

通过Python中的smtplib包可以简单地实现使用SMTP发送邮件的功能，而使用email包则可以方便地完成一个标准的邮件格式，发送的邮件内容支持文字及HTML。其完整的代码如下。

注 意

在这里使用阿里云企业邮箱的SMTP设置，地址为smtp.mxhichina.com，选择不加密传输，端口号默认为25。

```python
import smtplib
import email
from email.mime.text import MIMEText
from email.header import Header
from email.mime.multipart import MIMEMultipart

class MailSender:
    def __init__(self, str):
        # 实例化属性
        self.str = str

    def send(self):
        # 使用SMTP的密码和服务器名
```

```
mail_account = "mail@xxx.com"
# 密码
password = "xxxxxxx"
# 提供邮件的服务器
server = "smtp. mxhichina.com"
# 接收邮件的地址
receivers = "xxx@xxx.com"
# 自定义的回复地址
reply_to = mail_account

# 构建alternative结构
msg = MIMEMultipart('alternative')
msg['Subject'] = Header('消息通知').encode()
msg['From'] = '%s <%s>' % (Header('来自服务器').encode(), mail_account)
msg['To'] = receivers
msg['Reply-to'] = reply_to
msg['Message-id'] = email.utils.make_msgid()
msg['Date'] = email.utils.formatdate()

# 三个参数：第一个为文本内容，第二个 plain 设置文本格式，第三个 UTF-8 设置编码
# 构建alternative的text/plain部分
text_plain = MIMEText(self.str, _subtype='plain', _charset='UTF-8')
msg.attach(text_plain)
try:
    smtp_obj = smtplib.SMTP()
    smtp_obj.connect(server, 25)  # 25 为 SMTP 端口号
    smtp_obj.login(mail_account, password)
    smtp_obj.sendmail(mail_account, receivers, msg.as_string())
    smtp_obj.quit()
except smtplib.SMTPException as e:
    print("Error: 无法发送邮件")
```

在上述代码中编写了一封内容只有"测试邮件"4个字的邮件，"消息通知"为邮件的主题，并且在其发件人的头部增加了"来自服务器"的消息来源，发送的邮件地址为mail@×××.com，发送至×××@×××.com。

可以使用下方的代码进行该类的实例化和测试。

```
ms = MailSender("测试邮件")
ms.send()
```

等待片刻后（邮件的发送过程可能存在延迟），在邮箱中可以查看到该邮件，如图9-13所示。

图9-13　收到邮件

大部分通过STMP发送的邮件可能被邮件服务商识别为垃圾邮件，因此如果长时间无法收到邮件，可能是被自动分类到垃圾邮件中。

当然邮件不仅仅可以发送文字消息，也可以发送相应的HTML内容。只要HTML内容合法，即可完整地显示在对方接收的邮件中。

对上述代码进行更改，在邮件的内容中插入一段正常的HTML内容，并且在其中插入一张网络图片（<img></img>标签）和一段弹出式JavaScript代码。完整的HTML代码如下。

```
<!DOCTYPE html>
<html lang="en">
<head>
    <meta charset="UTF-8">
    <title>测试邮件</title>
</head>
<body>
<img
   src="https://www.baidu.com/img/superlogo_c4d7df0a003d3db9b65e9ef0fe6da1ec.
png?where=super"
    style="width: 200px;background: #4e555b"/>
<script>
    alert("HelloWorld")
</script>
</body>
</html>
```

上述代码生成的是一个完整的HTML页面，可以在浏览器中正确地打开，打开时会弹出一个"HelloWorld"的弹窗，单击"确认"按钮后，在界面的灰色背景中显示一张百度图片。显示效果如图9-14所示。

图9-14　HTML显示效果

接着将这段HTML通过SMTP的方式进行发送，需要对内容进行标识。更改后的代码如下。

```python
import smtplib
import email
from email.mime.text import MIMEText
from email.header import Header
from email.mime.multipart import MIMEMultipart


class MailSender:
    def __init__(self, str):
        # 实例化属性
        self.str = str

    def send(self):
        # 使用SMTP的密码和服务器名
        mail_account = "mail@xxx.com"
        # 密码
        password = "xxxxxxx"
        # 提供邮件的服务器
        server = "smtp. mxhichina.com"
        # 接收邮件的地址
        receivers = "xxx@xxx.com"
        # 自定义的回复地址
        reply_to = mail_account

        # 构建alternative结构
        msg = MIMEMultipart('alternative')
        msg['Subject'] = Header('消息通知').encode()
        msg['From'] = '%s <%s>' % (Header('来自服务器').encode(), mail_account)
        msg['To'] = receivers
        msg['Reply-to'] = reply_to
        msg['Message-id'] = email.utils.make_msgid()
```

```
msg['Date'] = email.utils.formatdate()


# 三个参数：第一个为文本内容，第二个 plain 设置文本格式，第三个UTF-8 设置编码
# 构建alternative的text/plain部分
# text_plain = MIMEText(self.str, _subtype='plain', _charset='UTF-8')
# msg.attach(text_plain)
# 增加HTML部分
text_html = MIMEText(self.str, _subtype='html', _charset='UTF-8')
msg.attach(text_html)
try:
    smtp_obj = smtplib.SMTP()
    smtp_obj.connect(server, 25)  # 25 为 SMTP 端口号
    smtp_obj.login(mail_account, password)
    smtp_obj.sendmail(mail_account, receivers, msg.as_string())
    smtp_obj.quit()
except smtplib.SMTPException as e:
    print("Error: 无法发送邮件")


# 发送的html处
ms = MailSender("<html></html>")
ms.send()
```

运行该程序，成功发送邮件后，等待收件服务器收取邮件并查看邮件的内容，如图9-15所示。

图9-15　查看邮件内容

可以看到在邮件中并没有出现JavaScript的运行弹窗，甚至图片也没有显示出来，而文件出现了警告提示，告知用户其中内容有可能出现危险。此时，可以通过浏览器工具查看当前页面中的代码，如图9-16所示。

```
▼<div id="contentDiv" onmouseover="getTop().stopPropagation(event);" onclick="getTop().preSwapLink(event, 'spam', 'ZC1105
height:auto;padding:15px 15px 10px 15px;z-index:1;zoom:1;line-height:1.7;" class="body">
  ▼<div id="qm_con_body">
    ▼<div id="mailContentContainer" class="qmbox qm_con_body_content qqmail_webmail_only" style>
        <img src="javascript:;" style="width: 200px;background: #4e555b"> == $0
      ▼<style type="text/css">
          .qmbox style, .qmbox script, .qmbox head, .qmbox link, .qmbox meta {display: none !important;}
        </style>
      </div>
    </div>
    <!-- -->
    <style>#mailContentContainer .txt {height:auto;}</style>
  </div>
```

图9-16　网页代码

由图9-16可见，其图片的src属性已经被更改，而<script></script>中的内容包括标签本身已经完全不存在了，这也是腾讯邮箱的限制。这是因为大部分的电子邮件阅读器都不允许邮件内容中出现可以运行的JavaScript内容。

这也是为了防止不法分子通过JavaScript脚本对用户进行攻击而采取的措施，而图片可以通过简单的白名单方式进行显示。解除限制后的页面显示效果如图9-17所示，同时，<img>标签的src属性恢复正常。

图9-17　解除限制后的邮件显示

注意

如果涉及加密方式，需要根据不同的加密方式对邮件进行更改才可以正确地发送数据到邮件服务器。

在对部分邮件服务器的安全性能要求较为严格的情况下，需要对所有的数据内容进行加密。例如，Microsoft公司的Outlook产品，同样支持SMTP进行服务器的连接，但是必须使用加密方式。其服务器配置：名称为Outlook或Hotmail；服务器名称为smtp.office365.com；端口为587；加密方法为STARTTLS。

这样的配置同样可以使用当前SMTP脚本进行邮件的发送，只是需要在建立连接时加入STARTTLS加密方法，并且更改其建立连接的端口号、服务器及账号密码等为响应端口。

其更改后的代码如下。

```python
import smtplib
import email
from email.mime.text import MIMEText
from email.header import Header
from email.mime.multipart import MIMEMultipart


class MailSender:
    def __init__(self, str):
        # 实例化属性
        self.str = str

    def send(self):
        # 使用SMTP的密码和服务器名
        mail_account = "xxx@hotmail.com"
        # 密码
        password = "xxxxxxx"
        # 提供邮件的服务器
        server = "smtp.office365.com"
        # 接收邮件的地址
        receivers = "xxx@qq.com"
        # 自定义的回复地址
        reply_to = mail_account

        # 构建alternative结构
        ...

        # 三个参数：第一个为文本内容，第二个 plain 设置文本格式，第三个 UTF-8 设置编码
        # 构建alternative的text/plain部分
        text_plain = MIMEText(self.str, _subtype='plain', _charset='UTF-8')
        msg.attach(text_plain)
        try:
            # 连接Outlook的587端口
            smtp_obj = smtplib.SMTP(server, 587)
            # 建立安全连接
            smtp_obj.starttls()
            smtp_obj.login(mail_account, password)
            smtp_obj.sendmail(mail_account, receivers, msg.as_string())
            smtp_obj.quit()
        except smtplib.SMTPException as e:
```

```
print("Error: 无法发送邮件")

ms = MailSender('测试邮件')
ms.send()
```

发送成功后可以在目标邮箱中收到该邮件，如图9-18所示。

图9-18　发送成功后的邮件

注意

　　部分邮件服务器要求的加密方式必须采用SSL进行数据的传输。对于这样的传输要求，必须申请一份SSL证书才能进行数据的传输，同时，对Gmail等由于网络原因而不支持的邮件服务器，则无法通过SMTP进行邮件的传送。

9.4　线程概念和Python中的多线程

　　多线程编程一直是编程语言中不得不提的部分。多线程可以为Python带来很多好处。如果不熟悉多线程，只根据自己理解理所当然地使用，可能会导致程序运行出现一些问题。

9.4.1　什么是线程

　　线程（Thread）是操作系统中能够控制运算调度的最小单元，其被包含在一项进程中。线程可以分为内核线程和用户线程，其中内核线程指的是操作系统生成的线程，也被称为轻量进程。在开发中常说的线程一般指用户线程。

　　进程是计算机中的程序关于某数据集合上的一次运行活动，是系统进行资源分配和调度的基本单位。在Windows系统中，使用组合键Ctrl+Shift+Esc打开"Windows任务管理器"，可以查看现在本机中运行的进程，如图9-19所示。

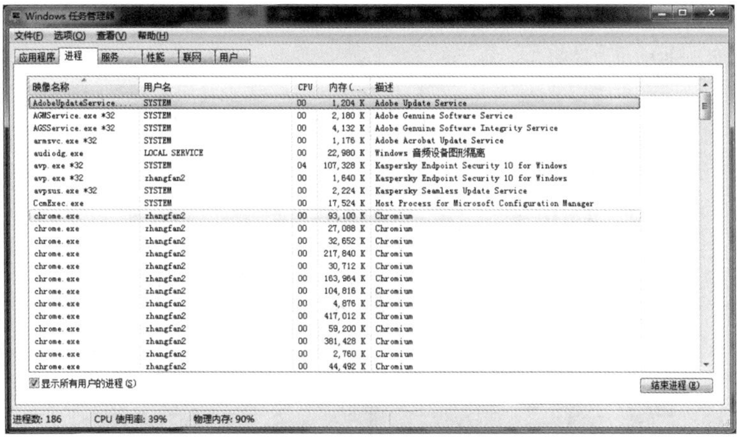

图9-19　"Windows任务管理器"中的进程

　　线程被包含在一个进程中，一个进程可以包含多个线程，对使用者或者开发者而言，可以将进程视作线程本身在运行时并发的，每一个线程支持执行不同的任务，同时可以多任务并行执行。

　　不仅如此，在同一进程中的各个线程都可以共享该进程所拥有的资源。这不同于多进程执行的程序，程序和程序之间不能访问对方占用的内存空间，只能采用一些方式进行通信，处于同一个进程的线程则拥有一个完整的虚拟地址空间。

　　也就是说，可以将线程看作是在一个程序的执行过程中同时进行的两项甚至更多项的操作。例如，在进行内容下载时，下载任务执行的同时显示该下载任务完成的进度和速度，并且随时进行改变。多任务并行下载和多资源同时获取等操作都属于多线程的应用。例如，迅雷中的多线程设置，如图9-20所示。

图9-20　迅雷中的多线程设置

　　但是这并不代表着多线程或者并发越多越好。在计算机的执行过程中，所有的运算始终是根据一定的顺序进行的，也就是说，即使是宏观上的并发执行，在实际的计算机处理时也是按部就班地一个线程接一个线程进行处理的。

　　在现代CPU均为多核处理器的环境下，多线程有一定的优势。在多核或多CPU，或支持Hyper-threading的CPU上使用多线程程序设计直接提高了程序的执行吞吐率，即使在单核处理器中运行，也可以把进程中负责I/O操作等容易阻塞的内容分离出来，让CPU专注于数据的处理和运算。

可以在任务管理器中查看CPU的使用率及其核心使用情况，如图9-21所示，该处理器为4核4线程处理器intel i5-7400。

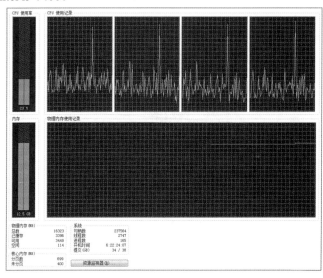

图9-21　CPU的使用率及核心使用情况

9.4.2 项目练习：多线程的应用

Python 3通过两个标准库_thread和threading提供对线程的支持。_thread提供了低级别的、原始的线程及一个简单的锁；threading增加了上层的方法封装，提供了对线程活动的控制等方法。

线程是独立调度和分派的基本单位，在本小节之前开发的本书所有Python程序，都是不支持多线程运行的，而是采用了单一线程。也就是说，这种采用单一线程编写的代码会自上而下执行，执行到某一段的代码出现了循环或者等待时，整个程序会挂起以等待该段代码。该程序后方的内容则不会在这段代码的执行结束前执行，而是按顺序执行。如下代码引入了time包进行程序挂起操作。

```python
# 引入时间模块
import time


a = 1
b = 2
print("开始执行代码")
print("此时a的值为： ", a)
# 休眠5秒
print("开始休眠")
time.sleep(5)
print("休眠结束")
```

```
# 进行a和b进行计算
a = a + b
b = b + 1
print("当前a的值为", a)
print("当前b的值为", b)
```

执行效果如图9-22所示。

```
F:\anaconda\python.exe H:/book/book/pyhton/python-code/9-4/test.py
开始执行代码
此时a的值为： 1
开始休眠
休眠结束
当前a的值为 3
当前b的值为 3

Process finished with exit code 0
```

图9-22 单一线程编程执行效果

可以看到上述代码在执行时会在挂起时等待一定的时间后继续进行后续代码的执行，所有的执行均按照自上而下的顺序进行。

下面使用多线程，为该代码新建一个线程，并且对代码进行修改。修改后完整的代码如下。

```
# 引入时间模块
import time
# 引入多线程模块
import threading


# 运行内容
def run():
    a = 1
    b = 2
    print("线程（ %s ）执行" % threading.current_thread().name)
    print("%s开始执行代码" % threading.current_thread().name)
    print("%s此时a的值为： " % threading.current_thread().name, a)
    # 休眠5秒
    print("%s开始休眠" % threading.current_thread().name)
    time.sleep(5)
    print("%s休眠结束" % threading.current_thread().name)
    # 对a和b进行计算
    a = a + b
    b = b + 1
    print("%s当前a的值为" % threading.current_thread().name, a)
    print("%s当前b的值为" % threading.current_thread().name, b)
```

```
    print("线程（%s）执行结束" % threading.current_thread().name)


    t1 = threading.Thread(target=run, name='线程1')
    t2 = threading.Thread(target=run, name='线程2')
    t1.start()
    t2.start()
    t1.join()
    t2.join()
    print("执行结束")
```

执行效果如图9-23所示。

```
F:\anaconda\python.exe H:/book/book/pyhton/python-code/9-4/test_thread.py
线程（线程1）执行
线程1开始执行代码
线程1此时a的值为： 1
线程1开始休眠
线程（线程2）执行
线程2开始执行代码
线程2此时a的值为： 1
线程2开始休眠
线程1休眠结束
线程1当前a的值为 3
线程1当前b的值为 3
线程（线程1）执行结束
线程2休眠结束
线程2当前a的值为 3
线程2当前b的值为 3
线程（线程2）执行结束
执行结束

Process finished with exit code 0
```

图9-23　多线程编程

可以看到其代码执行时线程1进入挂起状态，而线程2并没有等待线程1执行完毕就开始执行，直到自身也进入休眠，然后线程1从挂起状态脱离，开始执行下方的内容，同时线程2也开始执行下方的内容。

注意

线程1和线程2的创建有明确的先后顺序，包括执行run()方法。但是run()方法的执行的输出顺序可能是不同的，即不一定先执行的就先结束，并且多次执行，输出顺序也可能不同，如图9-24所示。

```
F:\anaconda\python.exe H:/book/book/pyhton/python-code/9-4/test_thread.py
线程（线程1）执行
线程1开始执行代码
线程1此时a的值为： 1
线程1开始休眠
线程（线程2）执行
线程2开始执行代码
线程2此时a的值为： 1
线程2开始休眠
线程1休眠结束
线程2休眠结束
线程1当前a的值为 线程2当前a的值为 3
线程1当前b的值为 3
线程2当前b的值为 33

线程（线程2）执行结束
线程（线程1）执行结束
执行结束

Process finished with exit code 0
```

图9-24　两次不同的执行顺序

因为线程1和线程2属于同一个进程，所以这两个线程的变量和内存空间都是一致的。也就是说，如果存在一个全局变量，线程1、线程2同时对该变量进行修改，则可能出现两种顺序。

（1）首先线程1对其值进行修改，接着线程2再进行修改。

（2）首先线程2对其值进行修改，接着线程1再进行修改。

例如，如下代码每次运行时，两个线程t1和t2调用方法run1()和run2()的顺序不一定相同，从而输出结果也会不同。这里使用time包延长执行过程，更容易出现线程执行顺序改变的状态。

```python
# 引入多线程模块
import threading
# 引入时间模块，人为增加线程运行时间
import time

class Test:
    # 设定同一个类变量
    a = 1

    def __init__(self):
        t1 = threading.Thread(target=self.run1, name='线程1')
        t2 = threading.Thread(target=self.run2, name='线程2')
        t1.start()
        t2.start()
        t1.join()
        t2.join()
        print("执行结束")

    def run1(self):
        print("线程（%s）执行" % threading.current_thread().name)
        time.sleep(1)
        self.a = self.a * 6
        print("线程（%s）执行结束" % threading.current_thread().name)

    def run2(self):
        print("线程（%s）执行" % threading.current_thread().name)
        time.sleep(1)
        self.a = self.a - 1
        print("线程（%s）执行结束" % threading.current_thread().name)


# 实例化类
t = Test()
print('a的值为：', t.a)
```

其最终输出的结果可能是以下两个运算式的值。

如果run1()先执行完成：

```
a = 1*6-1=5
```

如果run2()先执行完成：

```
a = (1-1)*6=0
```

其多次运行代码的结果如图9-25所示，由此可以看出，同一段代码出现了两种不同的运行结果。

```
H:\book\book\pyhton\python-code\9-4>python var_test_thread.py
线程（线程1）执行
线程（线程2）执行
线程（线程1）执行结束
线程（线程2）执行结束
执行结束
a的值为： 5

H:\book\book\pyhton\python-code\9-4>python var_test_thread.py
线程（线程1）执行
线程（线程2）执行
线程（线程2）执行结束
线程（线程1）执行结束
执行结束
a的值为： 0
```

图9-25　两种不同的结果

注 意

这种情况会在复杂操作或者运算中出现，不同的计算机也可能出现不同的结果。

而对一段程序而言，每次输出的结果不同会造成很多问题，所以需要对这两个线程进行同步，人为地控制其执行顺序。

在多个线程中进行同步需要用到"锁"的概念。锁有两种状态：锁定和未锁定，这也就意味着在某一个线程读取公用资源时，可以对该资源加上"锁"，除了该线程以外，其余的线程不允许访问该资源，执行到该内容后会被挂起，直到线程解锁。

```
# 实例化锁
lock = threading.Lock()
# 获得锁
lock.acquire()
# 释放锁
lock.release()
```

9.5 协程概念和Python中的协程

在并发非阻塞的编程中，除了线程和进程概念，在Python内部还实现了一种新的方案——协程。

不同于系统自动切换和运行的线程，协程由Python提供支持，需要开发者进行任务的调度和执行顺序的更改。

9.5.1 为什么需要协程

协程（Coroutine）又称微线程，也是一种程序组件。协程不是进程或线程，其执行过程类似于子例程、不带返回值的函数调用。简单来说，协程就是协助运行的程序。

一个程序可以包含多个协程，协程相对独立，有自己的上下文，与线程类似，但是协程的切换和控制由其本身决定，而不是由系统整体调度。协程的概念在Lua等语言中出现，在Python中也得到了广泛的使用。

Python中使用协程的场景基本和多线程一致，但是大多数场景中均会推荐使用协程实现并发的功能，而非使用多线程的方式完成该功能，主要原因在于Python中的多线程具有局限性。为了保证在多核处理器中的数据（Cache）统一性，设计了全局解析器锁（Global Interpreter Lock，GIL），该锁的作用是防止多线程并发执行时的问题。这直接导致了多线程编程时的效率下降，尤其是在多核处理器的流行和大家过于依赖GIL特性之后。

使用GIL是多线程保证数据统一性的最简单和直接的方式，但是这会导致使用Python编写应用层代码中的多线程程序的执行效率就相当于单线程程序的执行效率（在多核处理器环境下，多线程大量性能浪费和频繁调度的效率甚至低于单线程）。

为了解决这个问题，Python引入了协程概念，通过子程序控制的中断去执行其他的程序（不是在程序中调用），手动模拟CPU的中断方式。

Python规定，协程对象使用async关键字声明的函数返回（Python 3.5新特性），全程处于无锁状态，由一个单一的线程执行。

9.5.2 项目练习：协程的应用

在Python中使用协程非常简单，由程序自身控制，没有切换线程的时间开销与性能损失。协程是由一个线程进行整个程序的执行，所以对于执行顺序的控制及资源的读取无须加锁，提高了整体执行的效率。

Python 3.5以上版本的协程的实现使用asynico + await方式进行编写，在Python 3.4中引入了asynico + yield方式。

本实例采用Python 3.5版本的方式，代码如下。

```python
# 引入asyncio实现
import asyncio


# 设定循环
texts = [1, 2, 3, 4, 5, 6, 7, 8, 9]



# 设置协程方法（返回协程对象）
async def get_text(i):
    print("get函数打印内容:", i)
    # 交叉执行协程函数，到词句转移执行其他
    # 阻塞1秒时间
    await asyncio.sleep(1)
```

```
# 方法结束标志
# 当所有交叉执行结束后，开始打印输出
print("get执行完成", i)


# 在主线程创建新的event_loop
loop = asyncio.get_event_loop()
# 获得多次执行方法对象
ts = [get_text(i) for i in texts]
# 阻塞等待执行完成
loop.run_until_complete(asyncio.wait(ts))
# 关闭event_loop
loop.close()
```

上述代码的执行效果如图9-26所示，使用协程实现并发编程，多次执行后返回的结果顺序可能存在不同。

```
F:\anaconda\python.exe H:/book/book/pyhton/python-code/9-5/test.py
get函数打印内容: 4
get函数打印内容: 7
get函数打印内容: 8
get函数打印内容: 1
get函数打印内容: 2
get函数打印内容: 5
get函数打印内容: 6
get函数打印内容: 9
get函数打印内容: 3
get执行完成 4
get执行完成 8
get执行完成 6
get执行完成 3
get执行完成 5
get执行完成 9
get执行完成 2
get执行完成 7
get执行完成 1
```

图9-26　协程实现效果

9.6　项目练习：通过Socket方式实现匿名聊天系统

在如今的网络时代，SNS社交的应用不断发展，聊天系统也越来越多、功能越来越强，但是这些聊天系统都有这样的问题，即用户的社交圈基本固定，且个人信息虽然被隐藏，但是依旧存在于数据库中。

本实例就是实现一个简单的匿名聊天系统，该系统中所有的用户均是匿名，通过IP确定用户，同时不使用任何的数据库记录聊天内容。

9.6.1　系统设计

匿名聊天系统需要验证用户，一个用户不得超过其最大连接数目。在实例中以用户端IP作为唯一来源识别符，如果来自同一IP的连接超过两个，则拒绝之后的连接。

进入聊天室后，要求用户输入一个昵称，如果该昵称已存在于当前的聊天室中，则要求用户输入另一个昵称，该昵称是本次聊天的唯一凭证，但是不会与IP进行绑定，采用先到先得的方式。

匿名聊天系统的完整流程如图9-27所示。

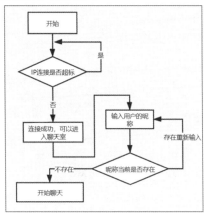

图9-27　匿名聊天流程

因为要存储相关的IP和昵称等数据，所以这里采用一个全局变量作为暂存器，当用户退出（断开连接）时进行数据的销毁操作。

这里采用线程的方式进行用户的连接和输入数据等内容的监听。使用线程不断地监听等待客户端的连接，如果有客户端进行连接，则建立该连接，在客户端也使用线程不断监听由服务器发送的信息，并实时回显到客户端。

9.6.2　编写实例代码

首先编写服务器端代码，这时需要引入Socket包及多线程处理的threading包，并且需要在服务器端编写两个相关的函数：一个函数用于打开客户端连接并监听客户端消息；另一个函数用于发送用户输入的消息及通知所有的当前用户有新用户上线。其代码如下。

```
# 服务器端
import socket
import threading

# 获得用户的消息
def get_user_link(conn, nickname):
    pass
# 给所有的用户发送消息
def send_message(ss):
    pass
```

首先在等待用户连接的方法中，使用while循环的方式接收客户端的消息，如果收到了相关的消息，则调用发送消息的方法。其代码如下。

```
# 获得用户的消息
def get_user_link(conn, nickname):
    global num
    while True:
```

```
        try:
            # 获得消息
            temp = conn.recv(1024)  # 客户端发过来的消息
            if not temp:
                conn.close()
                return
            # 向所有客户端发送信息
            send_message(str(temp, 'utf-8'))
        except:
            # 如果出现任何断开的错误，需要对存储的连接进行删除，不再发送消息给该连接
            # 同时提示所有其他客户该用户已经退出
            conn.close()
            num = num - 1
            for item in clients:
                if conn == item['con']:
                    clients.remove(item)
            print(clients)
            # 通知所有人
            send_message(nickname + '离开了聊天室')
            return
```

接下来是发送消息给所有人的方法，需要在全局变量clients这个列表中获得所有用户的Socket连接，并通过这些连接发送相应的消息。其完整代码如下。

```
    # 给所有的用户发送消息
    def send_message(ss):
        # 循环所有暂存的客户端表
        for item in clients:
            conn_now = item['con']
            print(conn_now)
            conn_now.send(bytes(ss.encode('utf-8')))
```

其中还应当有两个执行检查过程的函数，分别执行当用户上线时进行的IP检查及用户输入昵称时对昵称的检查。这两个检查方法都是从全局变量clients中获得相应的值，并且对该值进行检查，如果有重复，则返回False（或者计数器加1）；如果没有重复，则返回True。其代码如下。

```
    def check_ip(ip):
        t_num = 0
        for item in clients:
            if ip == item['ip']:
                t_num = t_num + 1
                print(t_num)
        if t_num >= ip_max:
```

```
        return False
    else:
        return True


def check_nickname(nickname):
    for item in clients:
        if nickname == item['nickname']:
            return False
    return True
```

在该服务器端的主代码中，需要对用户端连接进行监听，并且及时处理这些连接，如果连接成功，则唤起一个线程，用于处理该客户端发送的消息和内容，同时，当一个用户端连接服务器端时，也会向所有人发送一条欢迎消息。其完整的代码如下。

```
# IP地址，这里默认本机
HOST = '127.0.0.1'
# 指定监听的端口
PORT = 2048
# 存储所有的用户连接
clients = []
# IP最大数字
IP_max = 2
# 当前连接总数
num = 0


s = socket.socket(socket.AF_INET, socket.SOCK_STREAM)  # 创建套接字
print('Socket 建立成功')
s.bind((HOST, PORT))  # 把套接字绑定到IP地址
s.listen(5)
print('Socket正在监听中……')


# 持续保证用户端的连接可以被检测到
while True:
    conn, addr = s.accept()  # 接收连接
    if check_ip(addr[0]):
        print('已经建立连接' + '' + addr[0] + ':' + str(addr[1]))  # 字符串拼接
        # 第一次发送的内容认为是用户名
        nickname = str(conn.recv(1024), 'utf-8')
        if not check_nickname(nickname):
            conn.send(bytes("重复的匿名用户".encode('utf-8')))
            conn.close()
```

```
            print("匿名用户重名")
        else:
            clients.append({'ip': addr[0], 'con': conn, 'nickname': nickname})
            print("当前连接用户:", clients)
            send_message('欢迎"' + nickname + '"进入房间！')
            # 统计人数
            num = num + 1
            print("当前房间中一共有：", num)
            # 新的线程监听用户的连接
            threading.Thread(target=get_user_link, args=(conn, nickname)).start()
    else:
        # 拒绝连接
        conn.send(bytes("超过的IP限制用户".encode('utf-8')))
        conn.close()
        print("超过的IP限制")
```

该服务器启动后的效果如图9-28所示。

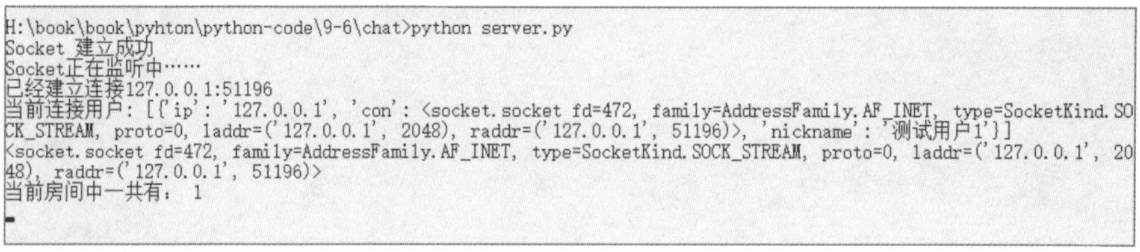

```
H:\book\book\pyhton\python-code\9-6\chat>python server.py
Socket 建立成功
Socket正在监听中……
已经建立连接127.0.0.1:51196
当前连接用户：[{'ip': '127.0.0.1', 'con': <socket.socket fd=472, family=AddressFamily.AF_INET, type=SocketKind.SO
CK_STREAM, proto=0, laddr=('127.0.0.1', 2048), raddr=('127.0.0.1', 51196)>, 'nickname': '测试用户1'}]
<socket.socket fd=472, family=AddressFamily.AF_INET, type=SocketKind.SOCK_STREAM, proto=0, laddr=('127.0.0.1', 20
48), raddr=('127.0.0.1', 51196)>
当前房间中一共有：1
```

图9-28　服务器启动后的效果

接下来需要编写客户端。对客户端而言，不需要验证函数，只需要两个方法：一个方法用于接收服务器端下发的消息，并及时打印在窗口中；另一个方法用于监听用户使用input()函数输入的相关内容，并及时发送至服务器。

这两个方法的完整代码如下所示。在接收方法中进行了全局变量的判断，如果服务器下发的所有用户消息和本地保存的内容一致，则不显示内容，认为是由本客户端发送的相关内容，而不是由服务器下发的其他客户端的内容（也可以按照昵称进行判断，在实例中要求匿名用户的昵称不能重复）。

```
# 发送信息的函数
def send_message(sock):
    # 全局变量
    global nickname, send_s
    while True:
        # 持续监听用户的输入
        send_s = input()
        # 拼接昵称：内容
        send_s = nickname + ':' + send_s
        # 发送至服务器
```

```
        sock.send(bytes(send_s.encode('utf-8')))


# 接收信息
def get_message(sock):
    global get_s
    while True:
        try:
            get_s = str(sock.recv(1024), 'utf-8')
            # 如果是自己发送过的消息，则不显示内容
            if send_s != get_s:
                print(get_s)
        except:
            print("出现错误")
```

在客户端的主代码中需要确定用户的昵称，并向服务器上传这条消息，用于创建服务器连接。

同时需要启动两个线程用于处理信息的接收及服务器下发信息的读取等相关的功能。其完整代码如下。

```
# 引入Socket和线程包
import socket
import threading

# 全局变量，收到的内容，发送内容以及昵称
send_s, get_s, nickname = '', '', input('输入聊天的昵称:')

ip = '127.0.0.1' # Socket服务器的IP地址

sock = socket.socket(socket.AF_INET, socket.SOCK_STREAM) # 创建套接字，默认为IPv4
sock.connect((ip, 2048)) # 发起请求，接收的是一个元组
sock.send(bytes(nickname.encode('utf-8')))

# 两个线程，其中一个负责接收信息
threading.Thread(target=get_message, args=(sock,)).start()

# 负责发送信息
threading.Thread(target=send_message, args=(sock,)).start()
```

该客户端可以多次启动，同时连接在服务器中，但不能超过服务器端的单个IP最大数量和监听限制。启动第二个客户端的效果如图9-29所示。

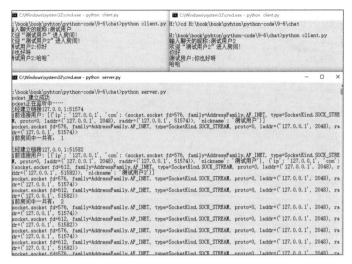

图9-29　启动第二个客户端的效果

9.7 小结与练习

9.7.1 小结

本章主要介绍了TCP/IP中的部分内容，并且详细介绍了TCP及UDP，再通过Python中的Socket包进行两个协议的实践。

其实，在Socket编程中还有很多需要学习和注意的部分。例如，在客户端和服务器端如何实现非阻塞编程，而实现非阻塞编程又有很多不同的方式。在TCP/IP中也有很多需要学习的内容和知识。

在计算机类职位的面试中，或多或少都会涉及计算机网络的相关题目，而TCP/IP已成为计算机网络事实上的标准，对其深入了解会对工作和解决生活中的网络问题都有很大帮助。

读者应当掌握多线程开发和协程的应用，诚然，由于Python自身的原因，其多线程的性能并不是很好，但是读者应当了解多线程的本质。在计算机编程中，进程和线程都是非常重要的概念，而协程更是在很多编程语言中被广泛使用。

如果读者对网络编程感兴趣或者想要更加深入地了解TCP/IP，可以阅读相关书籍。

9.7.2 练习

通过本章的学习，希望读者可以完成以下练习。

（1）了解TCP和UDP的相关知识。

（2）尝试自行完成Socket的编程，并且理解IP端口等概念。

（3）尝试Python多线程开发，并且对多线程和单线程项目的时间进行对比。

（4）尝试使用协程进行开发，并且可以对比协程和多线程的差异，思考在怎样的环境中使用协程可以达到更好的性能。

（5）尝试完成匿名聊天系统的其他功能，如果感兴趣，可以使用Python编写一个简单的客户端。

（6）实现SMTP邮件服务的使用，编写脚本用于发送邮件。

第 10 章

使用Python编写
网络爬虫

学习目标

本章将会详细介绍如何使用Python编写网络爬虫，通过合适的爬虫系统可以方便地获得互联网中公开的数据资料，并且可以通过技术手段将这些资料进行分类和入库整理，这些数据可能成为一份非常有用的生产资料。

通过学习本章，读者可以了解并掌握以下知识点：

本章要点

◆ 什么是网络爬虫技术和爬虫获取数据的原理；
◆ 如何使用Python开发爬虫；
◆ 网页中的HTML代码结构；
◆ 如何使用Python解析网站页面，获取需要的数据。

10.1 网络爬虫概述

伴随着互联网的发展和信息爆炸时代的到来，大量网站服务器出现在互联网的各个节点中，同时大量的数据信息出现在这些网站中，如何有效地通过技术手段对这些不同网站的数据信息进行获得、统计和检索成为新的挑战。为解决这个问题，爬虫技术应运而生。

10.1.1 什么是网络爬虫

网络爬虫又称为网页蜘蛛或网络机器人，就是通过一定的手段和规则自动抓取互联网中的数据的一段程序或者脚本。

网络爬虫是一个自动提取网页的程序，它为搜索引擎从万维网上下载网页，是搜索引擎的重要组成，百度和谷歌这样的搜索巨头的主要搜索业务的数据来源就是无数实时运行的爬虫程序。百度搜索如图10-1所示。

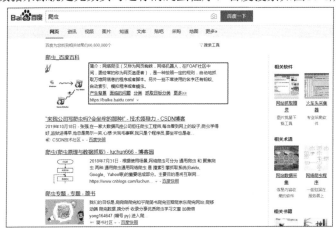

图10-1　百度搜索

百度搜索的结果其实就是通过爬虫程序将获得的网站中页面的一部分数据进行显示。

传统爬虫从一个或若干个初始网页的URL开始，获得初始网页上的URL，在抓取网页的过程中，不断地从当前页面上抽取新的URL放入队列，直到满足系统的停止条件。这种爬虫一般用于搜索引擎的页面收录。

也就是说，爬虫主要应用于互联网中的数据获取和整理等场景，其本身并非一个独立的应用，而是需要结合数据仓库、大数据分析、数据清理等应用场景的技术堆栈组成。

10.1.2 爬虫的应用

爬虫程序的应用非常广泛，虽然其本质是数据的获取和整理，但是其应用场景非常多，如整理网站数据，进行数据整理和应用，通过实时监测网站信息进行舆论检测和消息通知，对历史数据进行记录或分析等。

爬虫程序的本质在于数据的获取和整理，而互联网中的大多数数据都是采用HTML格式进行展示，而爬虫只能通过URL获得到该HTML的数据内容，其中包括大量无用的HTML标签、多余的效果代码、广告等内容，所以在获取数据前应当进行数据的清理，即通过相关的规则获取有效的数据内容。

不过在进行爬虫编写和应用时，一定要注意数据的来源和软件的使用范围，如果涉及隐私或者涉密数据，则需要确定是否触犯法律。作为法制社会中的一员，法律是每一个公民不能触犯的红线。

《中华人民共和国刑法》第二百八十五条规定，非法侵入计算机信息系统罪，是指违反国家规定，侵入国家事务、国防建设、尖端科学技术领域的计算机信息系统的行为。

对网络爬虫而言，一般不允许进行爬虫的网站都会设置相关的防爬措施，或者采用网站根目录robots.txt文件进行说明的方式对爬虫项目进行规定。百度搜索中的robots.txt文件如图10-2所示。

图10-2　百度robots.txt文件

在robots.txt中会对可供爬取的内容进行说明，一个合理的爬虫需要首先读取网站根目录下的robots.txt文件，然后根据该文件的规定进行合理的爬取。

10.2　项目练习：Python中的爬虫开发

Python中的爬虫开发是Python应用中非常重要的一部分，相当于对之前介绍的网站开发及HTTP等内容的集成应用，是通过计算机的方式处理网页中的数据，并且将数据进行分析和应用的过程。

10.2.1　测试请求网页

与打开一个网站就可以访问该网站的内容一样，最简单的爬虫也可以实现该目的。通过使用技术手段模拟用户访问网站的过程，也就是通过代码发起一个HTTP请求，而返回值自然就是该HTML的相关代码。

这里可以模拟一个简单的HTML网站，此处模拟的是一个文章页面，其完整代码如下。

```
<!DOCTYPE html>
<html lang="en">
```

```
<head>
  <meta charset="UTF-8">
  <title>测试网站</title>
  <style>
    .article {
      text-align: center;
      padding: 10vw 5vw 10vw 5vw;
    }

  </style>
</head>
<body>
<div class="article">
  <h3 id="title">
    这是一篇测试文字
  </h3>
  <p>
    爬虫程序的应用非常广泛，虽然其本质是数据的获取和整理，但是其应用场景非常多，例
如整理网站数据，进行数据整理和应用，通过实时监测网站信息进行舆论检测和消息通知，对历史
数据和记录进行分析等。 </p>
  <p>…</p>
  <p>…</p>
    <!--更多的p标签-->
  <img id="img" style="width: 30%" src="demo-png.png">
</div>
</body>
</html>
```

上述页面内容虽然没有涉及复杂的样式和标签，但是有一个标准的文章显示，所有的段落均采用了<p>…</p>标签进行分隔，标题采用了<h3>…</h3>标签，同时该文章中还存在一张图片。其显示效果如图10-3所示。

本机采用Python自带的测试服务器进行启动（在HTML文件的根目录运行如下命令），将其监听设置为888端口，也就是说通过网址http://localhost:888/可以访问该页面。

```
python -m http.server 888
```

通过访问上述网址，可以在浏览器中获得需要的咨询和文章内容，接着需要使用Python编写代码模拟该操作。

在Python3中最常用的请求URL的库是urllib3和requests。urllib3是一个功能强大、条理清晰的请求库，相对于Python 2中的urllib 2来说，urllib3支持线程安全，而且在标准库的基础上增加了连接池客户端SSL/TLS验证等功能；而requests也是对官方标准库的封装，使用起来非

常简单。但是这两个库均非标准库，需要使用pip命令进行安装。

图10-3　实例页面的显示效果

使用如下pip命令安装urllib3和requests，可以发送各种不同的HTTP请求。

```
pip install urllib3
pip install requests
```

通过引入urllib3和requests，可以方便地进行该URL地址的请求。

使用urllib3进行页面的访问，代码如下。

```
# 引入
import urllib3

url = "http://localhost:888/"

# 实例化http请求对象
http = urllib3.PoolManager()
# 发起请求
res = http.request("GET", url)

# 解析访问内容，注意编码
data = res.data.decode("utf-8")
print(data)
```

　　成功访问页面后进行内容的解码，需要注意内容的编码与格式，执行效果如图10-4所示。

　　使用requests请求则会更简单，对GET请求可以直接调用该库中提供的方法，然后对URL直接进行请求，代码如下。

```
F:\anaconda\python.exe H:/book/book/pyhton/python-code/10-2/10-2-1.py
<!DOCTYPE html>
<html lang="en">
<head>
    <meta charset="UTF-8">
    <title>测试网站</title>
    <style>
        .article {
            text-align: center;
            padding: 10vw 5vw 10vw 5vw;
        }

    </style>
</head>
<body>
<div class="article">
    <h3 id="title">
        这是一篇测试文字
    </h3>
    <p>
```

图10-4   urllib3请求的执行效果

```
import requests


url = "http://localhost:888/"
# 发起请求
res = requests.get(url)
# 解析访问内容，需要注意编码
data = res.content.decode("utf-8")
print(data)
```

注　意

　　这两种请求方法的最终返回值虽然都需要进行解码，但是其对象的名称却不一样。requests请求的执行效果如图10-5所示。

　　本节仅仅介绍了最简单的请求方式。随着如今网络中爬虫技术的普及，很多知名网站都增加了反爬虫的相关功能，当直接通过这些库进行URL的访问时，尤其是短时间高频率的访问，很有可能被阻止，造成访问失败，或者返回的并不是实际需要的内容。

```
F:\anaconda\python.exe H:/book/book/pyhton/python-code/10-2/10-2-1-requeste.py
<!DOCTYPE html>
<html lang="en">
<head>
    <meta charset="UTF-8">
    <title>测试网站</title>
    <style>
        .article {
            text-align: center;
            padding: 10vw 5vw 10vw 5vw;
        }

    </style>
</head>
<body>
<div class="article">
    <h3 id="title">
        这是一篇测试文字
    </h3>
    <p>
```

图10-5   requests请求的执行效果

10.2.2 使用BeautifulSoup和PyQuery解析HTML

在10.2.1小节中进行的页面访问虽然成功地获得了网页中的所有信息，但是并不能像在浏览器中看到的数据那样被直接保存或者读取，其中包含大量对数据无用的内容，包括但不限于HTML标签、CSS样式及JavaScript代码等。

浏览器首先解析和识别这些标签，再渲染出被用户查看的相关网站的内容。在爬虫进行网站读取的过程中，也应当进行该步骤，不过不同于浏览器，爬虫只需要一个HTML页面中的部分数据，其余的内容虽然也可能有用，但是对爬虫而言都是不需要的。

对HTML的解析，其最终获得的数据可能是一个非常长的字符串，通过re模块可以进行正则表达式的相应匹配，进而获得需要的数据内容。但是这种方法比较直接，而且采用正则表达式进行一些非常复杂的匹配，可能会造成代码可读性变差，甚至很难理解。

为了解决这个问题，Python的开发者开发了专门用于解析HTML的相关包，最常用的是BeautifulSoup和PyQuery。

BeautifulSoup提供了绝对强大的HTML解析能力，内置多个不同的解析方法和引擎，可以通过简单的配置直接获得一个包含所有数据的专用对象，通过简单的方法可以进行标签或者内容的查找，是历史悠久且使用人数众多的库。虽然BeautifulSoup提供的功能比较全面，但是也使其体量变得非常庞大，执行效率并非最优。

使用BeautifulSoup需要通过如下pip命令进行安装。BeautifulSoup提供对Python 2的支持，在Python 2中，其名称为Beautiful；而在Python 3中其新名称为beautifulsoup4。

```
pip install beautifulsoup4
```

等待安装成功后，可以通过下方的代码进行引入测试。如果没有出现运行错误，则表明安装成功。

```
from bs4 import BeautifulSoup
```

对10.2.1小节中的HTML实例，可以采用BeautifulSoup进行HTML代码的解析，此时获得所有的<p>…</p>标签中的内容。

BeautifulSoup通过自身对象进行查找，可以通过该标签的指定找到所有标签中的内容，并且自动将其解析为一个可以输出的变量。其完整代码如下。

```
from bs4 import BeautifulSoup
import requests

url = "http://localhost:888/"
# 发起请求
res = requests.get(url)
# 解析访问内容，需要注意编码
data = res.content.decode("utf-8")
# 使用BeautifulSoup进行HTML的解析
soup = BeautifulSoup(data, "html.parser")
# 寻找所有的<p>…</p>标签
```

```
all_p = soup.find_all('p')
# 迭代对象
for item in all_p:
    # 输出<p>标签内容
    print(item)
```

通过find()方法可以进行单一内容的查找，也就是说无论数据结果中出现多少个符合条件的结果只要找到第一个就直接返回，而使用find_all()方法则会返回所有的内容，并且该结果以HTML节点为数据结构。

其执行结果如图10-6所示。

```
F:\anaconda\python.exe H:/book/book/pyhton/python-code/10-2/10-2-2.py
<p>
        爬虫程序的应用非常广泛，虽然其本质是数据的获取和整理，但是其应用场景非常多，例如整理网站数据，进行数据整理和应
用，通过实时监测网站信息进行舆论检测和消息通知，对历史数据进行记录和分析等。</p>
<p>
        爬虫程序的本质在于数据的获取和整理，而互联网中的大多数数据都是采用HTML数据格式进行展示的，
而爬虫只能通过URL获得到该HTML数据内容，其中包括了大量无用的HTML标签、广告等内容，所以获取应当在其中进行数据的清理，即通
过相关的规则获取有效的数据内容。</p>
<p> 不过在进行爬虫编写和应用时，一定要注意数据的来源和软件的使用范围，如果涉及隐私或者涉密数据，则需要确定是否触犯法律，
作为法制社会中的一员，法律是每一个公民不能触犯的红线。</p>
<p> 《中华人民共和国刑法》第二百八十五条规定，非法侵入计算机信息系统罪，是指违反国家规定，侵入国家事务、国防建设、尖端科
学技术领域的计算机信息系统的行为。</p>
Process finished with exit code 0
```

图10-6 所有<p>标签的内容

与BeautifulSoup相比，PyQuery是一个简单好用的HTML解析方式。该库与BeautifulSoup不同，它采用了类似于JQuery的方式进行HTML内容的查找。使用如下pip命令进行该库的安装。

```
pip install pyquery
```

如果读者开发过前端或者JavaScript，一定使用过JQuery这个非常流行的JavaScript方法库。如果需要在前端中使用JavaScript进行HTML节点的操作，那么需要指定该节点，这时就需要使用节点选择器。

PyQuery就是采用这样的方式，代码如下。

```
from pyquery import PyQuery as pq
import requests

url = "http://localhost:888/"
# 发起请求
res = requests.get(url)
# 解析访问内容，注意编码
data = res.content.decode("utf-8")
```

```
# 解析所有的HTML
d = pq(data)
# 根据id获得TITLE
title = d("#title")
print('文章的题目为：', title)
# 根据class获得文章内容
# 这里只获得内容，不需要标签
article = d('.article').text()
print(article)
```

其执行结果如图10-7所示。

```
F:\anaconda\python.exe H:/book/book/pyhton/python-code/10-2/10-2-2-pyquery.py
文章的题目为： <h3 id="title">&#13;
        这是一篇测试文字&#13;
    </h3>&#13;
这是一篇测试文字
爬虫程序的应用非常广泛，虽然其本质是数据的获取和整理，但是其应用场景非常多，例如整理网站数据，进行数据整理和应用，通过
    实时监测网站信息进行舆论检测和消息通知，对历史数据进行记录和分析等。
爬虫程序的本质在于数据的获取和整理，而互联网中的大多数数据都是采用HTML数据格式进行展示的，而爬虫只能通过URL获得到该
    HTML数据内容，其中包括了大量无用的HTML标签、广告等内容，所以获取应当在其中进行数据的清理，即通过相关的规则获取有效的数
    据内容。
不过在进行爬虫编写和应用时，一定要注意数据的来源和软件的使用范围，如果涉及隐私或者涉密数据，则需要确定是否触犯法律，作为
    法制社会中的一员，法律是每一个公民不能触犯的红线。
《中华人民共和国刑法》第二百八十五条规定，非法侵入计算机信息系统罪，是指违反国家规定，侵入国家事务、国防建设、尖端科学技
    术领域的计算机信息系统的行为。
Process finished with exit code 0
```

图10-7　获得结果

也就是说，PyQuery对节点的寻找采用了JQuery选择器的方式，可以针对具有ID属性的节点采用"#"号选择器，而对于class则可以采用"."选择器。

> **注　意**
>
> PyQuery的选择器不只支持这两种，更多的选择器可以参考官方文档，读者可以根据不同的情况搭配使用选择器。

10.3 项目练习：使用Scrapy框架爬取Scrapy官网文档

本节将会对Python中的爬虫框架进行介绍。通过使用爬虫框架进行Python爬虫的开发，比从零开始搭建一整套爬虫系统要简单得多。

一个完整的爬虫系统并不只是通过网络请求获得HTML的数据就可以了，还需要考虑数据解析、数据存储、反爬虫机制、异步执行等功能或技术，以达到更好的运行效率。所以使用一个包含了上述功能的框架去开发爬虫要更加方便和简单。

在Python爬虫框架中，最为常见的框架就是Scrapy框架。这个框架中封装了requests、twisted、downloader等模块，使用该框架进行开发时，无须再次引入这些功能模块即可直接使用。

Scrapy框架可以便捷地对请求进行头部的更改，同时提供异步的请求模式，不仅仅用于抓取Web站点，而且能从页面中提取结构化的数据。Scrapy框架的用途广泛，可以用于数据挖掘、监测和自动化测试等。

Scrapy框架并不是一个完全封装成型的框架，它的设计模式是希望通过更加简单的方式进行脚本编写，而不是提供一个已经成型的功能，仅通过配置就可以运行。也正是因为这样，Scrapy框架更具有扩展性，可以在各种场合中完成开发爬虫的任务。

Scrapy框架可以使用如下pip命令进行安装。

```
pip install Scrapy
```

等待安装完成后，可以使用下方的命令进行一个新项目的创建，该命令会在文件夹中自动生成项目文件my_project，该项目是一个由官方提供的程序基本框架。

```
scrapy startproject my_project
```

执行该命令后会新建一个项目文件夹，同时里面包含一些基本的框架代码文件。该命令的执行效果如图10-8所示。

```
H:\book\book\pyhton\python-code\10-3>scrapy startproject my_project
New Scrapy project 'my_project', using template directory 'f:\anaconda\lib\site-packages\scrapy\templates\project', crea
ted in:
    H:\book\book\pyhton\python-code\10-3\my_project

You can start your first spider with:
    cd my_project
    scrapy genspider example example.com

H:\book\book\pyhton\python-code\10-3>
```

图10-8　新建项目命令的执行效果

Scrapy框架提供了非常简单的代码创建命令，只需要一条简单的命令即可完成对目标网站爬虫的设定。

例如，创建一个针对Scrapy官方文档中的网站爬虫，在该项目文件夹下使用下方命令即可。

```
scrapy genspider docs doc.scrapy.org
```

在文件夹中将会自动生成一个docs.py文件，其代码如下。

```python
# -*- coding: utf-8 -*-
import scrapy

class DocsSpider(scrapy.Spider):
    name = 'docs'
    allowed_domains = ['doc.scrapy.org']
    start_urls = ['http://doc.scrapy.org/']
```

```
def parse(self, response):
    pass
```

注 意

使用命令生成和手动编写代码具有同样的效果。

接着需要对配置进行一些修改，其配置文件位于项目文件夹下的setting.py文件。在该文件中需要关闭ROBOTSTXT_OBEY，并且配置DEFAULT_REQUEST_HEADERS，前者会在爬取网站时首先查看网站是否存在爬虫协议，如果存在则不爬取该页面；而后者需要配置User-Agent用于伪造正常的浏览器登录。

```
# Override the default request headers:
DEFAULT_REQUEST_HEADERS = {
    'User-Agent': 'Mozilla/5.0 (Windows NT 10.0; Win64; x64) AppleWebKit/537.36 (KHTML, like Gecko) Chrome/79.0.3945.130 Safari/537.36'
}
# Obey robots.txt rules
ROBOTSTXT_OBEY = True
```

注 意

该项目仅用于测试和教学，在完成一些爬虫项目时，请按照其网站要求的协议进行爬取。

接下来需要编写项目中的items.py文件，对items进行定义。该文件主要用于定义数据逻辑模型，所有的数据模型将会由这个items进行处理。其代码如下。

```
import scrapy

class MyProjectItem(scrapy.Item):
    # define the fields for your item here like:
    # name = scrapy.Field()
    # 文档主题
    title = scrapy.Field()
    # 文档内容
    text = scrapy.Field()
```

接下来编写爬取脚本，打开自动生成的docs.py文件，该文件应当位于项目文件的spiders文件夹中。在该文件中指定爬取的URL路径，并且编写类中的parse()方法。更改后的代码如下。

```
# -*- coding: utf-8 -*-
```

```python
import scrapy
from my_project.items import MyProjectItem


class DocsSpider(scrapy.Spider):
  name = 'docs'
  allowed_domains = ['doc.scrapy.org']
  start_urls = ['http://doc.scrapy.org/en/latest/intro/tutorial.html']

  def parse(self, response):
    # print(response)
    # 这里使用Xpath语句进行筛选
    for line in response.xpath('//div[@class="section"]'):
      # 实例化item
      item = MyProjectItem()
      item['title'] = line.xpath('.//h2/text()').extract()
      item['text'] = line.xpath('.//p/text()').extract()
      # 将数据存放在文件中
      self.write_file(item['title'])
      self.write_file(item['text'])
      #yield item
```

这里使用到了Xpath语法，它是W3C标准语法，用于筛选出符合条件的XML标签，可以访问网址https://www.w3school.com.cn/xpath/xpath_syntax.asp进行学习，其本质是使用路径表达式选取 XML 文档中的节点或节点集。

将所有获得的数据内容全部存放在一个文件中，write_file()是一个静态方法，用于数据的存储，其代码如下。

```python
@staticmethod
def write_file(items):
  f = open('text.txt', 'a+')
  for i in items:
    f.write(str(i) + '\n')
  f.close()
```

使用下方的命令可以启动该爬虫，其中docs是在爬虫类中name定义的名称，该命令需要在项目文件夹所在的路径下执行。

```
scrapy crawl docs
```

其执行效果如图10-9所示。

```
H:\book\book\pyhton\python\python-code\10-3\my_project>scrapy crawl docs
2020-02-24 23:40:46 [scrapy.utils.log] INFO: Scrapy 1.8.0 started (bot: my_project)
2020-02-24 23:40:46 [scrapy.utils.log] INFO: Versions: lxml 4.4.1.0, libxml2 2.9.9, cssselect 1.1.0, parsel 1.5.2, w3lib 1.21.0, Twisted 19.10.0, Python 3.7.4 (default,
Aug  9 2019, 18:34:13) [MSC v.1915 64 bit (AMD64)], pyOpenSSL 19.0.0 (OpenSSL 1.1.1d  10 Sep 2019), cryptography 2.7, Platform Windows-10-10.0.17134-SP0
2020-02-24 23:40:46 [scrapy.crawler] INFO: Overridden settings: {'BOT_NAME': 'my_project', 'NEWSPIDER_MODULE': 'my_project.spiders', 'ROBOTSTXT_OBEY': True, 'SPIDER_MODU
LES': ['my_project.spiders']}
2020-02-24 23:40:46 [scrapy.extensions.telnet] INFO: Telnet Password: 1fec99dc690a9483
2020-02-24 23:40:46 [scrapy.middleware] INFO: Enabled extensions:
['scrapy.extensions.corestats.CoreStats',
 'scrapy.extensions.telnet.TelnetConsole',
 'scrapy.extensions.logstats.LogStats']
2020-02-24 23:40:46 [scrapy.middleware] INFO: Enabled downloader middlewares:
['scrapy.downloadermiddlewares.robotstxt.RobotsTxtMiddleware',
 'scrapy.downloadermiddlewares.httpauth.HttpAuthMiddleware',
 'scrapy.downloadermiddlewares.downloadtimeout.DownloadTimeoutMiddleware',
 'scrapy.downloadermiddlewares.defaultheaders.DefaultHeadersMiddleware',
 'scrapy.downloadermiddlewares.useragent.UserAgentMiddleware',
 'scrapy.downloadermiddlewares.retry.RetryMiddleware',
 'scrapy.downloadermiddlewares.redirect.MetaRefreshMiddleware',
 'scrapy.downloadermiddlewares.httpcompression.HttpCompressionMiddleware',
 'scrapy.downloadermiddlewares.redirect.RedirectMiddleware',
 'scrapy.downloadermiddlewares.cookies.CookiesMiddleware',
 'scrapy.downloadermiddlewares.httpproxy.HttpProxyMiddleware',
 'scrapy.downloadermiddlewares.stats.DownloaderStats']
2020-02-24 23:40:46 [scrapy.middleware] INFO: Enabled spider middlewares:
['scrapy.spidermiddlewares.httperror.HttpErrorMiddleware',
 'scrapy.spidermiddlewares.offsite.OffsiteMiddleware',
 'scrapy.spidermiddlewares.referer.RefererMiddleware',
 'scrapy.spidermiddlewares.urllength.UrlLengthMiddleware',
 'scrapy.spidermiddlewares.depth.DepthMiddleware']
2020-02-24 23:40:46 [scrapy.middleware] INFO: Enabled item pipelines:
[]
2020-02-24 23:40:46 [scrapy.core.engine] INFO: Spider opened
2020-02-24 23:40:46 [scrapy.extensions.logstats] INFO: Crawled 0 pages (at 0 pages/min), scraped 0 items (at 0 items/min)
2020-02-24 23:40:46 [scrapy.extensions.telnet] INFO: Telnet console listening on 127.0.0.1:6023
2020-02-24 23:41:07 [scrapy.downloadermiddlewares.retry] DEBUG: Retrying <GET http://doc.scrapy.org/robots.txt> (failed 1 times): TCP connection timed out: 10060: 由于连
接方在一段时间后没有正确答复或连接的主机没有反应，连接尝试失败。
2020-02-24 23:41:08 [scrapy.core.engine] DEBUG: Crawled (200) <GET http://doc.scrapy.org/robots.txt> (referer: None)
2020-02-24 23:41:10 [scrapy.core.engine] DEBUG: Crawled (200) <GET http://doc.scrapy.org/en/latest/intro/tutorial.html> (referer: None)
2020-02-24 23:41:10 [scrapy.core.scraper] DEBUG: Scraped from <200 http://doc.scrapy.org/en/latest/intro/tutorial.html>
{'text': ['In this tutorial, we'll assume that Scrapy is already installed on '
          'your system.\n'
          'If that's not the case, see ',
          '
          'We are going to scrape ',
          ', a website\nthat lists quotes from famous authors.',
          'This tutorial will walk you through these tasks:',
          'Scrapy is written in ',
          '. If you're new to the language you might want to\n'
          'start by getting an idea of what the language is like, to get the '
          'most out of\n'
```

图10-9　执行爬虫

同时在文件中也写入了从该网站爬取的数据，如图10-10所示。

```
Creating a project
Our first Spider
Storing the scraped data
Following links
Using spider arguments
Next steps
In this tutorial, we'll assume that Scrapy is already installed on your system.
If that's not the case, see

We are going to scrape
, a website
that lists quotes from famous authors.
This tutorial will walk you through these tasks:
Scrapy is written in
. If you're new to the language you might want to
start by getting an idea of what the language is like, to get the most out of
Scrapy.
If you're already familiar with other languages, and want to learn Python quickly, the
is a good resource.
If you're new to programming and want to start with Python, the following books
may be useful to you:
```

图10-10　文件写入数据

10.4 小结与练习

10.4.1 小结

本章介绍了如何使用Python开发一款简单的爬虫脚本。其实对爬虫应用而言，使用

Scrapy框架可以开发出功能更加复杂、支持异步、实现登录功能的爬虫系统。

相对于爬虫技术本身而言，如何合理地控制爬虫的爬取速度和爬取内容也是开发爬虫不得不考虑的事情。采用高频率的，甚至多主机多IP的方式进行数据的爬取，很可能会被认为是一次DDOS攻击，而如果在没有经过数据源网站的允许的情况下进行网站的数据获取，更可能涉及版权或者安全方面的问题。这些问题都应当深思熟虑。

10.4.2 练习

通过本章的学习，希望读者可以完成以下练习。

（1）熟悉HTML网页的结构和爬虫的相关知识。

（2）熟悉使用浏览器的"开发者工具"进行网站页面代码的查看，并且分析如果需要编写一个爬虫进行数据获取，应当如何选择URL以及应当获得哪些HTML节点。

（3）了解爬虫工作的原理，可以尝试使用urllib或者requests等请求库访问相关的网站，并且分析其返回的数据。

（4）了解基本的反爬虫原理，并且尝试情况分析和功能优化。

第 11 章

Python开发知识应用

本章将会对Python开发时的某些非编码的知识内容进行说明和讲解，其中包括项目管理中的版本控制、项目开源说明，以及如何使用Docker和Linux虚拟机安装等内容。

同时本章将对Python开发和虚拟环境搭建及应用打包等内容进行介绍，其中会涉及大量非编程和非Python的知识内容。

学习目标

如果没有坚实的Python基础，而只是学会这些开发知识，在实际的项目中并不会有用武之地。在实际的应用开发过程中，所涉及的内容远远要比本章中讲解的知识复杂得多，而每个知识本身都是值得学习和研究的内容。

通过学习本章，读者可以了解并掌握以下知识点：

本章要点

◆ 如何保证自己的开发环境的单一，并且不被其他的Python项目影响；

◆ 如何打包和发布编写的Python代码；

◆ 如何完成一个项目的基本版本管理，以及公司是如何进行版本开发的；

◆ 如何在Windows系统计算机中安装Linux虚拟机，并且在Linux虚拟机中运行Python程序；

◆ Docker的安装和如何使用Docker进行Python环境的搭建，以及如何保证其能在服务器中成功运行；

◆ 开源项目的许可证说明和GitHub的介绍。

11.1 开发版本控制

本节介绍如何使用开发版本控制工具进行程序开发，以及相应的操作流程和相关命令，开发者可以快速地工程化自己的相关项目，并且可以在任何计算机上进行开发或者开展团队协作。

11.1.1 为什么需要版本控制

版本控制是指对软件开发过程中各种程序代码、配置文件及说明文档等文件变更的管理，是软件配置管理的核心思想之一。作为工程项目开发的一部分，版本控制可以说是现代软件开发中非常重要的一个步骤。

版本控制规定了项目开发的流程，如任何一个产品应当如何进行每一次的版本开发和迭代，并且应当如何记录每一次的版本更新和编写相关的文档等。

简单来说，对于一个项目的版本控制相当于确定了该项目从创建到上线维护并稳定运行直到下线废弃的全部生存周期，同时需要对产品库、受控库及个人的开发库，甚至对每一次的提交和每一次的文件更改进行记录。

现代的开发版本控制已经不再是采用手工方式，而是直接通过相关工具的方式进行每一次的代码检测（检测差异），并且需要在开发者每一次提交时进行标注，不仅如此，在版本控制中还建立了"分支"概念，支持多人开展团队协作。

目前常用的版本控制工具有Git和SVN。SVN是Subversion的简称，是Apache项目组所属的一个开放源代码的版本控制系统，它的设计目标就是取代上一代版本控制工具CVS。其使用方式简单，即通过访问权限进行用户端配置，通常使用TortoiseSVN作为使用SVN的客户端工具。TortoiseSVN的官方网址为https：//tortoisesvn.net，如图11-1所示。

图11-1　TortoiseSVN官方网站

SVN的优势在于项目管理方便，强调统一开发，并且代码的一致性非常高，全部代码均以服务器保存为主。但是其缺点也非常明显，SVN并不适合分布式的开发，对公共服务器的性能要求高，一旦服务器运行发生问题，很可能造成代码丢失。

在版本控制的发展中，在实际使用中SVN逐渐被Git代替，Git是Linus Torvalds（Linux之父）因为不满意当时存在的所有版本控制软件，为了帮助管理Linux内核开发而开发的一个新版本控制软件。其官方网站地址为https://git-scm.com，如图11-2所示。

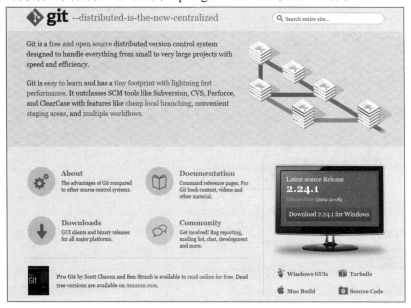

图11-2　Git官方网站

Git最大的优势在于其分布式的版本控制，所有开发者在本地都有一个完整的版本控制库，可以通过git clone命令将远程端服务器中相应的版本库"复制"到本地，并且每一个版本控制库可以独立运行，不受任何其他库的影响。

因为本地存在完整的版本控制库，所以第一次的修改和合并一定需要在本地进行操作，包括创建新的分支、合并提交等。Git支持离线的开发和合并，通过pull、push与线上代码进行拉取和合并。

Git支持多分支的开发工作，不同的代码库可以并行开发，并且在适当的时机进行分支的合并，拥有合并权限的用户可以进行合并操作并且解决有可能出现的一些冲突，最终可以将代码推送至线上服务器，实现代码版本的更新迭代。

注　意

本书采用Git作为版本控制工具。

11.1.2　Git的使用

当使用Git作为版本控制工具时，首先需要在相关的网站下载Git安装包，如图11-3所示，有不同版本的Git安装包可供选择。

Git是Linux系统核心的开发工具之一，一般的Linux系统中均已经安装了Git程序。安装完成相关的安装包后，可以在命令行工具中使用Git相关命令。

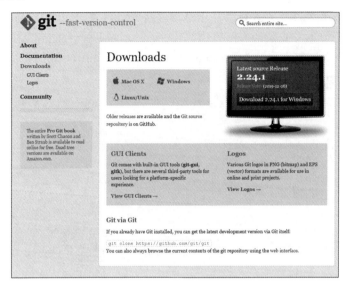

图11-3　下载Git安装包

　　如果是Windows平台，需要将其目录设置为全局Path，才可以在任意路径中使用
该命令。

　　使用如下命令，可以查看Git相关命令。执行效果如图11-4所示。

```
git – help
```

```
(qt-venv) root@st-pc:/home/st/桌面# git --help
用法: git [--version] [--help] [-C <路径>] [-c <名称>=<取值>]
          [--exec-path[=<路径>]] [--html-path] [--man-path] [--info-path]
          [-p | --paginate | -P | --no-pager] [--no-replace-objects] [--bare]
          [--git-dir=<路径>] [--work-tree=<路径>] [--namespace=<名称>]
          <命令> [<参数>]

这些是各种场合常见的 Git 命令:

开始一个工作区 (参见: git help tutorial)
   clone      克隆一个仓库到一个新目录
   init       创建一个空的 Git 仓库或重新初始化一个已存在的仓库

在当前变更上工作 (参见: git help everyday)
   add        添加文件内容至索引
   mv         移动或重命名一个文件、目录或符号链接
   reset      重置当前 HEAD 到指定状态
   rm         从工作区和索引中删除文件

检查历史和状态 (参见: git help revisions)
   bisect     通过二分查找定位引入 bug 的提交
   grep       输出和模式匹配的行
   log        显示提交日志
   show       显示各种类型的对象
   status     显示工作区状态

扩展、标记和调校您的历史记录
   branch     列出、创建或删除分支
   checkout   切换分支或恢复工作区文件
   commit     记录变更到仓库
   diff       显示提交之间、提交和工作区之间等的差异
   merge      合并两个或更多开发历史
   rebase     在另一个分支上重新应用提交
   tag        创建、列出、删除或校验一个 GPG 签名的标签对象

协同 (参见: git help workflows)
   fetch      从另外一个仓库下载对象和引用
   pull       获取并整合另外的仓库或一个本地分支
   push       更新远程引用和相关的对象

命令 'git help -a' 和 'git help -g' 显示可用的子命令和一些概念帮助。
查看 'git help <命令>' 或 'git help <概念>' 以获取给定子命令或概念的
```

图11-4　Git 命令

　　此时相当于已经在本机中成功地安装了Git程序，可以进行项目的版本控制管理。新建一个项
目文件夹，通过如下Git命令进行一个新版本库的建立，命令的执行效果如图11-5所示。

```
git init
```

使用该命令新建并初始化版本控制库后，实际是在项目目录中创建了一个名为.git的文件夹，该文件夹对Linux等系统是隐藏状态，其中包括大量版本控制及其相关的配置数据，如图11-6所示。

图11-5　新建版本库　　　　　　　　　图11-6　.git文件夹的内容

Git初始化文件项目之后，默认会自动建立一个"主分支"，名称为master，一般在多分支的开发结构中该分支用于存放稳定的项目代码状态。

在开始一个项目的版本控制时，Git要求对每一次项目提交者进行记录，这时需要对email和name进行配置。通过如下代码进行user的邮箱（email）和名称（name）的全局配置，将来对项目的每一次操作均会通过该user进行记录。

```
git config --global user.email "you@example.com"
git config --global user.name "Your Name"
```

新建一个README.md文件，一般项目工程都会认为该文件是项目的说明文件，如图11-7所示。

图11-7　README.md文件

> **注　意**
>
> 　　该文件是一个md（Markdown）文件，Markdown是一种可以使用普通文本编辑器编写的标记语言，可以用于编写具有格式的文档，本书附录中有对Markdown的介绍。

保存对该文件的更改，此时Git通过检查文件变动已经察觉到README.md为新增的文件（Linux中以红色表示）。通过如下命令可以查看当前的Git状态，显示效果如图11-8所示，当前Git状态为master分支。

```
git status
```

使用如下命令可以暂存该修改文件，"暂存"的意思是该文件是属于需要提交的部分，也就是将提交到版本库的部分。

```
git add README.md
```

再次使用如下命令进行状态的查看，其暂存后的Git状态如图11-9所示，README.md已经成为暂存的新文件（Linux中以绿色表示）。

> git status

```
(qt-venv) root@st-pc:/home/st/桌面/git-test# git status
位于分支 master

尚无提交

未跟踪的文件:
  (使用 "git add <文件>..." 以包含要提交的内容)

        README.md

提交为空，但是存在尚未跟踪的文件（使用 "git add" 建立跟踪）
(qt-venv) root@st-pc:/home/st/桌面/git-test# 
```

```
(qt-venv) root@st-pc:/home/st/桌面/git-test# git status
位于分支 master

尚无提交

要提交的变更:
  (使用 "git rm --cached <文件>..." 以取消暂存)

    新文件:     README.md
```

图11-8　查看Git状态的显示效果　　　　图11-9　暂存后的文件

接下来需要使用提交命令进行该次暂存的提交，Git要求对每一次提交都进行备注，所以最好在参数后进行该次提交的相关说明，这些说明将会伴随版本提交成为版本控制中文档的一部分，其提交成功后的结果如图11-10所示。

> git commit −m "提交readme文件"

```
(qt-venv) root@st-pc:/home/st/桌面/git-test# git commit -m "添加readme"
[master （根提交） c35bb29] 添加readme
 1 file changed, 1 insertion(+)
 create mode 100644 README.md
(qt-venv) root@st-pc:/home/st/桌面/git-test# 
```

图11-10　提交成功

如果在提交的过程中出现如图11-11所示的错误导致不能提交，则可能是因为Git用户的配置问题，请根据配置user的内容进行修改。

```
(qt-venv) root@st-pc:/home/st/桌面/git-test# git commit -u "提交readme文件"
error: 路径规格 '-u' 未匹配任何 git 已知文件
error: 路径规格 '提交readme文件' 未匹配任何 git 已知文件
```

图11-11　提交错误

> ：注　意

对一些敏感性的数据，一定要注意其数据的安全性。不同于代码本身的修改，在Git版本控制中，所有修改并提交的记录都可以查看甚至回退，如果项目需要使用一些敏感数据，并且在代码需要开源的情况下，一定要注意是否连同敏感数据同时上传至服务器。

11.2 Docker入门

　　　　Docker让开发者可以打包应用及依赖包到一个可移植的镜像中，该镜像可以在众多的操作系统中运行。这种不依赖于操作系统的环境，不仅不会造成环境的污染，还可以保证每一个应用都可以独立运行。

　　　　这个特性是现阶段的服务器端开发中经常用到的一个功能，而其中的代表技术Docker也成为近些年中最为流行的技术之一。

11.2.1　Docker是什么

Docker是一个开源的应用容器引擎，让开发者可以打包应用及依赖包到一个可移植的镜像中，然后发布到任何流行的Linux系统或Windows系统计算机上，也可以实现虚拟化。且容器与容器之间完全没有任何接口，采用独立沙箱应用机制。

其实Docker技术最为重要的内容是虚拟化手段的应用，即将原本复杂的操作环境进行了优化和配置，可以在开发机器上进行交付运行环境的测试和搭建，对所有应用进行沙箱隔离，使每一个应用的运行都拥有自身的一套环境。

但是Docker并不是全能的，设计之初也不是KVM之类虚拟化手段的替代品，其本身必须在64位计算机中运行，不支持32位系统环境。

Docker Desktup的官方网站网址为https://www.docker.com/products/docker-desktop，如图11-12所示。

图11-12　Docker官方网站

Docker不仅仅可以用于多应用的环境，还具有可移植性和轻量级的特性，即使安装了全部的运行环境的代码包，也不会比单纯的代码文件增加更多的数据内容。

> **：注　意**
>
> 现在大多数的云环境可以支持Docker容器的配置，这也是Docker的使用更加广泛的原因之一。

11.2.2 Docker的安装

Docker对于Windows系统的支持比较晚，其本身支持的运行环境中大量使用的都是Linux、UNIX等操作系统的内容，在Windows系统中需要使用虚拟机程序进行环境的模拟，Windows 10以上版本自带了虚拟机，而Windows 7、Windows 8等操作系统需要利用Docker ToolBox 安装Docker。

Docker ToolBox 是一个工具集。

* Docker CLI客户端：运行Docker引擎创建镜像和容器的命令行工具。
* Docker Machine：在Windows系统的命令行中对Docker操作进行支持。
* Docker Compose：用于运行docker-compose命令。
* Kitematic：Docker的GUI版本。
* Docker QuickStart shell：是一个已经配置好Docker的命令行环境。
* Oracle VM VirtualBox：环境虚拟机。

如果使用的是Windows 10操作系统，则需要开启Hyper-V服务，并下载相关版本的安装包，双击安装即可。

在官方网站中单击Download按钮，Docker会自动对系统环境进行判断，推荐不同版本的Docker供下载，如图11-13所示。

图11-13　下载Docker

如果使用的是Windows 10以下的Windows操作系统，则需要安装ToolBox，其下载地址可以在GitHub中查看，网址为https://github.com/docker/toolbox/releases，在此下载相应的exe可执行文件，如图11-14所示。

图11-14　下载ToolBox

如果使用的是Windows 10以下的Windows操作系统，下载Docker虽然不会报错，但是进行安装时程序并不能成功执行。

下载完毕后进行安装，如图11-15所示。因为本机已经安装了VM VirtualBox，所以不进行该虚拟机软件及Git版本控制的安装。

安装完毕后增加了两个相关的文件：一个是Docker主程序；另一个是GUI版本的Docker，如图11-16所示。

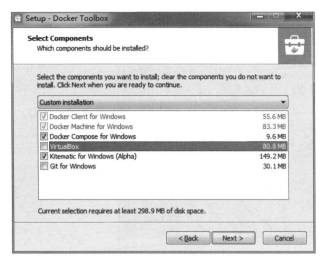

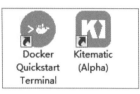

图11-15 安装Docker   图11-16 安装完成

根据官方示例，尝试第一次使用Docker。首先需要使用Git下载官方提供的示例程序，随后可以使用如下命令复制该项目至项目文件夹中。这里使用SourceTree直接克隆，如图11-17所示。

```
git clone https://github.com/docker/doodle.git
```

接下来打开CIL工具，其本身相当于一个执行命令行的工具，先使用cd命令切换目录至该项目工程文件夹中，再使用Dockerfile创建镜像，-t参数用于指定镜像的名字与标签。

```
cd doodle\cheers2019
docker build -t feistiller/cheers2019 .
```

执行效果如图11-18所示。

图11-17 Clone版本库   图11-18 运行项目

使用如下命令执行该项目。

```
docker run -it --rm feistiller/cheers2019
```

执行效果如图11-19所示，这是一个使用字符实现的Docker Logo的动画效果，如果感兴趣可以尝试其他项目工程。

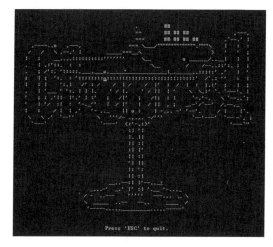

图11-19　Docker执行效果

11.2.3　项目练习：Docker打包项目

Docker中提供的项目环境支持并不是自带的，需要单独配置和下载安装。可以在Docker Hub中查看官方提供的这类软件包，搜索程序需要的环境，其网址为https://hub.docker.com/，如图11-20所示。

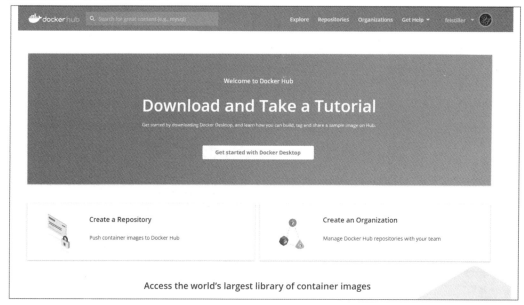

图11-20　Docker Hub官方网站

例如，本书需要的是Python模块，可以在搜索框中输入Python进行搜索，结果如图11-21所示，提供了该Python包的运行环境及安装命令说明等。

Docker可以提供多种系统的模拟运行。例如，在Windows系统的Docker中模拟Ubuntu。本地默认没有Ubuntu镜像，可以在Docker Hub中搜索Ubuntu，使用如下命令进行Ubuntu环境的安装配置，安装过程如图11-22所示。

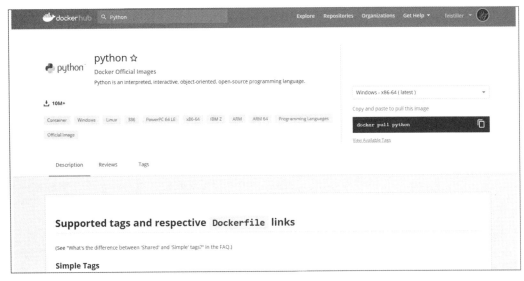

图11-21 Python搜索结果

```
docker pull ubuntu
```

图11-22 安装Ubuntu环境

使用如下命令启动安装的Ubuntu镜像，这也就意味着接下来的操作均会在Docker提供的Ubuntu环境中进行。其命令包含两个参数：i代表交互式操作，t代表使用终端。调用的程序是/bin/bash，该程序是Ubuntu中的命令行终端。

```
docker run –it ubuntu /bin/bash
```

执行上述命令后的显示效果如图11-23所示。

图11-23 进入Ubuntu环境

使用Exit命令可以退出该运行环境。在本实例中会将之前的项目进行打包操作，将其项目中的全部内容存放在该文件夹中新建的app文件夹中，如果有相关的Python依赖项，需要通过命令导出requirements.txt，记录其项目的依赖项存放在该文件夹的根目录中。

在当前目录中创建一个Dockerfile文件，并且编写其文件内容，具体内容如下所示。

```
# 将官方 Python 运行时用作父镜像
FROM python:3.7
# 将工作目录设置为 /app
WORKDIR ./app
# 将当前目录内容复制到位于 /app 中的容器中
```

```
ADD . .
# 安装 requirements.txt 中指定的任何所需软件包
RUN pip install -r requirements.txt
# 定义环境变量
# 在容器启动时运行命令
CMD ["python3", "./app/test.py"]
```

当然，在此项目中并没有使用Python依赖包，所以安装命令不会执行。如果使用Python依赖包，则会自动在环境中打包依赖的内容。

该文件编写完成后，可以在Docker命令行中进行镜像的制作，其命令如下，需要指定制作镜像的名称。

```
docker build –t 镜像名称
```

其制作过程如图11-24所示。

制作成功后，可以使用如下命令进行该镜像的查看和运行，其执行效果如图11-25所示。

```
docker images
docker run –it test
```

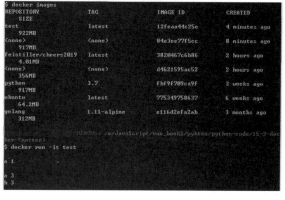

图11-24　制作镜像　　　　　　　　　图11-25　查看和运行代码

11.3 Python虚拟环境

在本书之前的开发中，大部分都采用了系统安装的Python作为开发和运行环境，也就是说，相当于所有的Python程序代码都采用了同一套Python体系，本节会使用Python虚拟环境对不同项目的开发进行划分。

11.3.1 为什么需要虚拟环境

Python应用程序通常会用到不在标准库内的软件包和模块。如果对所有的项目都采用同一种运行环境（系统全局方式），那么在全局Python中安装了大量无用的Python包，这无疑是对系统资源的一种浪费。

不仅如此，部分Python第三方包可能会出现冲突或者对其他包的依赖，甚至出现不是特定版本无法运行的情况。例如，同一台计算机中运行着老版本的程序，但新版本的程序用到了某一个包的最新版本的最新特性，而老版本的程序中的特性已经被废弃，所以会出现不分版本地对所有的依赖包进行升级的情况。

而venv就是为避免这种情况出现的工具。venv以单一项目为基准，对该项目建立一个虚拟的Python环境，其中包括完整的Python运行环境，并且该环境是完全纯净且独立的，可以在该环境中安装所有特定版本的库，而不用担心系统或者其他项目的环境被更新或者污染。

一般常用的虚拟环境搭建有以下两种。

1. virtualenv

virtualenv是曾经最常见的Python虚拟环境配置工具，支持Python 2和Python 3，可以对所有的项目虚拟环境指定不同的Python解析器，而不需要继承任何基础的程序包，也是最早被广泛使用的虚拟环境。

virtualenv的最新版本为v20.1.0，其网址为https://virtualenv.pypa.io/en/latest/installation.html，如图11-26所示。

图11-26　virtualenv官方网站

2. venv

该虚拟环境是Python自带的，不过从Python 3.3之后才开始提供支持，大部分操作和virtualenv类似，但是因为其无须任何安装，通过简单的命令就可以直接使用，所以越来越多的开发者选择了venv。它也可以视为一个virtualenv的官方版本。

venv作为一个官方包，不需要任何安装就可以使用，具体的使用文档位于Python官方网站中，其网址为https://docs.python.org/zh-cn/3.7/tutorial/venv.html#creating-virtual-environments，如图11-27所示。

图11-27　venv官方网站

11.3.2 项目练习：使用virtualenv生成新的Python环境

使用virtualenv作为搭建Python虚拟环境的工具，需要使用如下pip命令进行代码包的安装。

```
pip install virtualenv
```

安装效果如图11-28所示。

图11-28　安装virtualenv

安装完成后，可以在命令行中使用如下命令测试是否安装成功。

```
virtualenv –version
```

> **注意**
>
> virtualenv的使用方式及相关命令在Windows、Linux和Mac平台中各不相同，具体的使用示例请查看官方文档。

为了测试结果，打印版本号如图11-29所示。

图11-29　测试结果

在需要建立虚拟环境的项目文件夹中，使用下方的命令可以建立一个空白的Python项目，如下代码创建了一个名称为test-venv的虚拟环境，并自动将所有的虚拟环境都建立在该文件夹下。

```
virtualenv test
```

接下来，virtualenv会自动对其项目中的Python、pip、setuptools等工具进行安装和配置，效果如图11-30所示。

图11-30　搭建virtualenv虚拟环境

在test-venv文件夹中也有当前的Python虚拟环境的全部配置，出现了四个文件夹，它们是Python的一些必要的依赖包，如图11-31所示。

图11-31　生成的文件夹

使用时，需要使用命令行工具进入Scripts文件夹，运行activate.bat，效果如图11-32所示。此时已经成功地切换到新建立的test-venv环境中，在命令行中已经不再是全局模式，而是显示test-venv。

activate.bat为Windows平台中的批处理文件，在Linux等平台中应运行与之对应的
activate文件。

```
E:\JavaScript\vue_book2\pyhton\python-code\14-1\virtualenv>cd test-venv

E:\JavaScript\vue_book2\pyhton\python-code\14-1\virtualenv\test-venv>cd Scripts

E:\JavaScript\vue_book2\pyhton\python-code\14-1\virtualenv\test-venv\Scripts>activate.bat

(test-venv) E:\JavaScript\vue_book2\pyhton\python-code\14-1\virtualenv\test-venv\Scripts>
```

图11-32   运行activate.bat

可以使用如下命令查看该Python环境中已经安装的包，如图11-33所示，该环境中安装
了pip、setuptools和wheel三个包。

```
pip list
```

```
(test-venv) E:\JavaScript\vue_book2\pyhton\python-code\14-1\virtualenv\test-venv\Scripts>pip list
Package    Version

pip        19.3.1
setuptools 42.0.2
wheel      0.33.6
```

图11-33   查看虚拟环境安装包

11.3.3 项目练习：使用venv生成新的Python环境

Python 3.3版本以后增加的venv环境不需要任何多余的安装，直接使用如下命令即可建
立一个新的虚拟环境。

```
python –m venv test-venv
```

命令运行完毕后生成的文件夹如图11-34所示。

```
Include          2019/12/9 15:57    文件夹
Lib              2019/12/9 15:57    文件夹
Scripts          2019/12/9 15:57    文件夹
pyvenv.cfg       2019/12/9 15:57    CFG 文件         1 KB
```

图11-34   生成文件夹

其生成的内容和virtualenv稍有不同，但是具体的使用并没有太大差别。在Windows平台
中运行的是Scripts\activate.bat；在Linux平台或者Mac平台中，可以使用source命令运行目录
下的bin/activate文件。运行效果如图11-35所示。

```
(test-venv) E:\JavaScript\vue_book2\pyhton\python-code\14-1\venv\test-venv\Scripts>pip list
Package    Version

pip        19.2.3
setuptools 41.2.0
WARNING: You are using pip version 19.2.3, however version 19.3.1 is available.
You should consider upgrading via the 'python -m pip install --upgrade pip' command.

(test-venv) E:\JavaScript\vue_book2\pyhton\python-code\14-1\venv\test-venv\Scripts>
```

图11-35   启动venv虚拟环境

在有些新版本的Python编程IDE中，新建项目可能就是默认通过虚拟环境进行建
立的。请区别全局Python操作环境和虚拟Python操作环境，因为二者安装的程序包并
不一致，所以得到的结果也可能不同。

11.4 Python多版本共存

11.3节中介绍了如何搭建和使用Python虚拟环境，本节会详细介绍如何在一台计算机中（同一系统中）安装两个以上版本的Python，并且可以随意切换、安装、卸载不同的版本。

11.4.1 多版本共存的Python

Python语言可能并不像其他语言那样逐步更新，因为某些原因，原本的Python语言结构和语法规定非常松散，而且Python 2中存在字符串和二进制数据的二义性及需要指定才能支持Unicode等特点，所以在2008年官方推出了Python 3。

但Python 3并非完全向下兼容，大量常用的语法不能通用，这导致了使用pip安装的Python包中的很多代码不对Python 3进行支持，且Python 3一直处于不稳定状态，直到2014年Python 3才推出了相对稳定的版本。

这样的历史原因导致了大量存在于PyPI网站中的Python程序包可能并没有对应的Python 3版本（这一点如今基本已经解决，不再更新的包也有代替品），不过就算这样，很多老旧的Python项目程序依旧只能在Python 2下运行。

学习和项目重构的成本导致大多数开发者都对Python官方表示不满，最终官方决定对Python 3和Python 2提供同步支持，所以现在可以在Python官方下载到两种不同的Python版本，如图11-36所示。

> **注 意**
>
> 根据官方说明，将会在2020年结束对Python 2版本的维护，所以本书不再讲解Python 2的相关内容。

当然，同为Python 3，每一个小版本的更新也可能提供新的特性，所以拥有多版本的Python就显得更为重要，本节讲解的pyenv就提供了这样的功能。

Active Python Releases
For more information visit the Python Developer's Guide.

Python version	Maintenance status	First released	End of support	Release schedule
3.8	bugfix	2019-10-14	2024-10	PEP 569
3.7	bugfix	2018-06-27	2023-06-27	PEP 537
3.6	security	2016-12-23	2021-12-23	PEP 494
3.5	security	2015-09-13	2020-09-13	PEP 478
2.7	end-of-life	2010-07-03	2020-01-01	PEP 373

Looking for a specific release?
Python releases by version number:

Release version	Release date		Click for more
Python 3.8.3	May 13, 2020	⬇ Download	Release Notes
Python 3.8.3rc1	April 29, 2020	⬇ Download	Release Notes
Python 2.7.18	April 20, 2020	⬇ Download	Release Notes
Python 3.7.7	March 10, 2020	⬇ Download	Release Notes
Python 3.8.2	Feb. 24, 2020	⬇ Download	Release Notes
Python 3.8.1	Dec. 18, 2019	⬇ Download	Release Notes

图11-36　不同版本Python的下载

11.4.2 项目练习：pyenv的使用

pyenv在不同的操作系统中的使用是不同的，其本身开源在GitHub中，网址为https://github.com/pyenv/pyenv。如果开发平台为Windows，需要使用pyenv-win，其网址为https://github.com/pyenv-win/pyenv-win。

这里以Windows平台为例，使用如下命令进行安装。

```
pip install pyenv-win
```

安装后的效果如图11-37所示。

安装完成后，即可以通过相应的命令使用pyenv。

使用如下命令列举出当前可以支持安装和下载的全部Python版本（包括Python 2与Python 3），显示结果如图11-38所示。

```
pyenv install –l
```

```
E:\>pip install pyenv-win --target %USERPROFILE%/.pyenv
Collecting pyenv-win
  Downloading https://files.pythonhosted.org/packages/17/eb/d014eb00c361037d9e573a8a4f7126410ce65b2
/pyenv_win-1.2.4-py3-none-any.whl
Installing collected packages: pyenv-win
Successfully installed pyenv-win-1.2.4
```

```
3.7.5-amd64
3.7.4
3.7.4-amd64
3.7.3
3.7.3-amd64
2.7.17
2.7.17.amd64
2.7.16
2.7.16.amd64
3.7.2
3.7.2-amd64
3.6.8
3.6.8-amd64
3.7.2rc1
3.7.2rc1-amd64
3.6.8rc1
3.6.8rc1-amd64
3.7.1
3.7.1-amd64
3.6.7
3.6.7-amd64
```

图11-37　安装pyenv-win　　　　图11-38　列出全部Python版本

使用如下命令可以指定安装不同版本的Python。

```
pyenv install 版本号
```

使用如下命令可以对该版本的Python进行卸载。

```
pyenv uninstall 版本号
```

使用如下命令可以将该版本的Python设置为全局Python。

```
pyenv global版本号
```

使用如下命令可以将该版本的Python设置为本地Python。

```
pyenv local版本号
```

> **注 意**
>
> 如果命令行工具提示没有上述命令，则需要将pyenv的安装目录写入环境变量，或者在开始安装时指定其安装的系统位置可以直接被命令行读取。

综上所述，通过使用pyenv，可以方便地在计算机中使用不同版本的Python，并且可以自如地进行切换和对版本更新进行修改。

11.5 Python项目的打包和发布

本节将会对Python项目打包和发布进行介绍，并且介绍如何将Python代码生成为带有运行环境的应用产品。

11.5.1 项目练习：Python项目的打包

Python是一种脚本语言，属于解释型的语言，需要解释器进行解释以后才可以执行，也就是说，编写好的Python脚本在运行环境改变后，并不能被计算机正常执行，只会认为是一个以.py结尾的代码文本。

如果用户想要运行该Python脚本，必须安装相应的环境。但是任何开发者都不能在自己开发的软件中编写文档告知读者应当下载怎样的运行环境，甚至不能要求读者打开命令行工具，并且敲下python ×××.py这样的命令。

考虑到这个情况，Python提供了打包成exe文件的相关工具pyinsatller。使用如下pip命令可以安装pyinstaller。

```
pip install pyinstaller
```

其安装完成效果如图11-39所示。

```
E:\>pip install pyinstaller
Collecting pyinstaller
  Downloading https://files.pythonhosted.org/packages/e2/c9/0b44b2ea87ba36395483a672fddd07e6a9cb2b8d3c4a28d7ae76c7e7e1e5
/PyInstaller-3.5.tar.gz (3.5MB)
    |████████████████████████████████| 3.5MB 1.1MB/s
  Installing build dependencies ... done
  Getting requirements to build wheel ... done
    Preparing wheel metadata ... done
Collecting pefile>=2017.8.1
  Downloading https://files.pythonhosted.org/packages/36/58/acf7f35859d541985f0a6ea3c34baaefbfaee23642cf11e85fe36453ae77
/pefile-2019.4.18.tar.gz (62kB)
    |████████████████████████████████| 71kB 1.5MB/s
Collecting altgraph
  Downloading https://files.pythonhosted.org/packages/0a/cc/646187eac4b797069e2e6b736f14cdef85dbe405c9bfc7803ef36e4f62ef
/altgraph-0.16.1-py2.py3-none-any.whl
Requirement already satisfied: setuptools in d:\anaconda3\lib\site-packages (from pyinstaller) (42.0.2.post20191203)
Collecting pywin32-ctypes>=0.2.0
  Downloading https://files.pythonhosted.org/packages/9e/4b/3ab2720f1fa4b4bc924ef1932b842edf10007e4547ea8157b0b9fc78599a
/pywin32_ctypes-0.2.0-py2.py3-none-any.whl
Requirement already satisfied: future in d:\anaconda3\lib\site-packages (from pefile>=2017.8.1->pyinstaller) (0.18.2)
Building wheels for collected packages: pyinstaller
  Building wheel for pyinstaller (PEP 517) ... done
  Created wheel for pyinstaller: filename=PyInstaller-3.5-cp37-none-any.whl size=2877932 sha256=b7488a1226f30e6473c3e503
cc0749611d43a8d32606f08e5263790b31fce490
  Stored in directory: C:\Users\zhangfan2\AppData\Local\pip\Cache\wheels\c6\a4\e0\d9a1c5d3d876eb0675171281c293aed8083911
5e2eb022e6d2
Successfully built pyinstaller
Building wheels for collected packages: pefile
  Building wheel for pefile (setup.py) ... done
  Created wheel for pefile: filename=pefile-2019.4.18-cp37-none-any.whl size=60826 sha256=8d8100c2f8f11d715f9850f8dae551
c13b33a325b5bcd6583093cbac91ae448b
  Stored in directory: C:\Users\zhangfan2\AppData\Local\pip\Cache\wheels\ic\a1\95\4f33011a0c013c872fe6f0f364dc463a258812
0820e48a30d8
Successfully built pefile
Installing collected packages: pefile, altgraph, pywin32-ctypes, pyinstaller
Successfully installed altgraph-0.16.1 pefile-2019.4.18 pyinstaller-3.5 pywin32-ctypes-0.2.0
```

图11-39　pyinstaller安装完成效果

接着更改9.5.2小节的协程示例代码，需要在该代码中增加os包等待用户命令行的输入再关闭应用。修改后的代码如下。

```
# 引入asyncio实现
import asyncio
import os


# 设定循环
texts = [1, 2, 3, 4, 5, 6, 7, 8, 9]
```

```
# 设置协程方法（返回协程对象）
async def get_text(i):
    ...


# 在主线程创建新的event_loop
loop = asyncio.get_event_loop()
# 获得多次执行方法对象
ts = [get_text(i) for i in texts]
# 阻塞等待执行完成
loop.run_until_complete(asyncio.wait(ts))
# 关闭event_loop
loop.close()
# 等待执行完毕不闪退
os.system("pause")
```

接着使用命令行工具输入如下命令进行打包操作，其中test.py为Python代码文件的内容。

```
pyinstaller -F test.py
```

打包完成效果如图11-40所示。

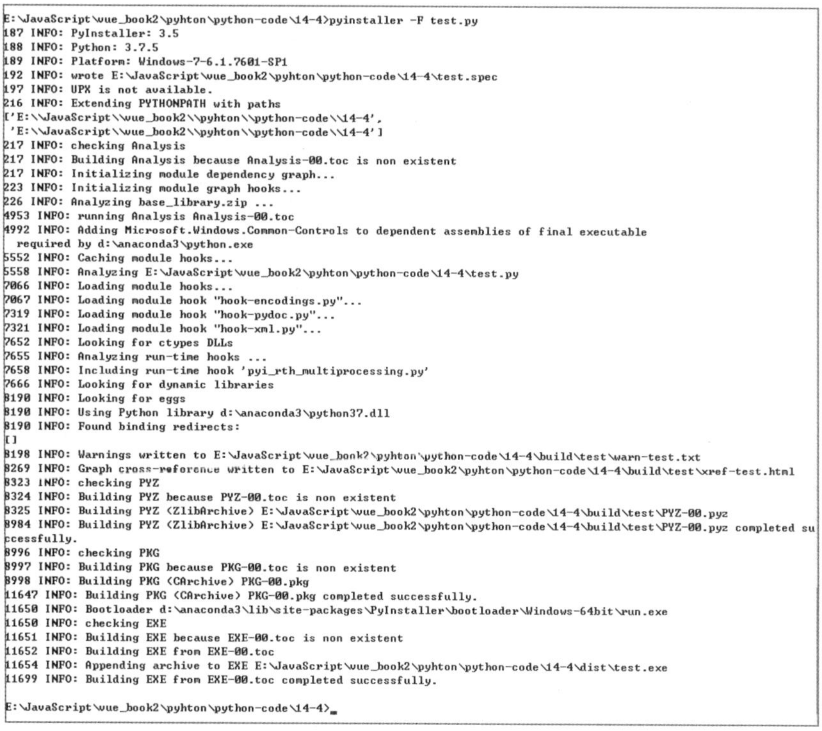

```
E:\JavaScript\vue_book2\pyhton\python-code\14-4>pyinstaller -F test.py
187 INFO: PyInstaller: 3.5
188 INFO: Python: 3.7.5
189 INFO: Platform: Windows-7-6.1.7601-SP1
192 INFO: wrote E:\JavaScript\vue_book2\pyhton\python-code\14-4\test.spec
197 INFO: UPX is not available.
216 INFO: Extending PYTHONPATH with paths
['E:\\JavaScript\\vue_book2\\pyhton\\python-code\\14-4',
 'E:\\JavaScript\\vue_book2\\pyhton\\python-code\\14-4']
217 INFO: checking Analysis
217 INFO: Building Analysis because Analysis-00.toc is non existent
217 INFO: Initializing module dependency graph...
223 INFO: Initializing module graph hooks...
226 INFO: Analyzing base_library.zip ...
4953 INFO: running Analysis Analysis-00.toc
4992 INFO: Adding Microsoft.Windows.Common-Controls to dependent assemblies of final executable
  required by d:\anaconda3\python.exe
5552 INFO: Caching module hooks...
5558 INFO: Analyzing E:\JavaScript\vue_book2\pyhton\python-code\14-4\test.py
7066 INFO: Loading module hooks...
7067 INFO: Loading module hook "hook-encodings.py"...
7319 INFO: Loading module hook "hook-pydoc.py"...
7321 INFO: Loading module hook "hook-xml.py"...
7652 INFO: Looking for ctypes DLLs
7655 INFO: Analyzing run-time hooks ...
7658 INFO: Including run-time hook 'pyi_rth_multiprocessing.py'
7666 INFO: Looking for dynamic libraries
8190 INFO: Looking for eggs
8190 INFO: Using Python library d:\anaconda3\python37.dll
8190 INFO: Found binding redirects:
[]
8198 INFO: Warnings written to E:\JavaScript\vue_book2\pyhton\python-code\14-4\build\test\warn-test.txt
8269 INFO: Graph cross-reference written to E:\JavaScript\vue_book2\pyhton\python-code\14-4\build\test\xref-test.html
8323 INFO: checking PYZ
8324 INFO: Building PYZ because PYZ-00.toc is non existent
8325 INFO: Building PYZ (ZlibArchive) E:\JavaScript\vue_book2\pyhton\python-code\14-4\build\test\PYZ-00.pyz
8984 INFO: Building PYZ (ZlibArchive) E:\JavaScript\vue_book2\pyhton\python-code\14-4\build\test\PYZ-00.pyz completed su
ccessfully.
8996 INFO: checking PKG
8997 INFO: Building PKG because PKG-00.toc is non existent
8998 INFO: Building PKG (CArchive) PKG-00.pkg
11647 INFO: Building PKG (CArchive) PKG-00.pkg completed successfully.
11650 INFO: Bootloader d:\anaconda3\lib\site-packages\PyInstaller\bootloader\Windows-64bit\run.exe
11650 INFO: checking EXE
11651 INFO: Building EXE because EXE-00.toc is non existent
11652 INFO: Building EXE from EXE-00.toc
11654 INFO: Appending archive to EXE E:\JavaScript\vue_book2\pyhton\python-code\14-4\dist\test.exe
11699 INFO: Building EXE from EXE-00.toc completed successfully.

E:\JavaScript\vue_book2\pyhton\python-code\14-4>_
```

图11-40　打包完成效果

打包命令会在项目文件夹中创建两个文件夹：一个是build文件夹，如图11-41所示，其中包含所有需要打包的内容和依赖包；另一个是dist文件夹，是该项目生成的exe文件所在地。

Analysis-00.toc	2019/12/12 18:00	TOC 文件	22 KB
base_library.zip	2019/12/12 18:00	WinRAR ZIP 压缩...	763 KB
EXE-00.toc	2019/12/12 18:00	TOC 文件	8 KB
PKG-00.pkg	2019/12/12 18:00	PKG 文件	6,565 KB
PKG-00.toc	2019/12/12 18:00	TOC 文件	8 KB
PYZ-00.pyz	2019/12/12 18:00	Python Zip Appli...	1,464 KB
PYZ-00.toc	2019/12/12 18:00	TOC 文件	15 KB
test.exe.manifest	2019/12/12 18:00	MANIFEST 文件	2 KB
warn-test.txt	2019/12/12 18:00	文本文档	5 KB
xref-test.html	2019/12/12 18:00	QQBrowser HT...	361 KB

图11-41　build文件夹内容

注 意

该build文件夹中的base_library.zip是项目依赖的Python包，包含项目依赖包被编译后的.pyc文件。

单击打包后自动生成的test.exe文件，可以成功运行该项目，如图11-42所示。

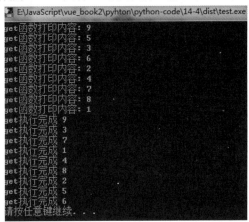

图11-42　执行程序

11.5.2　项目练习：Python项目的依赖生成和打包

Python项目支持跨平台，但是Python编写的项目有一个非常大的缺点，即其存在的大量的依赖项导致该项目并不一定能在所有的平台成功地运行。Python项目涉及系统操作的部分需要对操作系统进行区分。例如，11.4.2小节提到的pyenv-win就是仅供Windows平台使用的包。

对于一个需要多人协作开发的Python工程项目而言，不同的开发者使用的开发环境可能是不一样的，即使统一开发环境，在项目上线运行时环境也可能和本地的开发环境不一致，记录每一个包并使用pip命令进行安装，对于一个工程项目而言无疑是一个非常繁杂且容易出错的任务。

为了更好地进行Python包管理，pip提供了导出环境依赖项的功能。使用如下命令可以简单地导出pip的依赖项。

```
pip freeze > requirements.txt
```

以上命令导出了一个requirements.txt文件，其中部分内容如图11-43所示。

```
backcall==0.1.0
backports.functools-lru-cache==1.6.1
backports.tempfile==1.0
backports.weakref==1.0.post1
beautifulsoup4==4.8.1
bleach==3.1.0
blinker==1.4
bs4==0.0.1
certifi==2019.11.28
cffi==1.13.2
chardet==3.0.4
Click==7.0
colorama==0.4.1
conda==4.7.12
conda-build==3.18.11
conda-package-handling==1.6.0
conda-verify==3.4.2
cryptography==2.8
decorator==4.4.1
defusedxml==0.6.0
Django==2.2.7
entrypoints==0.3
filelock==3.0.12
```

图11-43　导出依赖项

在任何一台计算机上，可以使用如下命令进行相关环境的安装，这样就可以在不同的平台上配置好合适的运行环境了。

```
pip install -r requirements.txt
```

但是生成的requirements.txt文件中导出的是Python中使用pip安装的所有依赖项，如果该项目是采用虚拟环境进行开发的，则可以使用这种方式；如果该项目采用的是系统全局Python方式或者使用虚拟环境中的pip安装了很多用于打包或其他功能的安装包，则会在该文件中出现大量和运行无关的依赖项。

pipreqs包可以解决这个问题，通过该模块对项目工程的目录进行扫描，可以只导出项目中用到的依赖项。使用如下pip命令进行该包的安装。

```
pip install pipreqs
```

安装pipreqs包完成后的效果如图11-44所示。

```
E:\JavaScript\vue_book2\pyhton\python-code\14-4>pip install pipreqs
Collecting pipreqs
  Downloading https://files.pythonhosted.org/packages/9b/83/b1560948400a07ec094a15c2f64587b70e1a5ab5f7b375ba902fcab5b6c3
/pipreqs-0.4.10-py2.py3-none-any.whl
Collecting yarg
  Downloading https://files.pythonhosted.org/packages/8b/90/89a2ff242ccab6a24fbab18dbbabc67c51a6f0ed01f9a0f41689dc177419
/yarg-0.1.9-py2.py3-none-any.whl
Collecting docopt
  Downloading https://files.pythonhosted.org/packages/a2/55/8f8cab2afd404cf578136ef2cc5dfb50baa1761b68o9da1fbie4eed343c9
/docopt-0.6.2.tar.gz
Requirement already satisfied: requests in d:\anaconda3\lib\site-packages (from yarg->pipreqs) (2.22.0)
Requirement already satisfied: idna<2.9,>=2.5 in d:\anaconda3\lib\site-packages (from requests->yarg->pipreqs) (2.8)
Requirement already satisfied: urllib3!=1.25.0,!=1.25.1,(1.26,>=1.21.1 in d:\anaconda3\lib\site-packages (from requests-
>yarg->pipreqs) (1.25.7)
Requirement already satisfied: certifi>=2017.4.17 in d:\anaconda3\lib\site-packages (from requests->yarg->pipreqs) (2019
.11.28)
Requirement already satisfied: chardet<3.1.0,>=3.0.2 in d:\anaconda3\lib\site-packages (from requests->yarg->pipreqs) (3
.0.4)
Building wheels for collected packages: docopt
  Building wheel for docopt (setup.py) ... done
  Created wheel for docopt: filename=docopt-0.6.2-py2.py3-none-any.whl size=13709 sha256=8d46335de87cb42f4bfa532ecefcfc3
c01732d4314fc2f665be861deb2bdd3c3
  Stored in directory: C:\Users\zhangfan2\AppData\Local\pip\Cache\wheels\9b\04\dd\7daf4150b6d9b12949298737de9431a324d4b7
97ffd63f526e
Successfully built docopt
Installing collected packages: yarg, docopt, pipreqs
Successfully installed docopt-0.6.2 pipreqs-0.4.10 yarg-0.1.9
```

图11-44　安装pipreqs包

使用如下命令对8.8.3小节的Django实例进行打包。

```
pipreqs ./ --encoding=utf-8
```

等待命令运行结束，可以看到目录下建立了一个requirements.txt文件，该文件中的内容
如下。

```
Django==2.2.7
```

11.6 小结与练习

11.6.1 小结

通过本章内容的学习，读者可以了解很多开发相关知识和工具的使用，并且对Python的
虚拟环境和Python的版本有了一定的认知。其实在真正的开发过程中，需要的知识和工具远
不止于此，只有在开发和工作中孜孜不倦地学习才能不断进步，拥有更多的知识储备。

本章主要介绍了Git版本控制和Docker相关的操作和命令，其本质上并不属于Python的
内容，但在实际开发过程中这些是每一个开发者都应当了解并且掌握的内容。本书并不会对
每一个知识点进行文档式或者教科书式的介绍，而是通过实例展示让读者了解和掌握这些知
识，并能够用到实际项目中。

Docker是Go语言和Python这类语言开发者的必备技能之一，也是运维工程师的必备技
能之一，所以对Docker有一定的了解更是作为一个程序开发者的必备技能。

11.6.2 练习

通过本章的学习，希望读者完成以下练习。

（1）在本机中安装Git和SourceTree，使用SourceTree作为版本控制工具。

（2）对自己所有的项目进行版本控制，并且注册GitHub，尝试开源自己的代码或者参
与社区中其他的开源项目操作。

（3）在本机中安装Docker并且尝试打包自己的Python项目。

（4）对每一个新的Python项目工程，均使用venv搭建项目的Python环境，并使用pip命
令导出Python项目的依赖包。

附 录 A

PEP8规范

PEP8规范是Python编程中最新的代码样式指南，如果读者用过任何开发语言，或者阅读过他人编写的代码，就会了解不同程序员拥有不同的代码编写风格。

不同的编码风格和方式会人为地增加或者减少代码的可读性，好的编码风格可以和代码注释形成良好的互补，甚至可以无须代码注释，就能让自己或者其他同行明白该方法或者类的意义，而不好的习惯就会让其他人花费很多精力在括号和无意义字符串的处理上，而不是用在对逻辑的阅读和理解上。

Python中提出的PEP8规范指出了Python中的统一代码规范要求。希望大多数的Python开发者可以学习并且使用这种规范进行Python代码和工程的编写，立志于在Python的开发中产生一套统一的命名方式和书写风格。

PEP8规范具体的要求和文档可以在Python官方网站的PEP文档中查找，网址为https://www.python.org/dev/peps/。

在PEP8规范中，规定了包括但不限于：缩进的类型和长度、空格等代码格式、字符串的引号和空白、注释、命名等内容，当然其本身仅用于Python，并非一种通用的统一编程风格。这里仅介绍一些常用的内容。

1. 缩进

Python是一种依赖于缩进进行层次划分的语言，这使其代码极具可读性，但也造成了一个问题，就是缩进方式的不同可能会导致代码的编译或者运行错误，如多个空格和制表符（Tab）混用等。

在PEP8规范中要求一个缩进级别均使用4个空格。对于空格和制表符的混用情况，Python3的规定是不允许同时使用这两者进行缩进。当然制表符依旧是可用的，不过PEP8规范认为制表符最好只用于原本使用制表符进行缩进的代码中，以保持一致，而并非在新项目中使用制表符进行缩进。

本书使用PyCharm作为开发工具，PyCharm支持把制表符转换为4个空格，并且会自动处理代码，使得代码符合PEP8规范。

2. 空行

在类的上方应当有两个空行，并且在定义类方法时应当采用一个空行的形式，如果使用了PyCharm等IDE，其本身支持一键格式化，则编辑器会自动进行调整和修改，以符合PEP8规范。

3. 字符串引号

在Python中使用单引号和双引号都是相同的，PEP8规范并没有对字符串的引号进行要求，但是当字符串中包含单引号或者双引号时，要求使用另一种引号进行字符串的表示，而不是采用反斜杠（转义）的方式。

4. 注释

PEP8规范认为注释是极其重要的内容，应当是完整的语句。如果采用的是英文，则首字母需要大写，并且推荐所有的注释均采用英文的方式进行书写。

如果使用的是整体注释，则要求除了最后一句外，其他的结尾句需要在后方跟随两个空格。

5. 命名

对于模块和软件包的命名，PEP8规范推荐使用短小的全小写单词进行命名，但是不推荐使用下划线；类名则使用传统的首字母大写形式（驼峰命名），类名也要求尽量简短易懂，但是需要注意不要和Python中的内置名称重复。

如果是常量，则采用全大写字母的方式进行书写，并且采用下划线进行单词的分隔，如MAX_NUMBER。

对于变量和函数，则要求必须使用全部小写字母的形式，在切分单词时使用下划线进行分隔，提高可读性。

对于类中函数的定义需要始终采用一个self参数作为实例参数的第一个参数，对于类方法则使用cls参数作为第一个参数。

> **注 意**
>
> 可能大多数人并不在意PEP8规范中规定的细节，虽然过度地追求命名和格式是没有必要的，但是事无巨细总归是好的，而且使用现代化的开发IDE，例如PyCharm安装PEP8支持对一些不符合该标准的代码进行检查和自动修正。

可以安装autopep8为PyCharm添加自动PEP8格式的支持。首先使用如下命令进行autopep8的安装，如图A-1所示。

```
pip install autopep8
```

图A-1　安装autopep8

然后编辑PyCharm，在其Settings对话框中添加External Tools，如图A-2所示，这样就可以将代码自动地转换为支持PEP8的格式。

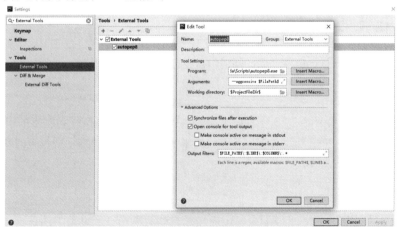

图A-2　配置Settings对话框

附 录 B

常用math包数学函数

在Python的使用范围中，数学运算是非常常见的，在对数据分析和数据处理的项目中，数学函数和各种随机值更是非常重要的。

针对这些应用，Python内置了大量的数学函数，有些函数可以在不引入任何包的情况下直接使用，有些则需要使用math包进行数学运算的扩展后才能使用。math包中的常用数学函数如表B-1所示。

表B-1　常用数学函数

函　　数	说　　明	示　　例
abs(x)	返回数字的绝对值	abs(-1) 返回结果为1
max(x1, x2,...)	返回序列中的最大值	max(1,2,3) 返回结果为3
min(x1, x2,...)	返回序列中的最小值	min(1,2,3) 返回结果为1
math.ceil(x)	返回整数，数字向上取整，需要引入math包	math.ceil(1.1) 返回结果为2
math. floor(x)	返回整数，数字向下取整，直接去尾法	math. floor(1.1) 返回结果为1
math.exp(x)	返回e的x次幂	math.exp(1)返回结果为2.71828182…
math. fabs(x)	返回默认包含一位小数点的绝对值	math. fabs(10)返回结果为10.0
wmath. log (x)	求得log的值，默认以e为底，可以通过两个参数指定底	math.log(8,2)返回结果为3
math. log10(x)	返回以10为底的x的对数	math.log10(100) 返回结果为2
math. modf(x)	返回x中的整数和小数部分，整数会以浮点型表示	math.modf(1.1) 返回结果为1.0和0.1000000000009，可能出现极小的误差问题
math.pow(x, y)	返回x数值的y次方	math.pow(2,2) 返回结果为4
math.sqrt(x)	返回x的平方根	math.sqrt(4) 返回结果为2

为了方便数值的运算，Python提供了几个基本常量，使用这些常量进行运算和数据处理，可以避免不同位导致的误差问题，也可以使整个代码更明确，可读性也更强。math包中提供的基本常量如表B-2所示。

表B-2　基本常量

常　　量	说　　明
math.pi	圆周率，$\pi =3.141592653\cdots$
math.e	自然常数，e=2.718281…

（续表）

常　　量	说　　明
math.inf	浮点正无穷，在其前面加"－"则为负无穷

　　同样，在math包中提供了对三角函数的支持，可以支持多种三角函数求值及相互之间的运算，常用的三角函数如表B-3所示。

表B-3　常用的三角函数

三角函数	说　　明
math.sin(x)	x弧度的正弦值
math.cos(x)	x弧度的余弦值
math.tan(x)	x弧度的正切值
math.asin(x)	x弧度的反正弦弧度值
math.acos(x)	x弧度的反余弦弧度值
math.atan(x)	x弧度的反正切弧度值
math.radians(x)	角转换函数，将角度转化为弧度
math.degrees(x)	角转换函数，将弧度转化为角度

附 录 C

OSI七层模型和各层协议

OSI（Open System Interconnection）是国际标准化组织（ISO）制定的针对计算机或者通信系统间的标准体系，共分为七层，所以又称为七层模型，是整个通信建立的基础和标准。

具体的OSI七层模型的层级关系如图C-1所示。

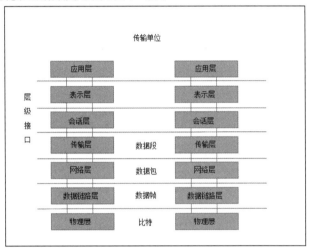

图C-1　OSI七层模型的层级关系

应用层表示大多数应用所处的位置，这些应用不需要直接调用硬件或者底层接口，只需要通过相关的应用协议发送数据即可。其层级中包含大多数的应用类协议，包括FTP、WWW、Telnet、NFS、SMTP等。

表示层主要是数据的表示、安全和压缩，其中包括图片类格式TIFF、GIF和JPEG，字符类格式ASCII、音频类格式MIDI等涉及数据压缩和加密等的协议和格式，在五层模型中已经被合并至应用层。

会话层主要负责对会话的处理，包括建立会话、终止会话等管理会话的协议，在五层模型中也属于应用层的一部分。

传输层是负责数据传输的相关协议，包括流程控制与校验等，TCP、UDP均属于该层的协议。

网络层用于使用IP进行寻址以实现不同网络的通信，IP（IPv4、IPv6）属于网络层协议。

数据链路层主要建立逻辑连接、进行硬件地址寻址、差错校验等，用MAC地址访问介质，发现但不能纠正错误。PPP、IEEE802.3、IEEE802.2等均属于该层的内容。

物理层主要负责建立、维护和断开物理连接。

附 录 D

pip源的国内镜像

如果用于测试和开发的计算机网络并不是特别快，可能会因为一些原因造成使用pip install命令时出现一些网络错误，导致安装失败，或者出现等待很久却无法下载的情况，这是因为所有pip命令下载的包的资源均位于国外的服务器中。

为了解决这个问题，国内的一些机构和公司提供了专用的国内源，采用数分钟进行一次同步的方式，从pip国外服务器中下载相关的内容存放在国内的服务器中，并且将该服务器公开给每一个Python开发者使用。

其中使用稳定且更新迅速的源如下。

（1）阿里云：http://mirrors.aliyun.com/pypi/simple/。

（2）豆瓣：http://pypi.doubanio.com/simple/。

（3）清华大学： https://pypi.tuna.tsinghua.edu.cn/simple/。

阿里云pip源网页如图D-1所示。

图D-1　阿里云pip源

> **注 意**
>
> 部分新版本的系统要求使用安全的支持HTTPS的源，此时可以将上述网址中的http换成https进行访问。

应当如何使用这些地址呢？将默认的源地址切换成国内的源有如下两种方法。

第一种方法是临时使用，即在使用pip时，使用参数-i和镜像地址，命令如下。

```
pip install -i https://mirrors.aliyun.com/pypi/simple/ 名称
```

这样就会从阿里云的镜像中安装需要的内容。

第二种方法是通过全局设置，设置该Python版本的所有pip源下载时均使用该地址，需要配置系统的pip配置内容。

在Linux系统下，修改pip.conf文件，在其下方更改[global]的值。具体代码如下。

```
[global]
index-url = https://mirrors.aliyun.com/pypi/simple/
[install]
trusted-host = https://mirrors.aliyun.com
```

在Windows系统下，可以在C盘的user目录的用户自身文件夹下中创建一个pip目录，如C:\Users\电脑当前用户名称\pip，然后新建文本文件pip.ini，在pip.ini文件中配置相关的配置内容。具体代码如下。

```
[global]
index-url = https://mirrors.aliyun.com/pypi/simple/
[install]
trusted-host = https://mirrors.aliyun.com
```

附 录 E

Markdown文件的常用语法

使用Markdown可以非常方便地完成一些文档基本样式的编写，一般是"文件名.md"的形式。编写Markdown文件不需要使用Word等文本编辑器调整字体标题等样式，通过一些基本的符号和语法就可以完成一些基本的代码编写。

需要注意的是，Markdown文件中并不包含具体的文档样式，也就是说，同一份文件可能会在不同的Markdown编辑器中显示不同的样式。下面具体介绍一些常用的Markdown文件的常用语法。

（1）标题。

"#"代表一级标题。

"##"代表二级标题。所有的标题前方都需要使用"#"，几级标题就是几个"#"的合集，需要注意的是，"#"之后和文字中间需要留一个空格作为分隔符。

如图E-1所示，对于一般的Markdown文件，最多支持六级标题。

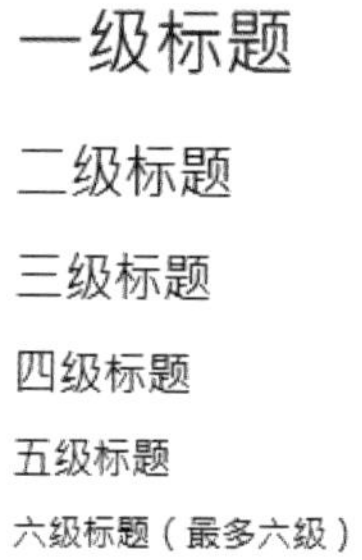

一级标题

二级标题

三级标题

四级标题

五级标题

六级标题（最多六级）

图E-1　Markdown文件标题的显示效果

（2）列表。

Markdown支持两种列表，其中"-"代表无序标题，一般会以"·"的形式在文档中显示。同理，这个符号可以在缩进的作用下成为多级的无序列表。

第二种为有序列表，使用"数字"+"."的形式，同样支持多级标题，如下方法的Markdown文件将会自动转换为如图E-2所示的样式。

```
### 无序标题
 - 标题1
   - 二级标题
 - 标题2
 - 标题3


### 有序标题
```

```
1. 标题1
    i. 二级标题
    ii. 二级标题
2. 标题2
3. 标题3
```

无序标题

- 标题1
  ○ 二级标题
- 标题2
- 标题3

有序标题

1. 标题1
    i. 二级标题
    ii. 二级标题
2. 标题2
3. 标题3

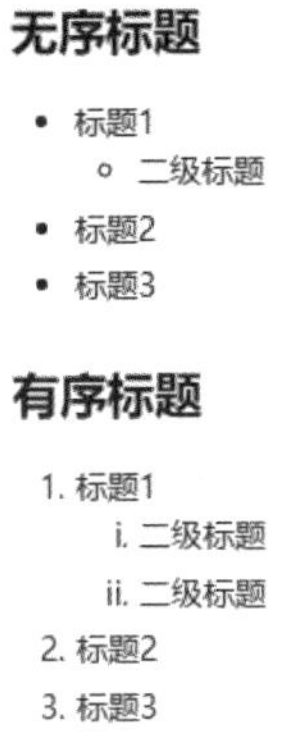

图E-2　Markdown中的列表

（3）段落引用。

"＞"符号后方的文字将会自动转换为引用样式。

（4）粗体和斜体。

使用两个"＊"包含文字，该文字就会变成斜体样式；如果使用两个"＊＊"包含文字，则该文字会变成加粗样式。

这两个符号和文字之间不需要空格。

（5）代码样式。

Markdown是程序员率先使用的文档编辑方式，包含代码样式。使用"`"包含文字，可以使文字展现代码样式。不仅如此，Markdown还支持代码区块样式，使用"```"单独放在一行中，那么中间的部分都属于代码。

用部分编辑器可以指定编程语言，以实现自动高亮等功能，如下Markdown文件会被自动编译为图E-3所示的形式。

```
`print('HelloWorld!')`
```

#多行代码
print('HelloWorld!')
```
```

```
print('HelloWorld!')
```

```
#多行代码
print('HelloWorld!')
```

图E-3　Markdown中的代码样式

（6）图片与超链接。

Markdown编辑器一般不会提供图片上传功能，其图片并不能被包含到Markdown文件中，但可以支持网络图片的显示，格式为。

使用超链接和图片的语法类似，使用语法为[显示的名字](URL)。

如此使用Markdown语法编写的文件，可以方便地通过编辑器转换为HTML或普通文档等格式，现在大量的文本编辑器已经添加了对Markdown文件的支持。

本附录中仅介绍了一些简单的Markdown语法，在Markdown编辑器中，可以支持更多且更加复杂的样式，如表格、公式、转义等样式。